BRIEFVE METHODE, ET INSTRVCTION POVR TENIR LIVRES DE RAISON PAR PARTIES DOVBLES:

EN LAQVELLE SE VOID LA PLVS GRAND partie des Negoces que faict Lyon en toutes les principales villes de l'Europe.

AVEC

Vne Instruction sur chacune d'icelles, fort vtile & necessaire à tous ceux qui exercent le negoce de marchandise:

L'ordre de tenir vn Carnet des payements auec son Bilan.

Auoir Maison & correspondance en diuers lieux, vendre, achepter, enuoyer, & receuoir marchandises, tant pour son compte, par commission, qu'en participation; tant sur Mer, que sur Terre.

Faire Traictes, & Remises en diuers lieux, donner, & receuoir diuerses sortes de commission, tant de change, que marchandises.

Le tout disposé en tel ordre, qu'il se peut tres-facilement comprendre, & imiter.

Par CLAVDE BOYER, *natif de l'Argentiere en Viuarez.*

A LYON,
Chez IACQVES GAVDION, en ruë Merciere, pres le puits Sainct Antoine.

M. DCXXVII.

AVEC PERMISSION, ET PRIVILEGE DV ROY.

A NOBLE

ANTOINE PICQVET, ESCHEVIN DE LYON.

MONSIEVR,

La ſcience des nombres n'eſt pas moins curieuſe que neceſſaire. Et ceux qui ont fait paroiſtre qu'auec elle on pouuoit s'acquerir la cognoiſſance de tous les ſecrets de la Philoſophie ſont tellement en l'eſtime du monde, que parmi le nombre infini de ceux qui admirent leur doctrine à peine ſe treuue-il quelqu'vn qui ſe rende capable de la comprendre, ceſte difficulté a proposé tant d'obſtacles aux eſprits les plus releuez, que deſeſperans de pouuoir paruenir à la perfection des premiers qui ont eſtably les maximes de ceſte ſcience: les mieux aduiſez ont donné leur temps & leur eſtude à l'acquiſition de celle qui eſt autant importante pour la communication des hommes, & facilité du commerce, comme elle eſt vtile à ceux qui s'employent à la pratiquer; mais toutes choſes nous eſtant venduës au prix du trauail, & de la peine; Dans ceſte petite partie de la ſcience des nombres qui nous eſt reſtée, qui ne contient rien de ſi neceſſaire que celle des comptes doubles, & liures de raiſon, il ſe rencontre encor des routes ſi malaiſées, qu'elles ſurmontent bien ſouuent la ſubtilité des plus habiles: ce qui m'oblige de mettre au iour des Reigles infallibles, touchant ceſte doctrine, afin de ne point refuſer à l'vtilité publique ce que i'ay peu apprendre en ma ieuneſſe, & principalement deſpuis le temps que i'ay l'honneur d'eſtre à voſtre ſeruice. Il eſt vray que ne voulant pas inconſiderément me mettre au hazard, & ſans aſſeurance entreprendre, non de voir, mais d'eſtre veu de tout le monde, ie me ſuis mis en la protection de voſtre nom, comme ſous vne Puiſſance tutelaire, l'adueu de laquelle me fera receuoir fauorablement en tous les endroits de la terre où les hommes ſe ſçauent ſeruir du commerce, & de la raiſon; Ce que i'ay faict par deuoir & par exemple, ſuiuant en cela le deſſein, & l'heureux ſuccez de tous les Citoyens de Lyon, qui ne pouuant vous eſleuer aux charges que vous meritez, vous ont appellé à la plus honorable, & plus importante qui ſoit dedans leur ville, mais auec tel auantage pour leur contentement, qu'ils n'ont iamais deſiré auec tant de paßion l'entrée & le commencement de voſtre adminiſtration, comme ils auront de deſplaiſir voyant la fin de voſtre Conſulat, dans lequel vous n'auez pas fait paroiſtre moins de ſoing & de zele pour le bien de voſtre patrie, que de prudence & moderation. Ie ſuis en part aux intereſts publics, comme faiſant vne bien petite partie de ce grand tout, mais i'ay mille reſſentimens particuliers qui m'attachent à voſtre ſeruice, & rapportent à ma memoire les teſmoignages que i'ay receus de voſtre bien-vueillance, pour me faire aduoüer par tout que ie n'ay rien treuué d'infiny dans les comptes, que les raiſons qui m'obligent à prendre le nom.

MONSIEVR, de

Voſtre tres-humble, & tres-obeiſſant ſeruiteur,
CLAVDE BOYER.

SONNET A L'AVTHEVR.

AInsi que la fortune à son Timoleon,
Le Rhosne à flots mutins, & à course bruyante,
La Saosne à petits pas, & d'vne mine lente,
Apporte tout le monde au sein de son Lyon.
Le Rhosne s'alliant à la Mer de Marseille
Luy donne pour sa part tout l'or de l'Orient,
La Saosne chariant ses flots par l'Allemand
Au profit de Lyon ne fait moindre merueille.
Mais las! que seruiroit quand nous aurions d'Ophyr
Tout l'or qu'on peut songer, l'argent, & le saphyr,
Si nous n'auons l'esprit de le mettre en reserue?
C'est ce que nous apprend ton esprit genereux,
En celà beaucoup plus que nos fleuues heureux:
Eux nous donnent des biens, mais tu les nous conserue.

IEAN FRANÇOIS MOISSONNIER.

STANCES, AVX MARCHANDS, SVR LES OEVVRES DE CLAVDE BOYER.

O Economes soigneux des grandes Republiques,
Vous qui nous deffendez de la necessité,
Obligeans tout le monde auecque vos pratiques,
Et en particulier ceste belle Cité.
Considerez icy BOYER qui vous seconde,
Aux glorieux trauaux qui iusques aux abois
Vous font passer pour nous aux limites du monde,
Sur ces montaignes d'eaux, dans ces villes de bois.
Que nous auroit serui vostre soing memorable,
Reuenans tous chargés de ces mondes nouueaux;
Qu'auroit serui l'esprit, & la main admirable
De ces Maistres expers aux passages des eaux,
Si quelqu'vn desormais allegeant vostre peine
Ne tenoit en raison tant de comptes diuers,
Pour nourrir le commerce, & vous donner haleine,
Aux rapports infinis de tout cet Vniuers?
Examinez de pres les subtiles remarques
De ce braue Escriuain, vous y aurez du fruit:
Celuy qui s'y plaira, porte desia les marques,
Et a le sentiment d'vn homme bien instruit.
L'enuieux seulement doit gronder à la preuue
Que vous deuez tirer de ce stile puissant;
Mais puis qu'apres l'erreur la verité se treuue,
Il faut qu'il serue seul d'vn zero languissant.

IACQVES TORRET.

Priuilege du Roy.

OVYS par la grace de Dieu, Roy de France & de Nauarre. A nos amez & feaux Conseillers, les gens tenans nos Cours de Parlement, Preuost de Paris, son Lieutenant Ciuil, Seneschal de Lyon; & à tous nos autres Iuges, Iusticiers, & Officiers qu'il appartiendra : Salut. Nostre bien amé IACQVES GAVDION, Marchand Libraire en nostre ville de Lyon, nous a faict remonstrer, qu'il auoit recouuré vn liure, intitulé, *Briefue Methode, & Instruction pour tenir liures de raison par parties doubles, faict par Claude Boyer.* Lequel il desireroit volontiers imprimer, s'il nous plaisoit luy en octroyer nos lettres de permission, & Priuilege, lesquelles il nous a tres-humblement requises. A ces causes, Auons audit GAVDION, permis, & permettons par ces presentes, d'imprimer, faire imprimer, vendre & debiter ledict liure cy-dessus, & iceluy mettre en tel volume, forme, & caractere que bon luy semblera, durant le temps & espace de neuf ans. A compter du iour que sera paracheuée la premiere impression: Sans que pendant ledict temps aucuns autres Libraires ne Imprimeurs le puissent imprimer ny vendre soubs quelque pretexte que ce soit. A peine de confiscation des exemplaires qui se trouueront d'autre impression que de celle dudict suppliant, mil liures d'amende, applicable moitié en œuures pies, & l'autre moitié audict suppliant, auecque tous despens, dommages, & interests. SI VOVS MANDONS, Que du present Priuilege, & du contenu en iceluy vous fassiez ledict GAVDION ioüir plainement, & paisiblement sans souffrir ne permettre luy estre faict, mis, ny donné aucun empeschement au contraire. A la charge de mettre deux exemplaires dudict Liure en nostre Bibliotheque, voulant qu'en mettant au commencement, ou à la fin le contenu en bref de ces presentes, elles soyent tenues pour deüement signifiées. Car tel est nostre plaisir. Nonobstant clameur de HARO, Chartre Normande, & autres choses, à ce contraires. DONNE à Paris, le dernier iour de Decembre, L'an de grace, mil six cents vingt-six, & de nostre regne le dix-septiesme.

Par le Roy en son Conseil.

BERGERON.

Et Scellé du grand Seel en cire jaune.

INDICE DE TOVT LE CONTENV EN CE LIVRE.

Negoce

AV

AV LECTEVR SALVT.

'VTILITE' du public, (Amy Lecteur) & l'affection que ie luy porte, m'ont fait esclorre ceste instruction pour tenir Liures de Raison par parties doubles, que ie t'auois cy-deuant promis par mon liure d'Arithmetique. Ayant differé de m'acquitter de ma promesse iusqu'à present que i'en ay esté sommé & requis par beaucoup de personnes d'honneur & de iugement, qui m'honorent de leur amitié. Quoy que la multitude des affaires que i'ay entre mains ne m'ait pas donné le loisir d'y vacquer que fort peu de temps, & à la desrobée. Tu verras dãs iceluy tous les negoces qui se font és principales villes de la Chrestienté; Ayant feint vne Societé de trois Marchands, qui font vn vn fonds de l. 200000.— tournois pour negocier ensemble l'espace de trois années, ayant maison à Milan & à Lyon, & faisant fabriquer audict Milan toutes sortes de draps de soye propres pour la France; & dudict lieu se feront les achapts des marchandises d'Italie, suiuant l'ordre que leur en sera donné de Lyon; Leur enuoyant par contre les marchandises qui y serõt de requeste: & se feront traictes & remises d'vn costé & d'autre, suiuant la necessité; Il s'y verra aussi l'ordre de negocier sur Mer, diuers chargemens de vaisseaux qui seront faits tant en Flandres, Angleterre, Turquie, qu'Espaigne. On y verra l'abord des marchandises qui se fera dans Lyon de diuerses contrées, auec la deduction de tous les frais qui se payent fins rendues dans le Magasin. Afin que les Marchands qui voudront negocier en ces lieux, puissent (deuant qu'entreprendre ledict negoce) faire leur compte & voir le profit, ou perte qu'il y peut arriuer; M'estant peiné de mettre le tout iustement, & au vray, comme le negoce se passe: Et pour plus claire intelligence, ie feray suiure à la fin vne instruction sur chaque lieu où Lyon a accoustumé de negocier. Il se tiendra vn compte sur chaque sorte de marchandise, afin que plus aisément on puisse voir le profit qui se fera sur chacune d'icelle; & sera disposé en tel ordre, que toutesfois & quantes qu'on voudra sçauoir les marchandises qu'on a de reste tant en Magasin, qu'és mains des Commissionnaires, il ne faudra que voir leur compte, & dans vn rien l'on aura recogneu les marchandises restantes, & quand il ne s'en manqueroit qu'vne aune, on le peut aisément recognoistre: Car à mesure qu'on enregistre les ventes mettant chasque marchandise à son compte, il se fait vn poinct en marge, lors que l'aunage vient à se rencontrer du costé de l'achapt, ce qui denote que chaque n° qui a vn poinct à costé, est vendu, & n'est plus dans le Magasin: Comme se voit distinctement au veloux de Milan à f° 8. & autres marchandises qui sont marquées par n°. Et cette methode m'a semblé estre la meilleure & plus commode; & partant i'espere que ce mien labeur ne sera moins profitable à la France, qu'agreable à ceux qui prendront la peine de le lire; Et bien que plusieurs ayent mis en lumiere d'autres liures traittants sur le mesme subiect, si est-ce que ie n'en ay encor treuué aucun qui traictast suffisamment le negoce que fait Lyon en diuers lieux. Car Sauonne qui en a amplement descrit, n'estend son negoce que par la France, & maintenant la plus part des Marchands negocient non seulement en France, ains en Italie, Espagne, Flandres, Allemaigne, Angleterre, Turquie, & autres pays estrangers; comme ie feray voir par ce mien traicté. Quelqu'vn s'estonnera, peut-estre, de ce que ie ne produis aucun Iournal, liure de Caisse, ny autres liures seruans à vn negoce; à quoy ie respons que ie n'ay volu traicter que de ce qui sert d'instruction, Or est-il qu'vn iournal, & autres liures dépendants du grand liure, sont aisez à tenir, chacun les tenant à sa mode; C'est pourquoy ie n'ay volu remplir ce volume desdicts liures; Et mesmes que quiconque tiendra le grand Liure en la forme du present, quoy que son Iournal, & autres menus liures vinsent à se perdre, il verra distinctement dans son grand Liure accompaigné du Carnet des payemens, tout son negoce, sans qu'il soit besoin des autres liures, & suffira seulement de tenir vn broillard, lequel se rapportera à droicture sur ledict grand liure, sans le faire passer sur vn Iournal, puis que chaque sorte de marchandise est specifiée par le menu audict grand Liure, tout de mesme qu'elle seroit audict Iournal. Il pourroit encor sembler à quelques vns que cette Methode est fort longue, facheuse, & difficile: Mais ie pense que s'ils la considerent bien, ils treuueront qu'elle est beaucoup plus commode, & briefue, que de quelqu'autre façon que ce soit; veu que par ce moyen on éuite vn grand embarras de liures qu'il faudroit tenir dauantage, comme liure de n° d'achapt, & de vente. Que s'il falloit tenir tous ces liures de plus, auec le grand Liure par vn compte general de marchandises, on auroit beaucoup plus d'escriture à faire, & si ne seroit-ce pas en si bon ordre. Car quand vn Marchand voudroit sçauoir la qualité, quantité, & prix des Marchandises qu'il auroit euës, faudroit auoir recours audict Iournal, & luy assuiettir le grãd Liure, ce qui apporteroit vne grande incommodité

& perte de temps ; l'en laisseray pourtant le choix à leur iugement,& au tien (cher Lecteur) ne me voulant pas donner cette vanité de croire que mes inuentions soient meilleures, que toutes celles qui ont passé par l'esprit de tant d'habiles gens qui ont manié le negoce, & cette matiere ; Reçoy donc (Amy Lecteur)ce mien trauail d'aussi bon cœur, que ie te le presente, & en ce faisant tu m'obligeras à continuer mes estudes, pour te presenter à l'aduenir quelque autre inuention dont tu receuras contentement. Adieu.

INSTRVCTION GENERALE DE TOVT CE qui concerne l'Art de tenir Liures de Raison.

PREMIEREMENT il conuient auoir vn broillard où tous ceux de la Maison, ayans l'authorité de vendre,y puissent escrire,moyennant qu'ils en soient capables ; Car il y faut obseruer l'an,le mois,& le iour,le nom,& surnom du Marchand, auec le lieu de sa residence, la sorte, qualité, & quantité des pieces, le prix, les aunes, les coleurs, & le n°, les conditions de l'achapt,ou vente,soit à terme,ou au contant : afin que celuy qui tient les liures puisse tant plus facilement distinguer,& coucher chaque partie à son compte.Bref dans ledict broillard on y escrit à la haste tout ce qui se passe iournellement ; & d'autant qu'il s'y fait quelquefois des fautes, & rayeures, comme si l'on s'est failli au poids,mesure,nombre,ou compte:Il conuient auoir vn second liure intitulé Iournal,où toutes les parties dudict broillard seront transportées au net.Lequel Iournal doit estre tenu par celuy qui tient le grand Liure afin d'estre mieux approuuez en Iustice : & escriuant sur iceluy Iournal on doit obseruer l'ordre cy-apres.

Premierement mettre la datte du Iour, Mois, & An en chef, commençant tousiours par A, disant à telles marchandises en credit, à tel, ou à tel en credit, à telles marchandises pour vn tel temps, Courratier tel ; & puis mettre en suitte la qualité, & quantité des marchandises par le menu, comme cy-apres,par exemple,

A Cesar,& Iulien Granon de Tours,en credit à Soyes de Mer pour Pasques 1627. d'accord & liuré audict Iulien,Courratier Derichi.

N° 1.b.1.℔.220.pour ℔.218.tare ℔.2. reste à payement ℔.200. Soye lege à l.10.——— l.2000.———

Et cet ordre se doit obseruer audict Iournal quand on couche les parties tant de la vente, que achapt.Il faut aussi auoir vn liure de Caisse ou broillard, sur lequel on doit escrire tout l'argent qui se paye,& reçoit,y mettant la quantité, & qualité des especes,afin d'éuiter mescompte,commençant tousiours par De,& A,Sçauoir quand on reçoit dire de tel,& quand on paye,à vn tel,Exemple

D: N. le tel iour, pour soude de ce qu'il doit d'escheu

100. Doublons d'Espagne à l.7.7.——l.735.——	}	——————l.806.——
10. Doublons d'Italie à l.7.2.——l. 71.——		

A N. le tel iour pour telles marchandises acheptées de luy

v. 1000. d'or sol à l.3.16. ————l.3800.——	}	——————l.4120.——
v. 100. quarts à l.3.4.————l. 320.——		

Outre ledict liure de Caisse,on doit tenir vn liure particulier de menuë despense, afin de ne remplir le grand Liure de ces menuës parties,lesquelles se doiuent souder lors qu'on veut recognoistre la Caisse,rapportant toutes lesdictes despenses en vne somme sur ledict liure de Caisse. On tient vn liure de coppie de lettres,afin de sçauoir ce qu'on a escrit en diuers lieux.Vn liure de coppie de comptes,où sont coppiez tous les comptes des ventes, & achapts des marchandises qui sont enuoyées, & receuës de dehors,tant par Commission en compagnie, qu'autrement. Il y a encor le Carnet des payemens, auquel nous donnerons cy-apres vne particuliere instruction.

Tous lesquels liures doiuent estre marqués sur la couuerture par la lettre A, & marque ordinaire du Marchand ; & quand on voudra recommencer des liures nouueaux,il faut marquer à la lettre B, & ainsi suiure les lettres de l'Alphabet chaque fois que l'on chãge de liure. Et cette instruction suffira pour sçauoir comme l'on doit tenir les Liures qui dépendent du grand Liure. Reste maintenant à donner instruction sur le grand Liure,lequel doit estre cotté par la lettre A, comme les autres,accompagné d'vn repertoire sur lequel on escrit les noms & surnoms des personnes, le compte des marchandises de la Caisse,& generalement tout ce qui sera contenu audict liure. Où il faut noter que pour plus grande facilité,on escrit à la lettre du surnom les noms & surnoms de chacun;& c'est à cause que quelquefois l'on ne se souuient du nom propre, si bien que du surnom. Comme voulant escrire audict repertoire Cesar, & Iulien Granon,il faut prendre la lettre G,qu'est celle du surnom & ainsi des autres,comme se voit audict Repertoire ; Il y en a encor qui tiennent des Repertoires doubles, c'est à sçauoir que sur chaque lettre de l'Alphabet on y laisse deux fueilles blanches, sur lesquelles sont cottées toutes les lettres dudict Alphabet, & pour y repertorier on cerche la lettre du nom, & dans icelle on y treuue la lettre du surnom à laquelle on les escrit : par exemple, voulant repertorier lesdicts Cesar, & Iulien Granon, on

cerche

cerche la lettre C, dans laquelle ſe treuuent deux fueilles blanches où ſont toutes les lettres de l'Alphabet & eſcrire à la lettre G, leſdicts Granon & ainſi des autres. Ne m'eſtant voleu ſeruir de cette methode, d'autant qu'elle aſſubiettit à ſçauoir le nom propre; Et cecy ſuffiſe pour l'inſtruction du Repertoire. Venons maintenant à donner commencement au grand Liure à l'ouuerture duquel ie cotte à droict & à gauche vn nombre eſgal commençant à la premiere page par vn en chiffre à chaque bout du liure du coſté droict & gauche; aux ſecondes pages ie cotte 2. deçà, & 2. delà; ainſi des autres. Et faut notter que le debit s'eſcrit touſiours du coſté gauche, & le credit à droict. Cela faict, ie commence à coucher vn compte de temps à chacun des aſſociez, commençant à Gabriel Alamel, lequel ie fais debiteur de l. 100000. qu'il a promis fournir audict negoce, & paſſe ſon rencontre à vn compte Capital, le faiſant crediteur deſdictes l. 100000. ſur lequel eſt ſpecifié en brief la participation de chacun des aſſociez, & du iour que la compagnie commence, & finit; Rapportāt toutes les particularitez d'icelle à l'aſcripte de ladicte compagnie: afin que ſuruenant quelque different, les liures ſoient tenus d'autant plus valables & croyables en Iuſtice. Et ayant ainſi eſcrit les comptes de temps à f° 1. & capital de chacun à f° 2. ie viens audict compte de temps, commençant à main droicte à faire crediteur vn chacun d'iceux de leur miſe; Sçauoir ledict Alamel de l. 55900. pour la valeur des marchandiſes par luy apportées audict negoce le 3. Ianuier 1625. Aualüées au prix courant en argent contant; Iean Pontier de l. 13390. pour autres marchandiſes par luy fournies ledict iour, donnant rencontre auſdictes 2. parties, Sçauoir deſdictes l. 55900. en debit à Soyes de Mer, pour la valeur de 30. balles ſoye lege, fournies par ledict Alamel; dreſſant vn compte à part deſdictes ſoyes à f. 3. là où s'eſcriront toutes ſortes de ſoyes de Mer. Et à la partie de Iean Pontier ie donne rencontre à f. 4. à vn compte tenu à part de l'or filé, lequel compte ie fais debiteur du coſté de main gauche de 480. Marcz apportez par ledict Pontier à compte de ſondict fonds, & ce qui reſte à payer pour ſoude deſdicts comptes, les en fais crediteurs, pour les porter debiteurs au Carnet des payemens des Roys: & parce moyen leur compte de temps ſe treuue ſoudé ſur ledict liure, & ſont faicts debiteurs à compte courant au Carnet des Roys 1625. f. 2. Ayant ledict Alamel fourny à ladicte Compagnie l. 30000. outre ſon fonds; de laquelle partie on luy fait bon les changes à raiſon de 2. pour cent, pour payement; Luy eſtant loiſible de les retirer quand bon luy ſemblera. Iean Fontaine ſoude ſondict compte courant, tant en argent contant, que virement de parties; & Iean Pontier fait vn reſte de l. 2610. que moyennant 2. $\frac{1}{3}$ pour % luy ſont prolongez iuſqu'aux prochains payemens: leſquels venus, il ſoude ſōdict compte par Caiſſe; & voilà tous les trois comptes de temps ſoudez. Pour le compte capital d'vn chacun, il doit demeurer ouuert, iuſques à la diſſolutiō de la Compagnie, laquelle venuë ils ſeront faicts crediteurs ſur ledict compte de leur part du profit, & debiteurs par contre de leur part des effects qui reſteront tant en marchandiſe, debtes, qu'argent contant, comme plus à plein ſera ſpecifié à l'inſtruction du deſpart de ladicte Compagnie.

Or maintenant pour tranſporter les parties du Iournal au grand Liure, faut prendre ledict Iournal deuant ſoy, & preſuppoſant que la partie cy-deuant dicte de Granon ſe treuue la premiere ſur ledict Iournal, ie commence à dreſſer vn compte eſdicts Granon au grand Liure à f. 6. Les faiſant debiteurs de 10. bales ſoye lege, & creditrices leſdictes ſoyes à f. 3. Cela faict, ie viens au Iournal, & tire vne ligne en marge ioignant le nom deſdicts Granon ainſi —— mettant au deſſus d'icelle le 6. du fueillet du debit, & au deſſous le 3. de ſon credit, ainſi $\frac{6}{3}$ le 6. monſtrant le fueillet du debit au grand Liure, & le 3. celuy du credit; Et cet ordre ſe doit tenir en rapportant tant les parties du Iournal ſur le grand Liure, que celles de la Caiſſe. Et ceux qui tiennent vn compte des marchandiſes en general, doiuent aſſigner ſur le grand Liure le fueillet du Iournal où les parties ſont tirées; diſant, tel doit pour vn tel temps, pour marchandiſes à luy venduës, liurées, & d'accord, le tel iour, ainſi qu'appert au Iournal à f°, & en ce creditrices marchandiſes: & faire le meſme quand on achepte, quoy que ceſt ordre n'a pas eſté obſerué en ce liure, n'ayant accuſé aucun fueillet du Iournal, ny meſme produit aucun Iournal pour les raiſons cy-deuant dittes, comme n'eſtant aucunement neceſſaire, pour eſtre les marchandiſes ſpecifiées par le menu chacune à ſon compte. Il faut vſer en rapportant les parties ſur ledict liure d'vn diſcours le plus brief que faire ſe peut, & tenir pour maxime generale que chaque partie que l'on eſcrit en debit doit auoir ſon rencontre en credit, eſtant apellé pour cette raiſon compte double, puis que chaque partie eſt eſcrite 2. fois, l'vne en debit & l'autre en credit. Auſſi il eſt plus commode de mettre au commencement de chaque partie en quel temps elle eſt à payer. Car par ce moyen l'on aura pluſtoſt recogneu les termes expirés de chaque debiteur. Et ſi par inaduertance on met 2. fois vne meſme partie, ou quelle ſoit en credit au lieu du debit, il faut faire vne contrepartie declarant en icelle la cauſe de l'erreur: car il ne faut rien rayer ſur le dict grand Liure. Et quāt il ſe treuue audict grand Liure vn cōpte dōt le debit ſoit rempli, & le credit demeure quaſi vuide, on peut faire ſeruir ledict credit de debit, en y faiſant vne ligne à trauers pour ſeparer le credit qui s'y treuue, & au deſſous de ceſte ligne mettre le monter de la ſomme du debit, & pourſuiure ladicte page cōme ſi c'eſtoit le meſme debit, iuſqu'à ce qu'elle ſoit pleine: & faire le ſemblable quand le coſté du credit eſt plein, & le debit vuide; comme a eſté practiqué en quelques endroicts de ce liure. Et quand le debit, & credit eſt tellement rempli que l'on n'y peut eſcrire, il faut ſouder ledict compte pour le porter à autre nouueau, & pource faut oſter la moindre ſomme de la plus grande,& mettre le surplus de l'vn au defaut de l'autre, afin d'esgaler ce compte-là,& transporter ce reste à vn autre fueillet,pour en faire vn compte nouueau. Comme l'on pourra voir pour plus claire intelligence à l'œuure mesme.

Instruction sur les marchandises enuoyées à vn Commissionnaire, pour en faire la vente.

IL se verra dans ce liure plusieurs sortes de marchandises enuoyées en diuers lieux és mains des Commissiõnaires,pour en procurer la vente. Et premieremẽt ont esté enuoyées à Paris és mains de Taranget,& Rousier diuerses marchandises,lesquelles sont faictes debitrices à vn compte à part à f.26.passant leur rencontre en credit à chaque sorte de marchandise. Et du 24. Iuillet 1625. lesdicts Taranget, & Rousier nous enuoyent le compte de la vente par eux faicte audict lieu, ensemble des frais y ensuiuis. De laquelle vente faisons creditrices lesdictes marchandises entre leurs mains audict f.26. mettant par le menu la qualité,quantité,prix,& n° de chaque sorte de marchandise,& à qui elles sont venduës. Et passons leur rencontre en debit à vn compte que dressons esdicts Taranget, & Rousier, pour debiteur qu'ils nous assignent à receuoir à nos risques à f.27. Là où sont specifiez tous lesdicts debiteurs prouenus de la vente de nos marchandises,& le terme du payement. Quoy faict,faisons debitrices lesdictes marchandises de l.325.10.(que montent les frais ensuiuis à la reception & vente desdictes marchandises y compris 2. pour cent pour leur prouision du vendu) en credit esdicts Taranget & Rousier, à leur compte courant au Carnet de Pasques 1625.f.16. Et esdicts payemens de Pasques nous enuoyent le compte de ceux qui veulẽt payer par escompte esdicts payemens,& suiuant iceluy faisons crediteur ledict compte des debiteurs qu'ils nous assignent,à f.27. de tous ceux qui payent, & baillons son rencontre esdicts Taranget & Rousier,audict compte courant du Carnet de Pasques 1625.f.16.pourtant qu'ils ont receu de nos debiteurs, les faisans aussi debiteurs du change de ce qu'ils ont vendu contant,qu'ils n'ont payé, que esdicts payemens; & par contre les faisons crediteurs de l'escompte qu'ils ont rabbatu esdicts debiteurs,passant son rencontre en debit à profits & pertes. Et pour soude dudict compte nous en remettent vne partie par lettre de Change,& leur tirons le reste par nos lettres, comme plus à plein est specifié audict compte. Maintenant pour sçauoir les marchandises qu'ils ont en reste,faisons vn petit poinct en marge ioignant le n° que treuuons rencontrer en mesme aunage du debit auec le credit; & pour ceux que treuuons n'estre acheuez de vendre, nous y faisons vne petite croix. Tellement que tous ceux que treuuons estre marquez par ce poinct, sont vendus, & les autres qui ne sont marquez,demeurent entre leurs mains. Et suiuant ce compte,treuuons qu'ils ont encor de reste entre leurs mains aunes 2. ½ velours noir ras 3. trames, & aunes 31. ½ crespon noir de Milan, dequoy leur auons fait present pour soude dudict compte. Or pour sçauoir le profit qui s'est faict sur icelles marchandises, faut adiouster le debit & credit dudict compte; & ce qui auancera de plus du costé du credit,sera le profit. Et cest ordre se doit obseruer en enuoyant des marchandises en diuers lieux,pour vendre pour nostre compte; comme se voit encor aux marchandises enuoyées en Anuers és mains de Gilles Hannecard à f.26.qui suffira pour donner fin à cette instruction: faisant suiure cy-apres l'ordre qu'on doit obseruer en receuant des marchandises d'vn commettant pour les vendre pour son compte.

Instruction sur les marchandises à nous enuoyées, pour vendre par Commission.

LOrs qu'on reçoit des marchandises pour vendre pour compte d'autruy, les faut notter sur vn liure de factures,ou sur le broillard,sans en passer escriture sur le grand Liure, sinon à mesure qu'elle se vend: comme par exemple, Cicery,& Cernesio de Venise nous ont enuoyé diuerses marchandises,pour vendre pour leur compte,& au 16. Mars auons commencé à vendre desdictes marchandises à Estienne Glotton. Et pour lors commençons à dresser vn compte de temps aux dicts Cicery & Cernesio, sur le grand Liure f.27. les faisans crediteurs de la vente de leurs marchandises pour receuoir à leurs risques des debiteurs & termes specifiez audict compte;passant leur rencontre au debit de ceux qui ont acheptè lesdictes marchandises. Et pour les frais qu'auons payez pour eux à la reception d'icelles marchãdises,les en portons debiteurs à leur compte courant au Carnet des Roys 1625.f.11. & passons son rencontre en credit au cõpte de Caisse f.3. De laquelle somme,si bon nous semble,nous pouuons preualoir sur eux en la prenant à change pour ledict Venise,ou bien les faire debiteurs du change iusqu'aux prochains payemens. Et ayant paracheué à vendre toutes leurs marchandises, tirons nostre prouision à 2. pour ⅔ de ladicte vente & courratage à ½ pour ⅔ se montant l. 124. 10. de laquelle somme les portons debiteurs à leurdict compte courant au Carnet f.11. En credit à profits & pertes à f. 8. Ce faict, leurs en enuoyons le compte sur vn papier à part,suiuant qu'il est sur nostre liure en forme de debit & credit. Les faisans crediteurs de ladicte vente. Là où est specifiée la qualité & quantité de chaque sorte de marchandise, & à qui elle est venduë, & pour quel terme; Et par contre les faisons debiteurs des parties qui sont à

leur

leur compte courant audict Carnet, comme Voytures, Doüannes, Prouiſion, & Courratage, ſe montant le tout l. 538. 16. 8. auec le change deſdictes parties à 2. pour $\frac{}{0}$ iuſqu'aux prochains payemens, pour n'auoir treuué occaſion de les leur tirer, ou pour n'auoir vendu aucune de leurs marchandiſes pour contant, pour nous pouuoir rembourſer ſur icelle. Et en Payement de Paſques leur donnons aduis d'auoir receu de Glotton, l'vn de leurs debiteurs l. 1745. 9. 2. pour la partie de l. 1920. qu'il a eſcompté à 10. pour $\frac{}{0}$ de laquelle ſomme les faiſons debiteurs au grand Liure à leurdict compte de temps f. 27. pour les porter crediteurs à leurdict compte courant au Carnet f. 11. & par contre debiteurs de l'eſcompte en credit à profits & pertes, & treuuons qu'il leur auance audict compte l. 1195. 17. faiſant ▽ 398. 12. 4. que à Ducats 124. pour ▽. Leur auons remis par lettre de Galiley & Barelly, ſur les heritiers de Bernardin Benſio.

Au compte de Beregany de Vincenſe, le meſme ordre a eſté obſerué à la vente de ſes marchandiſes à f. 27. & quand leſdictes marchandiſes ſe vendent pour comptāt, apres les en auoir faict crediteurs à leurdict compte de temps, & debitrice la Caiſſe; les en faut faire debiteurs par contre, pour les porter crediteurs à leur compte courant ſur le Carnet, & leur faire bon le change, iuſqu'à ce qu'ils ayent tiré ou qu'on le leur ait remis, apres s'eſtre rembourſés ſur icelle des frais, prouiſion, & courratage. Ainſi que ſe voit audict compte de Beregany audict Carnet f. 11. & s'il arriue que la vente deſdictes marchandiſes ne ſe puiſſe faire dans Lyon, pour n'y eſtre de requeſte; & qu'il faille les enuoyer ailleurs pour en procurer la vente, en faut faire notte ſur ledict liure de factures ou broillard, diſant, marchandiſes d'vn tel enuoyées en tel lieu és mains d'vn tel, pour en faire la vente, doiuent pour les cy-apres, & en ſuitte les ſpecifier par le menu; & receuant du Commiſſionaire le compte de la vente deſdictes marchandiſes ou partie d'icelles, en faiſons crediteur celuy à qui les marchandiſes appartiennent. Comme par exemple ſi elles ſont deſdicts Cicery & Cerneſio de Veniſe, les en portons crediteurs ſur ledict compte de temps f. 27. en l'ordre de la vente precedente, baillant le rencontre en debit au Commiſſionaire qui en a fait la vente: pourtant qu'il aſſigne à receuoir eſdicts Cicery & Cerneſio, des debiteurs és termes ſpecifiez audict compte: & pour les frais, prouiſion & courratage, ledict Commiſſionnaire s'en peut preualoir ſur nous, & nous ſur leſdicts Cicery & Cerneſio: Ou bien les faire debiteurs du change, iuſqu'à ce qu'on ait vendu deſdictes marchandiſes au contant, pour ſe rembourſer ſur icelles, ou quequelque debiteur paye par eſcompte, comme a eſté demonſtré cy-deuant.

La pluſpart de ceux qui tiennent les eſcritures euſſent dreſſé vn compte ſur le grand Liure des marchandiſes appartenantes eſdicts Cicery & Cerneſio, ſur lequel euſſent fait creditrices leſdictes marchandiſes de la vente d'icelles, & par contre debitrices des frais, prouiſion du vendu, & courratage, en faiſant deux parties en debit de la vente au contant, & à terme: ſur celle du contant euſſent diſtrait les frais, & du reſtāt en euſſent porté crediteurs leſdicts Cicery & Cerneſio à compte courant, & de la vente à terme à compte de temps, pour receuoir à leurs riſques des debiteurs & termes comme en iceluy: & pour leur prouiſion, & courratage, l'euſſent diſtraicte ſur la premiere partie à eſchoir de ladicte vente à terme. Et quand on n'a rien vendu pour contant, on fait crediteur ledict compte deſdicts frais, pour les porter debiteurs à compte courant; qu'eſt le ſtyle que la pluſpart tiennent, lequel ie n'ay voulu imiter, pour eſtre trop prolixe. Et cecy ſuffira pour concluſion de ceſte inſtruction.

Inſtruction ſur les marchandiſes acheptées en Compagnie, & icelles enuoyées à vn Commiſſionnaire, pour en faire la vente, lequel employeroit partie du prouenu d'icelles à l'achept d'autres marchandiſes, & remettroit le reſte en diuers lieux, ſuiuant noſtre ordre.

AVons fait vne aſſociation auec Boloſon d'achepter diuerſes ſortes de draps de ſoye, & iceux enuoyer à Conſtantinople és mains de Iean Scaich, pour en faire la vente en participation dudict Boloſon pour $\frac{}{0}$ aux profits ou pertes qu'il plaira à Dieu y mander; & nous pour les $\frac{}{0}$ Et par exemple en Roys 1625. Auons acheptê de Iean Iacques Manis diuerſes ſortes de draps de ſoye, comme ſe voit à f. 20. pour payer en Aouſt 1626. ou eſdicts payemens des Roys 1625. en rabbatant 15 pour $\frac{}{0}$ ce qu'auons fait; Et pour ne faire double eſcriture, auons tiré au debit deſdictes marchandiſes la valeur d'icelle, l'eſcompte diſtraict en credit audict Manis, audict Carnet des Rois 1625. f. 6. Et outre ce auons pris des marchandiſes de noſtre compte, eualüées au prix courant en argent contant, deſquelles en auons fait debiteur ledict compte des marchandiſes en compagnie de Boloſon pour le contant f. 20. en credit aux noſtres f. 8. Lequel compte faiſons debiteur des frais d'embalage montant à l. 6. en à credit à deſpenſes, & de l. 17. 15. pour le port de Lyon à Marſeille, & ſortie dudict Marſeille, en credit Benoiſt Robert dudict Marſeille f. 3. ſuiuant l'aduis qu'il nous a donné de la reception deſdictes marchandiſes, leſquelles il a chargées pour Conſtantinople ſur le Vaiſſeau S. Hilaire, Capitaine Boutin. Ce faict, adiouſtons le debit deſdictes marchandiſes qui ſe montent l. 3072. 7. 6. de laquelle ſomme en prenons $\frac{}{0}$ reuenant à l. 1024. 2. 6. que ledict Boloſon nous doit payer pour ſa part, & partant faiſons crediteur ledict compte de ladicte partie en debit audict Boloſon au Carnet des Roys 1625. f. 6. Lequel compte demeure ainſi ouuert, iusques à ce que ledict Scaich de Constantinople nous enuoye le compte de la vente par luy faicte; lequel receu, en faisons creditrices lesdictes marchandises, suiuant la mesure & monnoye dudict lieu, & treuuons qu'elle monte tant au contant, qu'en trocque de Camelots à Aspres 178311. sur laquelle partie faisons distraction des frais y ensuiuis & prouision : & treuuons en reste aspres 161769, faisans piastres 1470. $\frac{5}{8}$ à 110. aspres, la piastre calculant à ʃ.47. pour piastre sont l.3455.19.4. de laquelle somme faisons debiteur ledict Scaich f.20. pour le net procedit de ladicte vente : & par contre le faisons crediteur de 4. tables Camelots. De laquelle vente prenons le $\frac{1}{3}$ se montant aspres 53923. que faisons debitrices lesdictes marchandises f.20. en credit audict Boloson pour son $\frac{1}{3}$ de ladicte vente à luy appartenant, sçauoir de aspres 8255. $\frac{2}{3}$ valāt l.206.2.2. pour son $\frac{1}{3}$ de la remise faicte en Alep en credit au Carnet de Pasques 1625. f.6. & de aspres 45667. $\frac{2}{3}$ pour son $\frac{1}{3}$ de l'achapt desdictes 4. bales Camelots euës en trocque desdictes marchandises, passant son rencontre en credit à Camelots en compagnie dudict Boloson f.21. Lequel compte de Camelots faisons debiteur des frais y ensuiuis : & par ce moyen ledict Boloson demeure libre de prendre son $\frac{1}{3}$ desdicts Camelots ou de les laisser entre nos mains, pour en faire la vente : que si bon luy semble de les retirer, il n'est besoin de dresser autre escriture, sinon luy faire payer le $\frac{1}{3}$ des frais y ensuiuis. Et d'autant que nous auons fait la vente du tout, nous prenons nostre prouision d'icelle à 2. poūr % & courratage à $\frac{1}{3}$ pour % en apres faisons debiteur ledict cōpte du tiers de la vente au contant, sur laquelle faisons distraction de tous les frais, prouision, & courratage; & du reste portons crediteur ledict Boloson à son compte courant de Pasques 1625. f.6. & du tiers de la vente à terme à son compte de temps au grand Liure f.21. pour receuoir à ses risques des debiteurs, & termes specifiez en iceluy. Et treuuons qu'il nous auance l.803. 16.5. de laquelle somme portons creditrices lesdictes marchandises enuoyées à Constantinople f. 20. & par ce moyen le compte desdicts Camelots se treuue soudé, en apres venons, à faire le rencontre de la vente desdictes marchandises enuoyées à Constantinople, & treuuons qu'il a encor de reste entre ses mains vne piece satin canelé 5. coleurs n° 1300. aulnes 32. $\frac{1}{4}$ à l.8. sont l.258.13.4. tournois, de laquelle somme faisons crediteur ledict compte en debit à autre, & adioustons les parties du debit & credit dudict compte ; & ce qui se treuue de plus en credit, qu'en debit, est nostre part du profit. Voilà en brief l'ordre qu'il faut tenir sur l'achapt & vente des marchandises en participation. Quoy que plusieurs l'eussent dressé autrement. Sçauoir, en faisant l'achapt desdictes marchandises eussent dressé vn compte à part de l'achapt d'icelles, y mettant tous les frais ; & pour soude d'iceluy, auroient fait crediteur ledict compte du tiers de l'achapt & despens en debit audict Boloson, & apres de nos $\frac{2}{3}$ en debit à marchandises de nostre compte enuoyées à Constantinople, sur lequel eussions escrit nos $\frac{2}{3}$ de la vente, en debit audict Scaich, lequel Scaich eussions fait crediteur des $\frac{2}{3}$ de l'achapt desdicts Camelots, en debit à Camelots de nostre compte. Lequel ordre ie n'ay voulu ensuiure pour n'estre si brief ny intelligible, comme le precedent, qui sera pour donner fin à cette instruction.

Instruction sur les marchandises à nous enuoyées, pour vendre en participation.

AVons receu de Laurens Fiorauanty de Boloigne vne Caisse satins diuerses coleurs, pour vendre de compte à $\frac{1}{2}$ auec luy ; & pource faire dressons vn compte desdicts Satins sur le grand Liure f.18. que treuuons se monter à l.6191.9.3. monnoye de Boloigne reuenant pour nostre $\frac{1}{2}$ à l.3095. 14.7. que ledict Fiorauanty à tirez à Plaisance : & de ce lieu nous ont tiré à Lyon par leur lettre en ∇ 604. 19. 8. d'or sol, valant l. 1814. 19. payables à Lumaga & Mascranny : partant contre lesdicts l.3095.14.7. de Boloigne tirons en monnoye de France lesdicts l. 1814. 19. baillant son rencontre en credit esdicts Lumaga & Mascranny au Carnet des Roys 1625. f. 5. En apres commençons à faire vente desdicts satins à Iean des Lauiers, lesquels sont escrits audict compte en credit. f.18. par le menu, y specifiāt le n°, aunage, & coleur de chaque piece, & à quel prix, passant son rencontre en debit audict des Lauiers f. 17. & au 20. Mars auons vendu le restant desdicts satins à Herue & Sauary, dont lesdicts satins sont faicts crediteurs à f. 18. & lesdicts Herue & Sauary debiteurs à f.18. Ce faict, faisons debiteurs lesdicts satins de tous les frais ; & d'autant que sommes d'accord auec ledict Fiorauanty de luy demeurer du croire des debiteurs de ladicte vente, en prenant nostre prouision à 4. pour % du vendu, c'est pourquoy luy payons par escompte sa moitié de ladicte vente, rabbatu sur icelle, lesdicts frais, prouision, courratage, & escomptes ; & treuuons luy estre deu de reste l. 1900. 2. 8. d'autant que toute ladicte vente se monte l. 4853. 11. 4. reuenant pour sa $\frac{1}{2}$ à l.2426.15.8. De laquelle partie faut distraire la $\frac{1}{2}$ des frais montant l.1053.6. qu'est pour sa $\frac{1}{2}$ l. 526. 13. lesquels distraicts de ladicte partie de l.2426.15.8. Reste l.1900. 2.8. Laquelle somme luy auons remis de son ordre, à Plaisance, en foire de S. Marc 1625. sur Hierosme Turcon, & treuuons pour nostre moitié du profit l. 85.3. 8. que portons en credit à profits & pertes, pour soude dudict compte ; qu'est le vray ordre qu'on doit tenir à la vente des Marchandises en participation.

Instruction

Instruction sur les marchandises enuoyées dehors, pour vendre en participation.

PAr exemple, auons remis és mains de Iean, & François du Soleil 7393. bandes fer doux & rompant, pour en faire la vente de compte à ½ auec eux, partant en faisons crediteur fer de nostre compte f. 37. à raison de l. 5. le % pesant. Ainsi accordé auec eux, & passons son rencontre à vn compte à part de fer de compte à ½ auec eux f. 37. Lequel compte faisons crediteur de la ½ du monter dudict fer en debit esdicts du Soleil, au Carnet d'Aoust 1625. f. 16. En apres lesdicts du Soleil nous donnent compte de la vente dudict fer, & suiuant icelle faisons crediteur ledict compte f. 37. de toutes les bandes & poids, que treuuons rencontrer auec les bandes & poids du debit; ce qui denote que ledict compte est en son deuoir: & passons le rencontre de ladicte vente en debit esdicts Iean, & François du Soleil, pour nostre moitié d'icelle f. 38. pour receuoir à nos risques des debiteurs & termes specifiés en iceluy. Et d'autant que lesdicts du Soleil sont tenus d'en procurer le payement: A mesure qu'ils reçoiuent desdicts debiteurs, en faisons crediteur ledict compte, & debiteurs lesdicts du Soleil, à compte courant. Ce faict, faisons debiteur ledict compte dudict fer de la prouision de la moitié de ladicte vente à 2. pour % en credit esdicts du Soleil; En apres soudons ledict compte que treuuons auancer de l. 604. 2. 6. pour nostre moitié du profit, que portons en credit à profits & pertes de nostre compte. Auons aussi faict autre achapt de 1536. Sacs riz, de compte à ½ auec Iean Oort d'Amsterdam, chargez à final sur le Vaisseau le Cheualier de Mer, lequel Vaisseau faisons debiteur dudict chargement f. 17. & crediteurs ceux de qui lesdicts riz ont esté acheptez, & par contre crediteur de la ½ dudict chargement que treuuons se monter à l. 14848. 1. 4. En debit audict Oort pour sa ½ dudict achapt f. 14. Sur lequel compte se verront les traictes & remises faictes à compte desdicts riz. En apres receuons le compte de la vente desdicts riz par luy faicte audict Amsterdam en diuers termes, & suiuant icelle, en faisons crediteur ledict Vaisseau f. 17. que treuuons se monter à l. 8433.- sur quoy faisons distraction de l. 1500. 17.- que montent tous les frais y ensuiuis, prouision dudict Oort, & escomptes rabbatus: reste l. 6932. 3.- que monte le net procedit de ladicte vente, qu'est pour nostre ½ l. 3466. 1. 6. monnoye de gros, calculé à l. 6. tournois, pour vne liure de gros, sont l. 20796. 9.- de laquelle somme faisons crediteur ledict Vaisseau, & debiteur ledict Oort f. 14. & par contre crediteur des remises & traictes faictes à cōpte desdictes l. 20796. 9.- sur lesquelles auons eu de perte l. 625. 14. 3. de laquelle somme en auons faict debiteur ledict Vaisseau, & crediteur ledict Oort, pour soude de compte. Ce faict, adioustons le compte dudict Vaisseau, que treuuons auancer du costé du credit, de l. 5322. 13. 5. qu'est pour nostre moitié du profit qu'il a pleu à Dieu y enuoyer: de laquelle somme en faisons debiteur ledict compte, & crediteurs profits & pertes; qu'est le vray ordre qu'on doit tenir en pareille negociation.

Instruction sur les marchandises acheptées en participation auec plusieurs, dont la vente en seroit faicte par chacun d'iceux, & vn seul donneroit raison du tout à chacun des participans, estans les debiteurs aux risques de ladicte Compagnie.

AVons faict vne association auec Philippe, & Luc Seue, & Vespasian Boloson, pour faire achapt de Doppions en Italie; & pour cest effect faisons vn fonds de l. 75000.- Sçauoir l. 25000.- fournies par lesdicts Seue, l. 25000.- par ledict Boloson, & les autres l. 25000.- par nous, pour participer aux profits & pertes qu'il plaira à Dieu y mander, chacun pour ⅓ Et en payemens de Pasques lesdicts Seue, & Boloson nous payent l. 25000.- chacun pour leur tiers dudict fonds: de laquelle somme les faisons crediteurs audict Carnet de Pasques à compte à part f. 16. en debit à leur compte courant audict Carnet f. 9. & 6. Et ce faict, donnons ordre aux nostres de Milan, d'employer en achapt de Doppions, iusqu'à la valeur de l. 150000.- Imperiales que à ₰ 120. pour ▽ valent l. 75000.- pour fonds de ladicte associatiō. Apres dressons vn cōpte à part sur ledict Carnet aux nostres de Milan f. 16. les faisans debiteurs dudict fonds, passant son rencontre en credit à leur compte courant f. 10. Et commençant à receuoir desdicts Doppions, venons à dresser vn compte sur le grand Liure à f. 23. l'intitulant Doppions en compagnie desdicts: lequel compte faisons debiteur de tout l'achapt & despens desdicts Doppions, en credit à negoce de Milan, compte à part f. 24. que treuuons monter à l. 43055 1. de laquelle somme prenons le ⅓ & en faisons crediteur ledict compte, pour en porter debiteurs lesdicts Seue à leur compte de mise, sur le Carnet f. 16. & de mesme à Boloson. Apres chacun baille compte des frais par eux auancez, tant pour voytures, doüannes, que courratage du vendu; & suiuant iceux, les en portons crediteurs à leur compte courant audict Carnet f. 9. & 6. en debit au grand Liure f. 23. à compte desdicts Doppions; Tous lesquels frais fournis tant par nous, que par eux (desquels ledict compte de Doppions est faict debiteur) se montent l. 2412. 5. 2. de laquelle somme (pour esgaliser à chacun lesdicts frais) prenons le ⅓ pour en faire crediteur ledict compte f. 23. & debiteurs lesdicts Seue, & Boloson, à leurdict compte courant au Carnet f. 9. & 6. Apres chacun des associez prend la quantité desdicts Doppions qu'il iuge en pouuoir vendre, nous donnant compte de ladicte vente, & suiuant icelle faisons crediteur ledict compte desdicts Doppions f. 23. en suitte de la vente par nous faicte, sçauoir de 9. bales venduës par lesdicts Seue, & 7. bales par Boloson; passant son rencontre en debit esdicts Seue à compte des debiteurs qu'ils assignent à ladicte Compagnie, sur lequel chaque debiteur est specifié, & le terme du payement; faisant le mesme audict Boloson. Ce faict, adioustons toute ladicte vente, que treuuons se monter à l. 54482.15.-- faisans debiteur ledict compte f. 23. du tiers d'icelle se montant l. 18160.18.4. en credit ésdicts Seue à compte des debiteurs que leur assignons à f. 24. faisant le mesme audict Boloson, qu'est pour soude de l'achapt, & vente desdicts Doppions. En apres venons au compte à part du negoce de Milan au Carnet f. 16. & treuuons que de l. 150000. Imperiales qu'ils deuoient employer audict achapt, n'en a esté employé, pour diuerses considerations, que à l. 86110.2.-- ainsi qu'appert audict compte au grand Liure f. 24. partant ledict negoce reste reliquataire à ladicte compagnie de l. 63889.18.--Imperiales, dont lesdicts Seue leur donnent ordre de remettre leur tiers de ladicte partie à Plaisance, ce qu'ils auisent auoir faict en v 2927.13.5. d'or de marc à ₰ 145. pour v: partant en faisons crediteur ledict negoce, & debiteurs lesdicts Seue à compte de mise audict Carnet f. 16. qu'est pour soude dudict compte. Pour la partie de Boloson, la luy remettent sur nous à ₰ 119.$\frac{1}{3}$ pour v, qu'est aussi pour soude de sondict compte de mise f, 16. Faisons aussi crediteur ledict compte au Carnet f. 16. pour soude d'iceluy, de nostre tiers en debit à compte du contant f. 10. Et en payement d'Aoust lesdicts Seue nous auisent que les debiteurs par eux assignez payent par escompte, & suiuant iceux faisons crediteur ledict compte des debiteurs qu'ils nous assignent au grand Liure f. 24. pour les $\frac{2}{3}$ en debit à eux-mesmes au Carnet d'Aoust 1625. f. 17. & pour le tiers restant faisons crediteur ledict compte en debit à eux-mesme, compte des debiteurs que leur assignons f. 24. Dont il est à noter que lesdicts Seue sont portez debiteurs des $\frac{2}{3}$ d'autant que c'est à nous à en faire bon le $\frac{1}{3}$ à Boloson: ne se prenant ledict Boloson sur lesdicts Seue, ains sur nous; Tout de mesme que lesdicts Seue se preuaudront sur nous de leur tiers des parties qui seront payées à compte des debiteurs assignez par ledict Boloson. Et c'est afin de ne tenir tant d'escriture. Ledict Boloson nous donne aussi aduis des debiteurs par luy assignez qui payent par escompte, faisant crediteur sondict compte f. 24. en y obseruant le mesme ordre qu'au precedent desdicts Seue. Et parce que sur ledict compte y a eu vn debiteur qu'a faict faillite, nous donnerons cy-apres vne particuliere instruction pour accommoder l'escriture d'vne banqueroute. Nous leur donnons aussi compte des debiteurs qui nous payent par escompte esdicts payemens d'Aoust, partant faisons debiteur ledict compte des debiteurs que leur assignons f. 24. & 25. pour les porter crediteurs sur ledict Carnet à f. 17. Comme plus à plein est specifié esdicts comptes, qu'est le vray ordre qu'on y doit obseruer.

Instruction pour dresser vn compte de marchandises acheptées en compagnie de plusieurs & enuoyées en diuers lieux, pour en faire la vente; & du prouenu d'icelle en employer partie à l'achapt d'autres marchandises aussi en compagnie des mesmes.

PAr exemple, auons faict vne emplette de 11283. asnées bled en compagnie de Picquet, & Strasse, pour $\frac{1}{3}$ Iacques de Pures, pour $\frac{1}{4}$ Leonard Berthaud, pour $\frac{1}{6}$ & nous, pour le $\frac{1}{4}$ dõt lesdicts bleds sont faicts debiteurs à f. 32. & la Caisse creditrice au Carnet, f. 3. pour auoir esté acheptez contant, se montant l. 99660.--de laquelle partie lesdicts Picquet, & Strasse nous ont fait bon pour leur tiers l. 33771.13.4. en Roys 1625. Depures pour son $\frac{1}{4}$ l. 25328.--& Berthaud pour son $\frac{1}{6}$ l. 16885.16.8. de toutes lesquelles parties faisons crediteur ledict compte f. 32. en debit ésdicts f. 40. & commençons d'enuoyer 1283 asnées desdicts bleds en Arles, és mains de Girard Pillet, pour en faire la vente; dont lesdicts bleds sont faicts crediteurs f. 32. & debiteurs bleds és mains dudict Pillet f. 32. ensẽble des frais que ledict Pillet nous mãde auoir fourny, dont il nous en fait traicte en Roys 1625. sur Verdier, & cõpagnie crediteurs au Carnet f. 7. de tous lesquels frais en portons debiteurs Picquet, & Strasse, pour leur $\frac{1}{3}$. Depures pour son $\frac{1}{4}$, & Berthaud pour son $\frac{1}{6}$. f. 40. en credit esdicts bleds és mains dudict Pillet f. 32. Apres auons aduis dudict Pillet comme il a vendu audict lieu 462. saumées dudict bled se montãt (rabbatu les frais & prouision) à l. 6344.-- qu'il a payées de nostre ordre à Benoist Robert de Marseille; partant lesdicts bleds en sont crediteurs à f. 32. & ledict Robert debiteur à f. 3. & par contre faisons debiteurs lesdicts bleds du tiers de ladicte vente appartenant à Picquet, & Strasse crediteurs à f. 40. & du $\frac{1}{4}$ appartenant à Iacques Depures, & du $\frac{1}{6}$ à Berthaud; & la soude dudict compte, qu'est l. 321.19.9. est pour nostre $\frac{1}{4}$ du profit faict sur ladicte vente, que passons en credit à bleds diuers f. 32. Auons aussi aduis dudict Pillet, cõme il a chargé pour Genes sur le Galion S. Martin 1000. saumées bled qu'il auoit de reste, pour icelles consigner à Lumaga, suiuant nostre ordre: partant faisons crediteur ledict compte de Pillet, & debiteurs bleds és mains desdicts Lumaga de Genes. Lesquels nous auisent de la vente par eux faicte audict lieu au contant, rabbatu sur icelle les nolis, frais, & prouision, suiuant le compte qu'ils en ont enuoyé, que treuuons se monter à l. 22400.--monnoye courante dudict Genes: de laquelle somme faisons crediteur ledict compte f. 32. & debiteurs lesdicts Lumaga au Carnet de Pasques 1625. f. 4. & par contre faisons debiteurs lesdicts

bleds

bleds du tiers de ladicte vente,& crediteurs Picquet,& Strasse pour le $\frac{1}{3}$ à eux appartenant, f. 20. & du quart à Depures,& du $\frac{1}{6}$ à Berthaud : & portons la soude dudict compte, qu'est l. 6679. 16. en debit à bleds de nostre compte f. 32. afin que sur iceluy nous puissions voir generalement tout le profit qui nous escherra pour nostre quart,de ladicte negociation. Et pour les 10000. asnées restantes dudict bled, les auons remises és mains & puissance de Pierre Sauset nostre facteur, pour iceux faire conduire à Marseille, & charger sur Mer, pour faire voile és villes d'Espagne & Portugal, qu'il entendra en auoir plus grande disette. Et partant faisons crediteurs lesdicts bleds f. 32. desdictes 10000. asnées en debit à bleds és mains dudict Sauset f. 34. Ce faict,luy donnons de contãt l. 50000.-pour payer les peages,nolis,& autres frais: de laquelle somme le faisons debiteur à compte dudict voyage f. 33. & creditrice la Caisse au Carnet des Roys 1625. f. 3. Faisons aussi debiteurs lesdicts Picquet,& Strasse du tiers desdictes l. 50000. Depures pour le $\frac{1}{4}$ & Berthaud pour le $\frac{1}{6}$ à f. 40. & crediteur le compte desdicts bleds f. 34. Ce faict,auons aduis dudict Sauset des frais par luy faicts pour les peages, & nolis payez de Lyon iusqu'à Marseille, se montant l. 39700. & de Marseille à Seuille l. 7500.-- desquelles sommes le faisons crediteur,& debiteurs lesdicts bleds f. 34. Nous donne aussi aduis de Seuille, de la vente par luy faicte audict lieu de 6000. fanegues, se montant marauedis 13800000. de laquelle somme le faisons debiteur audict compte f. 33. & crediteurs lesdicts bleds f. 34. & de Lisbõne nous escrit auoir faict fin audict lieu desdicts bleds,se montant raix 12600000.-- dont il en est faict debiteur, & crediteurs lesdicts bleds. A bon compte desdictes ventes nous à remis de Seuille v 8000.-d'or sol à marauedis 398. pour v sur Lumaga,& Mascranny & v 6795. à marauedis 400. pour v sur Guetton,desquelles parties il en est faict crediteur à sondict compte f. 33. & debiteurs lesdicts Lumaga,& Mascranny f. 15. & Guetton f. 8. se montant lesdictes remises à l. 44385.-dont en faisons bon le $\frac{1}{3}$ à Picquet,& Strasse, à Depures le $\frac{1}{4}$ & à Berthaud le $\frac{1}{6}$ desquelles parties ils sont faicts crediteurs chacun à leur compte au grand Liure f. 40. en debit esdicts bleds f. 34. Et le reste de l'argent,qui demeure entre les mains dudict Sauset, a esté changé de delà en reaux, pistoles, & autres especes de poids & mise,suiuant l'aduis qu'il nous en a donné, & mis le tout dans vn coffre sur la Nauire Espagnole, Capitaine Diego Laynes, en laquelle il s'est embarqué : & arriué qu'il est à Roüan, nous donne aduis du succez de son voyage, & des effects qu'il a entre ses mains, que luy ordonnons d'employer partie en marchandises, & en remettre partie à Paris,pour le nous faire tenir par lettre de change à Lyon ; & suiuant son compte,le tenõs debiteur de l. 136377.16.- à f. 33. pour soude de son vieux compte f. 33. rabbatu les frais ; & faisons crediteur ledict compte des marchandises par luy acheptées audict Roüan en debit à marchandises en Compagnie desdicts f. 34. desquelles, la vente en estant faicte, en faisons bon $\frac{1}{3}$ à Picquet,& Strasse, $\frac{1}{4}$ à Depures, & $\frac{1}{6}$ à Berthaud, & la soude dudict compte qu'est l. 21657. 14. 4. la portons en debit à Bleds de nostre compte f. 32. d'autant que lesdictes marchandises procedent des effects desdicts bleds. Nous remet aussi ledict Sauset de Paris, sur Lumaga,& Mascranny l. 50000.-- pour valeur comptée aux leurs de par delà : de laquelle somme il en est faict crediteur à sondict compte f. 33. & debiteurs lesdicts Lumaga, & Mascranny au Carnet d'Aoust f. 15. & à son retour nous remet de comptant l. 53187.18.- pour soude de sondict voyage, rabbatu les frais. De toutes lesquelles parties en faisons bon le $\frac{1}{3}$ à Picquet, & Strasse, le $\frac{1}{4}$ à Depures, & le $\frac{1}{6}$ à Berthaud, à leurdict compte f. 40. passant son rencontre en debit à bleds és mains dudict Sauset f. 34. lesquels bleds sont aussi faicts debiteurs de tous les frais y ensuiuis,& crediteur ledict Sauset. Ce faict,soudons ledict compte des bleds és mains dudict Sauset, le faisant crediteur pour soude dudict compte de l. 43496.17.6. en debit à bleds de nostre compte f. 32. Sur lequel compte nous voyons les profits qu'il a pleu à Dieu enuoyer en ladicte negociation, que treuuons se monter, pour nostre quart, à l. 11422. 16. 11. desquels ils sont faicts debiteurs, & crediteurs profits & pertes à f. 41. Comme plus à plein est specifié esdicts comptes; qu'est le vray ordre qui se doit obseruer en pareil negoce.

L'ordre qu'on doit tenir en enuoyant son Facteur à l'achapt.

PRemierement faut faire debiteur ledict Facteur de l'argent comptant qu'on luy donne à son despart,ensemble des lettres de change qu'il tirera,ou que luy serōt remises. Et par contre,le faire crediteur du monter de tout l'achapt par luy faict,tant au contant,que à credit, y compris les frais, & faire vn abregé de la marchandise par luy acheptée à terme, pour l'en porter debiteur à sondict compte, & crediteurs ceux de qui lesdictes marchandises auront esté acheptées. D'où il faut noter que lors qu'on a acheptée de diuers creanciers pour payer en diuers termes, on peut passer le rencontre en credit à compte de partimens,sans aller dresser vn compte à part à chacun des crediteurs, veu que (peut-estre) on n'aura plus à faire auec telles personnes. Sur lequel compte de partimens lesdicts creanciers seront specifiez,& en quel terme ils sont à payer:& moyennant ce,le compte dudict Facteur soudera,ou bien il doit rendre la soude en argent contant, ou l'en porter debiteur à son compte propre. Comme par exemple,auons enuoyé Claude Catillon nostre Facteur en Dauphiné,& Languedoc, pour faire achapt de draperie, & luy auons baillé contant l. 1000. — de laquelle somme l'auons porté debiteur sur le

Carnet f.7. en credit à Caisse f.3. Ensemble d'vne lettre de change de l. 500.-- que luy auons remis sur Gerand Viguyer de Limoux,pour valeur comptée à son homme dont la Caisse en est creditrice à f. 3. le faisons aussi debiteur sur ledict compte de l. 500.-- qu'auons payé suiuant sa lettre à Nicolas Bocquet,d'ordre de Gasca & Deldon,en credit à Caisse,& par contre le faisons crediteur audict compte f.7. de tout l'achapt & despens, tant au contant, qu'à credit, se montant l. 4088. 13. Sçauoir, le contant l.1984.5.9.& le credit l.2104.7.3.& passons son rencontre en debit à draps au liure à f.29.là où est specifié par le menu tout ledict achapt, en apres le faisons debiteur desdictes l. 2104. 7. 4. pour tant qu'il nous assigne à payer à diuers par cedules qu'il a faictes en nostre nom, & lettres de change; & en portons crediteur le compte de repartimens au grand Liure à f. 28. sur lequel specifions chaque debiteur, & le terme du payement. Apres soudons le compte dudict Catillon,audict Carnet f.7. moyennant l.15.4.3. qu'il nous donne de contant,que faisons crediteur ledict cōpte,& debitrice la Caisse.Le mesme ordre a esté obserué en l'achapt des draps de France,& Poictou, au grand Liure f.30. A esté faict autre achapt en Flandres par André Montbel, ainsi qu'appert au grand Liure f. 35. 36. sur lequel ie ne donneray autre instruction,puis que le mesme ordre y a esté obserué, qui sera pour fin & conclusion de ce discours.

L'ordre qu'on doit tenir en enuoyant vn seruiteur dehors, pour aller faire vente de marchandise.

PAr exemple,auons enuoyé Claude Catillon nostre homme au pays de Suisse, pour aller tenir les foires de Sourfach; & pour cest effect auons enuoyé audict Sourfach en foire de Pentecoste,diuerse draperie dont les marchandises enuoyées audict lieu sont faictes debitrices à f.31. & crediteurs draps de laine à f.29.& 30. & par contre creditrices de la vente d'icelles faicte audict lieu, en debit à Claude Catillon,compte de voyages,f.31. pour debiteurs qu'il nous assigne, & crediteur des frais par luy faicts audict voyage en debit à marchandises enuoyées audict lieu. Le portons debiteur de la vente par luy faicte au contant à son compte courant au Carnet f.14.se montant fl.619.2.rabbatu les frais; & nous en remet fl.611.1.2.par lettre de Christophle Cromps,sur Salicoffre à 110.Cruchers pour v valāt l.1000.-- tournois,de laquelle somme il est faict crediteur audict compte f.14. & debiteurs lesdicts Salicoffre audict Carnet f.15. & nous donne de contant pour soude de sondict compte l. 13.7.6. pour la valeur de florins 8.& 2.cruchers:& pour les marchandises restantes à vendre de ladicte Foire,ont esté remises par ledict Catillon és mains de Rodolphe Leon,de Surich, iusqu'à la prochaine foire de saincte Frenne; laquelle venuë,y enuoyons d'autres marchandises,pour assortir les precedentes,& y renuoyons ledict Catillon pour faire vente finale du tout, & se faire payer des debiteurs qui doiuent audict temps, & faire l'escompte à ceux qui voudront payer par auance,pour terminer ce negoce. Ce qu'il nous aduise auoir faict; & parce luy tirons lettre de v 535.14.3 que à 112.cruchers pour escu valent fl.1000.-- payables à Rodolphe Leon,pour valeur receuë de Salicoffre: de laquelle somme l'en portons crediteur à sondict compte courant au Carnet f.14. & debiteurs lesdicts Salicoffre f.15. & pour ce qu'il aura de reste, luy donnons ordre que ne treuuant à le remettre, il change de delà toute sa monnoye en Pistoles & Sequins; Ce qu'il a faict, & nous a baillé de contant à son retour dudict voyage 500.doublons d'espagne changés à Bachs 65.l'vn,& 376.Sequins à Bachs 36.faisant en tout fl.3069.1.& fl.5154.-- tournois,nous donnant compte de tout ce qu'il a negocié: & suiuant iceluy en faisons creditrices lesdictes marchandises f.31. en debit à luy-mesme f.31. & par contre, l'auons faict crediteur des frais par luy faicts audict lieu,& debitrices lesdictes marchandises. Faisons aussi crediteur ledict compte des debiteurs qu'il nous assigne de tous ceux qui ont payé, & debiteur ledict Catillon à compte courant au Carnet f. 14. & par contre crediteur de fl.42.7. pour escomptes qu'il a rabbatus, sur laquelle partie ne tirons aucune monnoye de France dehors,la laissans sans rencontre; d'autant que la difference qu'il y aura à la soude dudict compte se portera en vn article en debit esdictes marchandises, qu'est pour euiter prolixité. Tellement qu'il se treuue debiteur à sondict compte courant de fl. 4730. 10. de laquelle somme il se treuue crediteur par contre pour soude dudict compte; Excepté en monnoye de France, sur laquelle treuuons de difference l.112.9.3. tournois qu'est tant pour perte de remise, change de diuerses especes, que escomptes par luy faicts:de laquelle somme faisons crediteur ledict compte, & debitrices les marchādises enuoyées audict Sourfach, au grand Liure f.31. Comme se voit plus particulierement esdicts comptes.

Instruction pour dresser les comptes d'vn Facteur qui seroit enuoyé dehors pour negocier, lequel participeroit pour quelque portion,aux profits & pertes de ladicte negociation.

AVons establi negoce en Piedmont, sous l'administration de Pierre Alamel nostre Facteur, lequel auons associé pour $\frac{1}{4}$ aux profits & pertes,qu'il plairra à Dieu y enuoyer sur le fonds de l.30000.-- qu'auons promis fournir en iceluy en marchādises.Et du 6.Mars,auons donné de contant audict Alamel

à son

à son despart pour ledict lieu 1000.doublons d'Espagne à l.7.6. l'vn,& à florins 46. Sont fl.46000.-- que tant valent audict Piedmont : de laquelle somme le faisons debiteur au grand liure f 9. & creditrice la Caisse au Carnet f.3. Ce faict,dressons vn compte de negoce de Piedmont au grand Liure f.11. Lequel faisons debiteur de toutes les marchandises y enuoyées, & par contre crediteur de la vente d'icelles, passant son rencontre, sçauoir de la vente à terme à vn compte intitulé *Debiteurs de Piedmont* f. 10. sur lequel compte chaque debiteur est specifié,& le terme du payement : & pour la vente au contant, faisons debiteur ledict Alamel à sondict compte à f.9. ensemble de ce qu'il reçoit de nos debiteurs passant son rencontre en credit au compte des debiteurs de Piedmont f. 10. 16. & 9. Le faisons crediteur par contre de l'achapt de riz,& filages par luy faict pour nostre compte, ensemble des frais y ensuiuis ; passant son rencontre en debit és comptes qui sont marquez par le fueillet dudict compte. Et ne se treuuant assez d'argent pour fournir audict achapt,en prend partie à Genes, & partie de delà, dont il nous en fait traicte, ainsi qu'appert par sondict compte. Et ayant faict la vente de toutes les marchandises y enuoyées, soudons ledict compte de negoce de Piedmont f. 11. & treuuons qu'il auance du costé du credit de l.13022.3.1.qu'est le profit qui s'est faict audict lieu ; de laquelle partie faisons debiteur ledict compte pour soude d'iceluy,passant son rencontre en credit à profits & pertes dudict negoce f.10.lequel compte de profits & pertes,est aussi faict crediteur des prouisions des marchandises acheptées par ledict Alamel,& d'autres auancées tant en remises, que benefice de monnoye. Que si ledict Alamel eust esté participant au profit des marchandises par luy acheptées de delà, n'eust esté besoin prendre prouision, ains eust fallu tenir compte à part d'icelles. Et desirant finir ledict negoce, luy donnons ordre receuoir tout ce qui nous est deu de delà, & remettre à Genes partie de l'argent qu'il se treuuera ; ce qu'il nous aduise auoir faict.Nous donnant de contant à son retour dudict voyage 791.doublons d'Espagne, ainsi qu'il est amplement specifié à sondict compte f.9. Ce faict, venons à souder ledict compte des profits & pertes que treuuons se monter à l.18335.10.11. de laquelle somme en faisons bon le $\frac{1}{4}$ audict Alamel, pour sa part dudict profit à luy appartenant, suiuant nos conuentions ; qu'est le vray ordre qu'on doit tenir en pareille negociation.

Instruction pour dresser les comptes d'vn negoce, & maison qu'on auroit estably en quelque lieu, pour s'enuoyer marchandises, de part & d'autre ; & faire traictes, & remises : suiuant la necessité, tenant correspondance en diuers lieux.

PAr exemple, nous auons introduit negoce & maison à Milan, pour illec faire fabriquer diuerses sortes de draps de soye, & faire achapt par toute l'Italie des marchandises que iugerons propres pour la France ; leur en renuoyant d'autres par contre, selon qu'ils iugent estre de requeste. Commençant à dresser vn compte sur le grand Liure à f.6. l'intitulant *Negoce de Milan*,lequel compte faisons debiteur des marchandises qui leur sont enuoyées, passant son rencontre en credit és comptes qui sont marquez par le fueillet, & par contre crediteur des marchandises qui nous sont enuoyées, & debitrice chacune d'icelles à leur compte.Et en payement des Roys commencent à nous tirer par leurs lettres diuerses parties,desquelles les faisons debiteurs à leur compte courant,au Carnet desdicts payemens f.10. sur lequel compte se voyent generalement toutes les traictes & remises faictes de part & d'autre en diuers lieux,suiuant la necessité.Et pour finir ledict negoce, adioustons le compte de Marchandises du grand Liure f.6.que treuuons se monter l. 80353. o. 5. pour la valeur de marchandises y enuoyées & l.60378.8.6.pour le monter de celles qu'ils nous ont enuoyé ; baillant le rencontre à chacune desdictes parties à vn compte general dudict negoce,que dressons à f. 40. lequel compte faisons aussi debiteur de l.25881.0.4.Imperiales valant l.12405.2.11.qu'est pour soude de leur compte courant du Carnet f.10. & nous enuoyent dudict Milan l'inuentaire par eux faict,auec le liure de raison exactement tenu audict lieu,cotté A,& suiuant iceluy faisons crediteur ledict compte general de l. 130500.-- monnoye Imperiale,valant l.65250.--tournois, pour le monter de tous les effects restans en nature audict lieu, passant son rencontre en debit à vn compte des effects & facultez restans audict Milan, tant en marchandises, argent contant,que debiteurs specifiés audict compte f. 38. Apres faisons debiteur ledict compte general f.40. des creanciers qu'ils nous assignent à payer,& crediteur ledict compte des effects f.38.Ce faict, trouuons que ledict compte general auance du costé du credit de l. 39669.2.6. Imperiales, valant l.20372.5.2.tournois. Qu'est le profit qu'il a pleu à Dieu enuoyer audict negoce,de laquelle partie faisons debiteur ledict compte pour soude d'iceluy, & crediteurs les profits & pertes f.41. Apres venons audict compte des effects & facultez de Milan f.38. Lequel faisons crediteur de la vente des marchandises restantes audict lieu qu'ils nous ont mandé auoir vendu à Picquet, & Strasse, que portons debiteurs au Carnet des Roys 1626.f.18. Et pour l'argent contant qu'ils ont en Caisse,le nous ont remis par leur lettre sur Galiley & Barelly, dont ledict compte en est faict crediteur, & debiteurs lesdicts Galiley & Barelly audict Carnet f. 11. pour les debtes qui nous sont deubs audict lieu ; Nous en a esté faict remise d'vne partie, & l'autre partie leur auons tiré par nos lettres. Lequel compte est aussi faict debiteur des traictes qui nous ont eſté faictes par les Creanciers reſtans dudict negoce, qu'eſt pour fin & concluſion d'iceluy, renuoyant le lecteur eſdicts comptes pour plus claire intelligence.

Inſtruction ſur le compte de Repartimens.

Avons dreſſé vn compte de Repartimens à f.28. Et ce, pour éuiter de remuer les comptes des Debiteurs, & Crediteurs ſi ſouuent, d'autant que s'il arriue qu'ayons vendu à vn Debiteur diuerſes ſortes de marchandiſes, ſeroit beſoin faire autant de parties à ſon compte, comme il y auroit de ſortes de marchandiſes: afin de bailler rencontre à chacune d'icelles; & par le moyen dudict compte le faiſons debiteur en vne partie du monter de toutes leſdictes marchandiſes, paſſant ſon rencontre en credit audict compte de repartimens, lequel credit venons à ſouder quant & quant, en le faiſant debiteur par contre du monter de chaque ſorte de marchandiſe en autant de parties comme il y aura de ſortes de marchandiſes, baillant rencontre en credit à chacune d'icelles comme ſe voit au compte d'Eſtienne Glotton f.16. lequel a eſté faict debiteur de l.3557. 11.8. pour diuerſes marchandiſes à luy venduës, & crediteur ledict compte de repartimens f.28. Lequel compte auons quant & quant ſoudé, en le faiſant debiteur par contre de cinq ſortes de marchandiſes, paſſant leur rencontre à chacune d'icelles. A eſté faict le meſme au compte de Robert Gehenaud f. 16. ſur la partie de l. 1418.9.9. Auſſi faut noter que nous-nous ſommes ſeruis dudict compte de repartimens, pour y faire paſſer les crediteurs qui nous ont eſté aſſignez à payer par Claude Catillon noſtre homme à compte de voyages, par cedulles, ou lettres de change qu'il a faictes en noſtre nom, à diuerſes perſonnes ſpecifiées audict compte de repartimens. Et ce, pour éuiter de bailler vn compte à chacun d'iceux, puis qu'on iuge n'auoir plus à faire auec telles perſonnes: car en ce cas on le peut faire crediteur en ce compte, & non autrement, que ſi l'on auoit accouſtumé de negocier auec quelqu'vn d'iceux, ſeroit de beſoin luy dreſſer vn compte à part. Leſquels crediteurs venans à eſtre payez, on faict debiteur par contre ledict compte, & creditrice la Caiſſe s'ils ont eſté payez contant, que ſi l'on a reſpondu pour eux à quelqu'vn, on le faict crediteur ſur le Carnet, pour le ſouder en virement de parties. A eſté paſſé ſur ledict compte les marchandiſes qu'ont eſté venduës contant au Carnet f.14. ſe montant l.11776.19.10. de laquelle ſomme ledict compte eſt faict crediteur f.28. & par contre debiteur en huict parties, paſſant le rencontre de chacune d'icelles à leur compte propre. Et pluſieurs autres parties ſe peuuent paſſer par ledict compte de repartimens; deſquelles, pour éuiter prolixité, n'en ſera faict plus long diſcours.

Inſtruction pour accommoder les eſcritures d'vne banqueroute.

S'Il arriue que quelqu'vn des debiteurs (n'ayant dequoy payer) demande delay pour ſatisfaire à chacun de ſes creanciers, & qu'il luy ſoit accordé, en payant neantmoins les changes. Cela s'appelle attermoyement: & partant en faut faire note au grand Liure ſur ſon compte, y ſpecifiant le terme du payement auec les changes qu'il doit payer à chaſque payement: le tout ſuiuant ſon contract d'accord receu par tel Notaire: & en cas que ledict debiteur baillaſt quelqu'vn pour caution, dire ſous caution de tel. Quand ledit debiteur fait perdre à ſes creanciers, le faut faire crediteur par contre de ce qu'il faict perdre, & debiteurs profits & pertes. Et de ce qu'il reſte à payer, le faire crediteur ſur ſondict compte pour ſoude, en le portant debiteur à autre compte, ſur lequel ſera ſpecifié le terme qui luy a eſté donné conformement au contract d'accord. Et s'il arriue que quelqu'vn faſſe banqueroute de quelque ſomme qui ſeroit en participation auec pluſieurs, faut faire comme cy-apres: Par exemple, a eſté faict banqueroute par Rouier à compte des debiteurs aſſignez par Boloſon f.24. de l.1617.3.9. en participation de luy, Seue, & nous, lequel fait perdre à ſes Creanciers les $\frac{3}{4}$ & le quart reſtant à payer dans vn an. L'eſcompte à ſa volonté, ſuiuant ſon accord; partant prenons les $\frac{3}{4}$ de ladicte ſomme ſe montant l.1212.17.10. & faiſons crediteur ledict cõpte des debiteurs aſſignez par Boloſon f.24. du tiers de ladicte partie appartenant audict Boloſon, pour ſa part de ladicte perte, paſſant ſon rencõtre en debit audict Boloſon f.25. compte des debiteurs que luy aſſignons, l'autre tiers en debit eſdicts Seue, compte dict f.24. & l'autre tiers eſt pour noſtre compte, que portons en debit à Doppions f.23. Ce faict, ledict Rouier paye audict Boloſon en payement d'Aouſt 1625. par eſcompte tout ce qu'il doit. Et partant luy a eſté rabbatu 35. pour % d'autant que la partie par luy deuë eſtoit payable en Roys 1628. Et ſuiuant ſon contract a eu vn an de ſurplus de ſes creanciers, tellement que ladicte partie n'eſcherroit qu'en Roys 1629. & payant en Aouſt 1625. ſont de 3. ans & $\frac{1}{2}$ qu'on luy faict l'eſcompte, à raiſon de 10. pour % par an, reuenãt à 35. pour % & parce ledict compte a eſté fait crediteur à f. 24. des $\frac{2}{3}$ de l.404.6.-- montant l.269.10.8. & debiteur ledict Boloſon au Carnet d'Aouſt 1625. f. 17. & par contre crediteur de l'eſcompte; & pour l'autre tiers reſtant, ledict compte en eſt auſſi crediteur, & debiteur ledict Boloſon à compte des debiteurs à luy aſſignez f.25. Ce faict, faiſons crediteurs leſdicts Seue du tiers de ladicte partie à eux apparnant au Carnet d'Aoust 1625.f.17.passant son rencontre en debit esdicts Seue à compte des debiteurs à eux assignez au grand Liure f.24. Les faisant debiteurs aussi de l'escompte de ladicte partie à 35. pour ÷ qu'est le vray ordre qu'on doit obseruer en accommodant les escritures d'vne banqueroute.

Instruction pour accommoder l'escriture d'vne lettre de change protestée.

NOus a esté remis de Plaisance par Hierosme Turcon vne lettre de change de v 2254. 8. 2. d'or sol tirez en payement des Roys 1625. Sur Dominique, Hugues, & Octauio May; de laquelle somme ils sont faicts debiteurs, & crediteur ledict Turcon audict Carnet des Roys 1625. f. 9. & parce que lesdicts May n'ont voulu accepter ladicte lettre au iour des acceptations, & ont laissé faire le protest. Contrescriuons ladicte partie en les faisant crediteurs d'icelle, & debiteur ledict Turcon à leur dict compte f.9. lequel Turcon faisons aussi debiteur de l.24.0.9. tant pour nostre prouision de ladicte partie à ½ pour ÷ que pour l'expedition du protest passant son rencontre en credit à profits & pertes f. 9. Et pour nous preualoir d'icelle somme de l. 24. 0. 9. La luy auons tirée à payer aux nostres de Milan à 120. pour ÷ valant v 6. 13. 7. d'or de marc, que à ₫ 150. Imperiaux pour v valent l. 50. 1. 10. monnoye imperiale, de laquelle somme il est faict crediteur, & debiteurs les nostres f.9. & 10. pour soude de compte. Nous a esté faict lettre pour Plaisance, par Eustache Rouiere de v. 813. d'or de marc, que à 123. pour ÷ valent v 1000. d'or sol, tirez sur Iean Baptiste Paulin, payable en foire de S. Marc à Hierosme Turcon, dequoy l'auons faict debiteur au Carnet des Roys f.13. & crediteur ledict Rouiere f.4. En apres auons aduis dudict Turcon comme ledict Paulin n'a voulu accepter ladicte lettre, & a laissé faire le protest, & partant ledict Turcon nous fait remise pour lesdicts v 813. d'or de marc, de v. 816. 12. 6. y compris la prouision & protest, changez pour Lyon à 79. ½ pour ÷ sont v 1023. 18. 11. valãt l. 3071. 16. 9. tournois, de laquelle somme l'auons faict crediteur audict Carnet f.13. & debiteur ledict Rouiere f.4. remettant le protest és mains dudict Rouiere, pour auoir action contre ledict Paulin. Qu'est l'ordre qui se doit tenir en dressant les parties d'vne lettre de change protestée.

Instruction sur les asseurances qui se font sur vn vaisseau, au chargement de diuerses marchandises.

LOrs qu'on veut negocier sur Mer, ceux qui ne veulent encourir aucun risque, se font asseurer l'argent qu'ils desirent y foncer, moyennant 10. 15. ou 20. pour ÷ plus ou moins qu'ils donnent de profit aux asseureurs; que si le Vaisseau vient à se perdre lesdicts asseureurs doiuent payer la partie par eux asseurée, comme par exemple, a esté faict vn chargement en Amsterdam sur le Vaisseau S. Pierre f. 14. pour descharger à Marseille, se montant l. 2175. 7. 4. monnoye de gros, sur quoy en auons faict asseurer en Anuers l. 1450. -- de gros à 8. pour ÷ se montant l. 116. -- qu'ont esté payez contant aux asseureurs par Iean Oort nostre commissionnaire, de laquelle somme en auons faict debiteur ledict Vaisseau, & crediteur ledict Oort, en plus grand somme à f. 14. En apres auons aduis que ledict Vaisseau a esté pris sur mer au Capt de Gab en Espagne, par les Corsaires d'Argers. Et suiuãt cest aduis, ledict Oort retire desdicts asseureurs lesdicts l. 1450. -- de laquelle somme en faisons crediteur ledict Vaisseau, & debiteur ledict Oort. A esté pris autre asseurance à Chambourg de l. 2000. de gros à 10. pour ÷ sur le chargement du Vaisseau, le Cheualier de Mer chargé en Angleterre pour descharger audict Marseille, lequel est arriué à bon port; & partant lesdicts asseureurs ont eu de bon l. 200. -- de gros pour l'assourance desdictes l. 2000. -- comme se voit à f.15. Et quand nous voudrions faire des asseurances à diuerses personnes, & encourir le risque de la Mer, faudroit dresser vn compte d'asseurance, & le faire crediteur de l'argent que nous receurions pour les parties asseurées à diuers; Et cas aduenant que quelque Vaisseau se perdist, & qu'il falust payer la partie asseurée, en faudroit faire debiteur ledict compte, & crediteur celuy à qui la partie auroit esté asseurée, n'en ayant produit aucun exemple, d'autant que cela n'est en practique à Lyon; n'y ayant que la Flandre qui fasse valoir le plus ce negoce; qui sera pour donner fin à ceste instruction.

Instruction pour dresser vn liure intitulé, Carnet des payemens des Foires de Lyon.

NOus auons dressé vn liure intitulé, *Carnet des payemens des Foires de Lyon*, auec son Bilan. Afin d'alleger le grand Liure de beaucoup de parties qui le rendroient incontinent plein, passant seulement en iceluy les comptes de temps, & sur ledict Carnet les comptes courants. or la difference qu'il y a de compte de temps à compte courant, est que lors qu'on vend de marchandises à vn debiteur payable à certain temps, on le faict debiteur à son compte de temps; que si c'est pour contant, on le porte à son compte courant audict Carnet. Aussi toutes parties prises, & baillées à change sont escrites sur ledict Carnet,ensemble le compte de Caisse,ventes au contant,& toutes parties virées sur la place,comme se voit distinctement en iceluy. Et premierement pour dresser ledict Carnet faisons vn petit liuret, l'intitulant *Bilan d'acceptations*,sur lequel escriuons au iour des acceptations toutes les lettres de change à nous tirées & remises,& faisons vne petite croix à costé, lors qu'elles sont acceptées; ou bien si celuy auquel elle a esté presentée est en doute s'il la doit accepter, ou non,& demande temps d'en deliberer, on met vn V,qui signifie voir la lettre ; & s'il refuse la receuoir,soit qu'il ne treuue celuy qui la luy a tirée à payer,bon & soluable,ou pour autre occasion,on met à costé vn S,& vn P, qui signifie sous protest. Cela faict,faisons vn extraict sur vn papier à part des Debiteurs & Crediteurs, qui se treuuent escheus sur le grand Liure en payemens des Roys 1625. Puis dressons vn compte au premier fueillet dudict Carnet,l'intitulant le grand Liure A,doit pour les crediteurs qui se treuuent escheus en iceluy, passant son rencontre en credit à chacun d'iceux ; & par contre faisons crediteur ledict compte du grand Liure, au Carnet f.1.des debiteurs extraicts dudict grand Liure,dressant vn compte en debit à chacun d'iceux. En apres prenons ledict Bilan d'acceptations, faisans debiteur, & crediteur vn chacun des lettres de change contenuës en iceluy. Cela faict,faisons vn extraict des Debiteurs & Crediteurs dudict Carnet, dressant vn autre liuret intitulé *Bilan des payemens des Roys*, sur lequel escriuons au premier fueillet lesdicts debiteurs,& par contre les crediteurs; & s'il se treuue plus de crediteurs,que de debiteurs,& qu'il faille prendre d'argent à change, on escrit en debit audict Bilan ceux de qui on a arresté les parties qu'on veut à change.

Et au 6. iour du mois desdicts payemens, portons ledict Bilan sur la place, nous adressans à ceux à qui nous deuons,leur presentant de virer partie,& leur donner pour debiteurs vn ou plusieurs qui nous doiuent semblable partie ; ce qu'accepté par nos creanciers, l'escriuons respectiuement sur ledict Bilan,mettant la datte en chef,comme plus à plein est specifié en iceluy. En apres prenons ledict Carnet sur lequel escriuons toutes les parties virées, chacune à son compte, en cottant le fueillet du debit & credit dudict Carnet en marge de chacune partie. Et lors que la partie n'a esté virée toute entiere tant d'vn debiteur,que crediteur,nous mettons à costé audict Bilan la partie restante, iusqu'à ce qu'elle soit entierement soudée,& puis y faisons vne raye sur les chiffres de la somme totale,pour demonstrer qu'elle est entierement payée ; Continuant de virer, & rencontrer, payer, & receuoir,iusqu'à la fin desdicts payemens ; Obseruant és payemens ensuiuans le mesme ordre qu'en iceluy.Puis venons au grand Liure f.5. y dressant vn compte intitulé *Carnet des payemens des Roys doit*,& par contre *a d'auoir* : Mettant en debit toutes les parties qui sont en credit audict Carnet f.1. & en credit audict grand Liure les parties du debit dudict Carnet, passant le rencontre desdictes parties à leur compte audict grand Liure, & celles qui n'ont point de compte audict liure,leur en dresser vn nouueau, portant la soude desdicts payemens des Roys en Pasques,& de Pasques en Aoust,& Toussaincts. Il y en a beaucoup qui tiennent vn Carnet à part sur chaque payement,lequel ordre ie n'ay voulu imiter, pour estre trop prolixe ; Ains ay voulu mettre les quatre payemens de l'année en vn liure,afin de n'estre obligé à remuer si souuent les comptes,& à souder lesdicts Carnets,tous les payemens.Me contentant d'en faire vne soude des 4. payemens à la fois : & auant que ce faire, ponctuë toutes les parties, pour recognoistre si les sommes qui sont en debit ont leur rencontre de mesme somme en credit Ensemble si les sommes du credit ont leur rencontre en debit.Et apres soudons tous les comptes ouuerts dudict Carnet, passant leur rencontre en debit & credit au compte du grand Liure sur ledict Carnet f. 20. & treuuons à la soude d'iceluy les sommes semblables tant du credit,que du debit ; ce qui denote que ledict Carnet a esté tenu en bon ordre. Et faut noter que sur ledict compte du grand Liure on n'y doit passer que les parties qui doiuent aller en en iceluy;& pour les autres,on dresse à la sortie dudict Carnet, vn compte du Carnet des payemens ensuiuans,là où se passent les parties qui doiuent aller au nouueau Carnet, & y obseruant l'ordre qui sera donné cy-apres de souder le liure A,& commencer vn liure B.

Instruction pour tirer vn Bilan general du grand Liure, & voir les profits qui se sont faicts en vne Année : & par mesme moyen souder ledict grand Liure A, pour commencer vn liure B.

LA plufpart des Marchands qui negocient,tant en compagnie,que en particulier,ont accoustumé de faire Inuentaire tous les ans, pour voir les profits qu'il a pleu à Dieu leur mander en ladicte année. Or pour ce faire, ie ponctuë toutes les parties dudict liure;pour recognoistre si les parties qui sont en debit ont leur rencontre de semblable somme en credit,semblablement si les parties du credit auront rencontre de mesme somme en debit. Ce faict, tire vn Inuentaire dudict liure sur vn papier à part de chasque sorte de marchandise ; & pour ce faire, confronte la vente auec l'achapt, faisant vn petit poinct à costé du N° du debit de l'achapt, & credit de la vente, ou des ℔. & bales, lors que la marchandise se treuue venduë ; & ayant ainsi ponctué chaque partie de la vente auec l'achapt, ie commence à faire note sur ledict papier à part des marchandises que ie treuue n'estre ponctuées, qui sont celles qui se doiuent treuuer en reste dans la boutique & magasins ; desquelles en fais crediteur ledict compte pour soude,

ſoude,paſſant ſon rencontre en debit à vn compte de marchandiſes en general f. 43. (ſi mieux on n'ayme bailler rencontre à autre compte és meſmes marchandiſes) & ce qui auance du coſté du credit eſt le profit qui s'eſt faict ſur la vente deſdictes marchandiſes,duquel profit en fais vne partie en debit,paſſant ſon rencontre en credit à profits & pertes f.41. Et ayant ainſi verifié & ſoudé chaque ſorte de marchandiſes, viens à ſouder le compte des deſpenſes generales, faiſant vne partie de ſon reſte en credit audict compte,paſſant ſon rencontre en debit à profits & pertes. En apres fais vn extraict ſur vn papier à part de tous les debiteurs,des marchandiſes reſtantes, & de l'argent contant qui ſe treuue en Caiſſe; faiſant vne addition de toutes leſdictes parties,qui treuue ſe monter l. 405785. 4. 5. & par contre fais vn autre addition de tout le credit dudict liure conſiſtant au capital de chacun des aſſociez, profit enſuiuy au negoce, & creanciers: toutes leſquelles parties adiouſtées, treuuons ſe monter à ladicte ſomme de l.405785.4.5.conforme au debit,ce qui denote que le liure eſt en ſon deuoir. Et en cas que la ſomme du debit n'euſt eſté ſemblable à celle du credit,falloit recommencer à reponctuër & readiouſter tout ledict liure,iuſqu'à ce qu'on euſt troué la faute.Car il ne ſe peut faire que le credit ne ſoit touſiours eſgal au debit,d'autāt que toutes les parties qui ſont miſes en debit ſe doiuent rencontrer en credit,& partant il ſe treuue autāt eſcrit en debit,qu'en credit.Et ſuiuāt ceſt extraict ſe treuue qu'ō a profité l.162713.15.4. depuis le 3. Ianuier 1625. ſins au 3. Auril 1626. Lequel profit conſiſte, tant en marchandiſes, argent contant,que debiteurs, payables en diuers termes: & qui voudroit faire le compte au iuſte des profits faicts pour le contant, ſins audict iour 3. Auril 1626. faudroit rabbatre l'eſcompte de toutes les parties qui ſont payables en diuers termes rabbatant 2. $\frac{1}{2}$ pour $\frac{0}{0}$ pour chaque payement. Et par ainſi on treuueroit au iuſte le net profit faict en ladicte année; en preſuppoſant que les debtes fuſſent bons & ſoluables: & c'eſt l'ordre qu'il faut tenir touteſfois & quantes qu'on voudra faire Inuentaire pour ſçauoir ce que l'on a profité; ne ſoudant aucun compte ſur ledict liure,que celuy des marchandiſes, qu'il faut remuer à compte nouueau, & porter toutes les deſpenſes à compte de profits & pertes; ſoudant ledict compte de profits & pertes.pour le porter à autre nouueau, afin que ſur iceluy on voye en vn article le profit faict en vne année. Et ainſi pourſuiure toutes les années enſuiuantes iuſqu'à ce que le liure ſoit plein. Lequel eſtant rempli, ſi la compagnie ſe continuë, faut commencer vn liure nouueau qui ſera marqué à la lettre B, Et pour ce faire venons à ſouder tous les comptes qui ſont ouuerts audict grand Liure, pour paſſer leur reſte au compte du liure B, dreſſé à f. 44. En apres venons à eſcrire ſur ledict liure B, ſur lequel nous dreſſons vn compte du liure A, à f.1. le faiſant debiteur de ce qu'il nous aſſigne à payer,paſſant ſon rencontre en credit,à vn compte dreſſé à chacun des creanciers, ſur lequel eſt ſpecifié le terme du payement,& le fueillet du liure A,d'où la partie a eſté extraicte; & par contre,faiſons crediteur ledict compte f.1.des debiteurs qu'il nous aſſigne à receuoir en debit à chacun d'iceux. Tous leſquels comptes eſtans dreſſés, nous pourſuiuons ledict liure en l'ordre du precedent. Et parce que beaucoup de gens treuuent penible de tenir compte à part ſur chaque ſorte de marchandiſe,ils ſe pourront ſeruir du compte des marchandiſes en general,dreſſé à f.6. paſſant ſur iceluy toutes ſortes de marchandiſes: Bien eſt vray que tenant ledict compte,faut tenir liure de N°,afin de donner raiſon de tout. Et le temps de la Compagnie eſtant expiré,ne deſirans la continuer d'auantage, ils font le deſpart d'icelle d'vn commun conſentement en la forme que s'enſuit.

Inſtruction ſur le deſpart de la Compagnie.

PRemierement faut voir combien ſe monte la part des profits de chacun des aſſociez; & pource nous venons au compte des profits & pertes à f. 3. que treuuons eſtre crediteurs de l. 162713.15.4. pour tout le profit de ladicte Compagnie; de laquelle ſomme en prenons $\frac{1}{2}$ valant l.81356.17 8. appartenant à Gabriel Alamel, & les $\frac{7}{20}$ à Iean Fontaine, montant l. 56949.16.4. & à Iean Pontier pour les $\frac{3}{20}$ l.24407.1.4.tournois,de toutes leſquelles ſommes en fais trois parties en debit audict compte de profits & pertes pour ſoude d'iceluy, paſſant leur rencontre en credit eſdicts aſſociez à compte de fonds, Sçauoir au compte de Gabriel Alamel f. 2. les l. 81356. 17.8. au compte de Iean Fontaine f. 2. leſdictes l.56949.16.4.tournois, & à celuy de Iean Pontier f.2. l'autre partie de l.24407.1.4. pour leur part dudict profit. Apres fais le meſme deſpart des marchandiſes reſtantes f. 6. Et pour l'argent contant treuué en Caiſſe a eſté deſparty d'vn commun conſentement à chacun d'eux, ainſi qu'il eſt ſpecifié au compte de Caiſſe f.6. Bien eſt vray que ledict argent contant deuoit eſtre employé pour payer les creanciers de ladicte compagnie. N'eſtant pas meſme loiſible à aucun des aſſociez de retirer leur part des profits, ny meſme ſon capital, iuſqu'à ce que les creanciers fuſſent entierement ſatisfaits, demeurant ledict liure ouuert iuſqu'à ce temps-là; neantmoins pour conclurre ce liure i'ay chargé chacun des aſſociez de leur part des creanciers,& debiteurs de ladicte compagnie,en la forme que s'enſuit, demeurans neantmoins garants les vns des autres.

Premierement faiſons le calcul de ce que montent tous les crediteurs prenant charge entre eux de les payer, ſçauoir ledict Alamel, pour la ſomme de l.25172.8.10. Iean Fontaine l.20630.7.6. & Iean Pontier

Pontier pour l. 268. 12. 9. de toutes leſquelles parties ils ſont faicts crediteurs à leurdict compte de fonds, & leſdicts creanciers debiteurs pour ſoude de leur compte, pour tant que leur aſſignons à recevoir deſdicts aſſociez. En apres fais le meſme deſpart des debiteurs de ladicte compagnie dont ledict Alamel en a pris à ſes riſques d'vn commun accord à l. 181992. 13. 4. Ledict Fontaine à l. 129929. 1. 6. & ledict Pontier à l. 48048. 11. 3. de toutes leſquelles parties les faiſons debiteurs à leur compte de fonds f. 2. en ſpecifiant les parties, & les debiteurs qui les doiuent payer, paſſant le rencontre deſdictes ſommes en credit à chacun deſdicts debiteurs pour ſoude de leur compte, pour tant que leur aſſignons à payer eſdicts aſſociez ſuiuant le partage entre eux faict, leſquels comptes de fonds ſe treuuent ſoudez, d'autant que les ſommes totales du debit & credit ſont ſemblables: ce qui denote que leſdictes parties ont eſté miſes en leur deuoir. Et cecy ſuffira pour entiere inſtruction de tout ce qui concerne l'Art de tenir Liures de raiſon. Renuoyant le Lecteur à l'œuure meſme, pour y voir beaucoup d'autres comptes differents, qui ne requierent aucune inſtruction. Faiſant ſuiure cy-apres diuerſes inſtructions ſur les negoces qui ſe font és principales villes de la Chreſtienté.

NEGO

NEGOCE DE MILAN.

℔. 100.— de Milan rendent à Lyon————————————— ℔. 69.——
La braſſe des draps de Soye rend à Lyon $\frac{4}{9}$ & parce faut prendre $\frac{1}{7}$ & $\frac{1}{5}$ dudict.
La braſſe des draps de laine rend à Lyon $\frac{4}{7}$ d'aune, & parce ſe multiplie par 4. & partir par 7.
₰ 20.——de Milan ſe calculent pour Lyon à ₰ 10.——tournois.

A Milan on tient les eſcritures à liures, ſols, & deniers, qui ſe ſomment en 20. & en 12. parce que ₰ 20. font vne liure, & 12. deniers vn ſol. Laquelle liure peut valoir enuiron ₰ 10. -- tournois, vn peu plus ou moins, ſelon la varieté de l'argent; & à ce prix nous auons aualué tous les comptes dudict Milan, y ayant fort peu de difference du prix du change à ceſte reduction; d'autant que la plus part du temps Milan change pour Lyon à ₰ 119. ou 121. vn peu plus ou moins, touſiours approchant de ₰ 120. pour V, qu'eſt le pair. Et ſe fait venir à Lyon dudict Milan diuerſes ſortes de draps de Soye façonnez, Or filé, Sargettes, Soyes ouurées, Doppions, Bas de ſoye, Toiles d'or, & argent, & autres marchandiſes: Et par exemple, ſi vn Marchand veut faire venir de l'or filé, & deſire ſçauoir à combien luy reuiendra le marc peſant 9. onces dudict Milan, à raiſon qu'il couſte audict Milan, pour contant ₰ 98. -- l'once. Pour le plus brief faut voir à combien reuient le marc, multipliant les ₰ 98. par 9. onces (valeur du marc) feront ₰ 882. -- qui font l.44.2. monnoye dudict Milan, & l.22.1. monnoye de France, ſurquoy faut adiouſter pour frais d'embalage, dace de Milan, & Suſe, & Doüanne de Lyon, ſuiuant le calcul que i'en ay fait au iuſte l.2.6. -- tournois pour marc, ſont l.24.7. -- tournois, & à ce prix reuient le marc de la premiere ſorte en monnoye de France, quand l'once couſte ₰ 98. de Milan; & les autres ſortes ſe vont augmentant touſiours de ₰ 5. pour once, & à Lyon de ₰ 20. -- pour marc, qu'eſt ₰ 103. -- l'once, la ſeconde ſorte reuenant à l.46.7. le marc, monnoye de Milan, que ſont l.23.3.6. ſurquoy adiouſté ₰ 46. -- ſont l.25.9.6. le marc de la ſeconde ſorte, & ainſi faire de toutes les autres ſortes. Car ſi l'on croyoit, apres auoir treuué le prix de la premiere ſorte, aller augmentant de ₰ 20. -- pour marc, toutes les autres, comme c'eſt la couſtume, on ne treuueroit pas ſon compte: car il y importe plus à ₰ 5. Imperiaux d'auantage pour once, que à ₰ 20. -- tournois pour marc.

Pour faire le compte des ſoyes ouurées dudict Milan, faut ſçauoir que ℔ 100. -- dudict Milan rendent à Lyon ℔ 69. -- & ſe paye pour frais d'embalage l.18. -- dace de Milan l. 175. -- monnoye Imperiale pour chacune bale de ℔ 300. -- & pour le port de Milan à Lyon, & dace de Suſe l.46.10.-- Doüanne de Lyon l. 26. -- tout l.72.10. -- par exemple, ſur vne bale trame de Milan, de ℔ 300.-- à l.14.10. la ℔. montant l.4350. -- faut adiouſter l. 193. pour embalage, & dace de Milan, ſeront l. 4543. -- monnoye dudict Milan, faiſant l. 2271. 10. -- tournois, & auec l.72.10. -- pour port, dace, & doüanne de Lyon, ſont l.2344. -- leſquelles faut partir par ℔ 207. (valeur de l.300. poids de Milan) & de la partition en viendra l.11.6.6. pour la valeur de la ℔ à Lyon. Ou pour le plus facile, & brief faut multiplier leſdictes l.14.10. -- (valeur de la ℔ dudict Milan de leur monnoye) par 50. & partir le prouenu par 69. viendra l.10.10.2. ſurquoy faut adiouſter ₰ 16.4. (d'autant que tous les frais qui ſe payent tant à Milan, qu'à Lyon, reuiennent audict prix de ₰ 16.4. pour ℔) & ſeront l. 11. 6. 6. valeur de la ℔ dudict Lyon au contant pour les Doppions de Milan, il ſe paye audict Milan l.12.-- pour embalage, & l.175. pour dace dudict Milan, & pour le port de Milan à Lyon, dace de Suſe, & doüanne dudict Lyon l.64.3.4. pour bale. Et faiſant le compte comme deſſus on trouuera à combien reuient la ℔ à Lyon, & par exemple, à l.5.15.- de Milan la ℔ des Doppions audict Milan, ſçauoir combien de liures tournois vaut la ℔ dudict Lyon poids de la ſoye. Multipliant leſdictes l.5.15. -- par 50. & partiſſans le prouenu par 69. en viendra l.4.3.4. Surquoy faut adiouſter ₰ 15.3. pour les frais, & ſeront l.4.18.6. pour la valeur de la ℔ dudict Lyon pour contant.

Il y en a qui font la reduction du poids de Milan à celuy de Lyon à 70. pour $\frac{5}{7}$, & pour ſçauoir ſuiuant icelle à combien reuient la ℔ en monnoye de France, au plus facile & brief, faut multiplier la valeur de la ℔ dudict Milan de leur monnoye par 5. & partir par 7. adiouſtant au prouenu de la partition les frais reuenant pour les ſoyes ouurées à ₰ 16.4. pour ℔, & les Doppions à ₰ 15.3. & en ce faiſant, viendra la valeur de la ℔ dudict Lyon, en liures tournois.

La raiſon de cecy eſt que la ℔ dudict Milan ne reuient qu'à 10. onces $\frac{1}{2}$, qui ſont des parties de la ℔ ₰ 14. Leſquels ſont contenus en ₰ 10. -- tournois (valeur de la liure dudict Milan) les $\frac{5}{7}$, & pour ceſte raiſon faut prendre les $\frac{5}{7}$ ou multiplier par 5. & partir par 7.

Les draps de ſoye, & toiles d'or & argent ſe vendent à la braſſe, qui ſe reduiſent en aunes de Lyon, en prenant le tiers, & le $\frac{1}{3}$ du tiers, leſquels adiouſtez enſemble font aunes de Lyon: & pour ſçauoir à combien reuient l'aune de Lyon en liures tournois, ſuiuant le prix de la braſſe de Milan de leur monnoye, faut prendre $\frac{1}{8}$ de la valeur de la braſſe, & la luy adiouſter, ſon produit donnera la valeur de l'aune de Lyon, en liures tournois.

Les draps de laine ſont d'autre meſure plus grande, & ſe multiplie par 4. & partit par 7. pour faire aunes; d'autant que la braſſe tire $\frac{4}{7}$ de l'aune de Lyon. Et pour ſçauoir à combien reuient l'aune en liures tournois, faut prendre 3. fois $\frac{1}{2}$ l'vne de l'autre de la valeur de la braſſe, & les adiouſter enſemble, leur produit ſera la valeur de l'aune de Lyon en liures tournois.

Toutes leſquelles briefuetez cy-deſſus ne peuuent ſeruir, que tant que la liure dudict Milan vaudra ſ 10. -- tournois, ſur quoy faut faire conſideration des frais qui ſe payent, ſçauoir vne Caiſſe de draps de ſoye de 16. pieces ou enuirō payera à Milan pour l'embalage l. 24. dace de Milan l. 194. -- quelque fois vn peu plus ou moins, ſelon les couleurs, ſont l. 218. -- valant l. 109. -- tournois, pour le port de Milan à Lyon l. 25.10. -- dace de Suſe l. 40. -- quelque peu plus ou moins, pour la Doüanne de Lyon les veloux rouge cramoiſy payent l. 3. 5. la ℔, canelé cramoiſy ſ 58.8. -- violet cramoiſy ſ 53. 9. les autres couleurs ordinaires & noires ſ 37.4. pour ℔, Gaſes ſ 48. la ℔. Les bas de ſoye ſ 18.4. la ℔. Creſpons ſ 26.6. La marchandiſe qui s'achepte dans Milan paye la dace, & celle qui ne fait que paſſer, ne paye que le tranſit, qu'eſt l. 15. -- Imperiales par Caiſſe, ou pour bale. Qui ſuffira pour l'inſtruction de ce negoce.

NEGOCE DE PIEDMONT.

℔ 100. —— de Thurin, & Raconis, rendent à Lyon. —————————— ℔. 77.

Le quintal à Thurin ſe diuiſe en 4. Rub, d'autant que chaque Rub peſe ℔ 25.

Le Ras tire demy aune de Lyon.

Le florin ſe calcule pour Lyon à ſ 3. tournois.

EN Piedmont on tient les eſcritures à florins, & gros; le florin valant 12. gros, lequel florin vaut à preſent ſ 3. -- tournois, à raiſon que la piſtole y vaut fl. 48. $\frac{1}{2}$ & à Lyon l. 7. 6. C'eſt pourquoy on a aualué tous les comptes ſuiuant ceſte reduction, d'autant qu'à ce prix là n'y peut auoir, que fort peu de variation. Il ſe fait venir à Lyon dudict Piedmont filages de Raconis, Acier, Riz, & autres marchandiſes. On y enuoye draps de laine de toutes ſortes, ſemence de vers à ſoye, Sarges de Londres, bas d'eſtame, & autres marchandiſes, on vend les draps de laine en trois ſortes de meſures, ſçauoir, à canes de Languedoc, aunes de France, & à ras, lequel ras eſt la meſure ordinaire dudict Piedmont tirant demy aune. Les Foires de Piedmont ſe tiennent en Aſt, deux fois l'an, ſçauoir, à la my-Careſme, & à la Sainct Luc 18. Octobre. Chaque bale paye de dace à Raconis fl. 640. -- embalage fl. 35. port de Raconis à Thurin fl. 14. -- peage fl. 14. tout, fl. 703. -- ou enuiron, quelquefois vn peu plus ou moins. Port de Thurin à Lyon l. 20. 10. -- Doüanne dudict Lyon l. 26. -- tous leſquels frais reuiennent à ſ 14. 6. pour ℔ audict Lyon. Maintenant pour ſçauoir à combien reuient la ℔ de Lyon des filages dudict Raconis, ſuiuant le prix de la ℔ audict lieu de leur monnoye, au plus facile & brief faut multiplier les florins de la valeur de la ℔ dudict Raconis, par 15. & partir le prouenu par 77. Ce qui en viendra ſera la valeur de la ℔ dudict Lyon en liures tournois: Exemple à fl. 39. -- la ℔ audict Raconis. Et en les multipliant par 15. & partiſſant par 77. viendra l. 7. 12. & à ce prix reuient la ℔, ſans y comprendre les frais. & y adiouſtant ſ. 14. 6. pour tous frais ſeront l. 8. 6. 6. & à ce prix reuiendroit la ℔ audict Lyon, poids de la ſoye, tous frais payez fins renduës en Magaſin, excepté la prouiſion du Commiſſionnaire, laquelle n'y eſt compriſe.

La raiſon de ceſte briefueté eſt que ℔ 100. -- de Raconis rendent à Lyon ℔ 77 reuenant à 11. onces $\frac{11}{20}$ qui ſont des parties de la liure ſ 15. $\frac{3}{7}$ leſquels ſont contenus en ſ 3. -- tournois (prix du florin $\frac{23}{77}$ & pour ceſte raiſon faut multiplier par 15. & partir par 77. qui ſera pour fin & concluſion de ce negoce.

NEGOCE DE GENES.

℔ 100. —— de Genes rendent à Lyon. —————————— ℔ 72. ——

La Palme de Genes vaut $\frac{5}{14}$ de l'aune de Lyon.

Les 9. Palmes font vne Cane de Genes.

La Piſtole d'Eſpagne vaut à preſent à Genes l. 11. 12. & à Lyon l. 7. 7.

L'eſcu d'or en or d'Italie vaut à preſent ſ 115. monnoye courante dudict Genes.

A Genes tiennent les eſcritures, d'aucuns à l. ſ. & d. de monnoye courante, & d'autres à l. ſ. & d. de monnoye d'or. L'eſcu d'or en or d'Italie vaut à preſent ſ 115. monnoye courante dudict Genes, quelque quelquefois plus ou moins,selon que la monnoye est de requeste,neantmoins ledict escu se donne tousiours pour ʃ 68.monnoye d'or.Il se fait venir dudict Genes des Veloux,Satins,Damas, Taffetas,& Sarges;& se vendent les draps de soye à palmes,& les Sarges à Canes, (dont les 9.palmes font vne cane,)à liures, ʃ,& ℊ,de monnoye courante; si que pour reduire ladicte monnoye en monnoye d'or,la faut premierement reduire en escus de monnoye courante de ʃ 115.-- par exéple,voulant reduire l.18782.8.7. monnoye courante,en monnoye d'or,les faut partir par l.5. $\frac{3}{4}$ prix de l'escu d'or en monnoye courante, & seront v 3266.10. -- qu'il faut multiplier par l.3.8.prix dudict v en monnoye d'or,& seront l.11106.2.6. monnoye d'or,valeur desdictes l.18782.8.7.monnoye courante. Et pour treuuer la valeur en sols tournois de l'aune de Lyon,suiuant le prix de la palme monnoye de Genes,à raison que la pistole d'Espagne vaut à present audict Genes l.11.12.& à Lyon l.7.7.pour le plus facile & brief faut multiplier par 441. Le prix de la palme,& partir le prouenu par 145. Ce qui en viendra sera la valeur de l'aune de Lyon en monnoye de France.Par exemple à ʃ 58.-- la palme des veloux monnoye courante audict Genes, sçauoir combien de liures tournois, vaut l'aune de Lyon; & en multipliant,comme dict est lesdicts ʃ 58. par 441.& partissant le prouenu par 145.viendra ʃ 176.5. tournois, & à ce prix reuient l'aune de Lyon, quand la palme couste ʃ 58.& quand la pistole seroit à plus haut ou moindre prix, il ne faut que voir à combien reuient pour liure,& le partir par ʃ 4.2. (qu'est la palme de Genes) & de son produit viendra les parties qu'il faudra prendre du prix de la palme,pour auoir la valeur de l'aune en l.tournois.

Toutes lesquelles briefuetez ne seruent que d'instruction au Marchand, pour sçauoir comme il se doit gouuerner à la vente, lors qu'il ne sçait comme la traicte en sera faicte. Car si l'on sçauoit à quel prix on doit tirer,l'on pourroit faire son compte au iuste,suiuant icelle. Par exemple, vne Caisse Satins de Genes contenant 3103.palmes à ʃ 41.La palme a cousté l.6361.3.monnoye courante dudict Genes, reduicte en monnoye d'or (faisant comme dessus) sont l. 3761.7.2. laquelle somme nous a esté tirée à Noue en v 1106.5.8.à ʃ 68.pour v,& de ce lieu se sont preualus à Lyõ auec leur prouisiõ en v 1353.12.5. d'or sol,valant l.4060.17.3. tournois,surquoy faut adiouster pour le port de Genes à Lyon l. 30.-- dace de Suse l.35.& Doüanne de Lyon l.252.-- tout l. 4377.17.3. tournois, & à ce prix reuiennent lesdicts 3103.palmes de Genes en monnoye de France,que,pour sçauoir à combien reuient l'aune, faut reduire lesdictes palmes en aunes, & seront aunes 646. $\frac{1}{2}$,& partissant lesdictes l.4377.17.3. par ledict aunage, viendra l.6.15.5 prix de l'aune de Lyon, tous frais payez, comme se voit specifiquement en ce liure à f.19.& sur le Carnet f.4.ou se voyent diuerses parties tirées de Genes à Noue,& de Noue à Lyon, dont la plus grand part des changes que fait Genes sont pour Noué.Faut noter que sur le Carnet au compte de Lumaga de Genes se treuue en debit l.41597.8 monnoye courante dudict Genes, faisant l.26041.5. tournois,& en credit se treuuent les remises qu'ils ont faictes à Noue de nostre ordre pour soude de leur debit,sans que la monnoye de France soit tirée dehors, d'autant qu'ils ne sont tenus, que de souder le debit de leur monnoye, laquelle estant soudée, nous faisons vne aualuation sur chaque article du credit, pour remplir la monnoye de France à raison dicte que les l. 41597 8. ont rendu en monnoye de France l.26041.5.-- Aussi faut noter que la partie de l. 22400. -- monnoye dudict Genes qu'ils doiuent pour vente de bled,a esté remise à Noue en v 4075.8.11. d'or de marc, sans que la monnoye de France soit tirée dehors,iusqu'à ce que ceux de Noue en ont fait la remise à Lyon en v 5141. 12. -- d'or sol, valant l.15424.16.-- & pour lors on soude ledict compte de Genes en liures tournois, mettant pour lesdictes l.22400. -- dudict Genes les l.15424.16. -- tant en debit que credit. Et iusques à tant que la remise soit faicte à Lyon,les comptes demeurent ouuerts pour la monnoye de France, & soudés en leur monnoye.Qui sera pour donner fin à ce negoce,& commencement au negoce de Florence.

NEGOCE DE FLORENCE.

℔ 100.——de Florence rendent à Lyon.———————— ℔ 76. $\frac{1}{2}$ poids de la soye.
4. brasses font vne cane,& 100.brasses font à Lyon aunes 49.——
L'escu d'or de Florence se calcule à l.3.——tournois.

A Florence on tient les escritures à v. ʃ. & ℊ.d'or,de l.7. $\frac{1}{2}$ pour escu qui se somment en 20.& en 12. parce que ʃ 20. font vn v, & 12. ℊ vn sol, d'aucuns les tiennent à ducats de l.7. -- pour ducat: les marchandises se vendent à l. ʃ. & ℊ. de leur monnoye, & pour reduire les liures en v, faut multiplier par 2.& partir par 15.d'autant que 15. demy liures font l'escu, pour reduire lesdictes liures en ducats faut prendre $\frac{1}{7}$ les taffetas, & armoisins forts, se vendent à la ℔ qui est de 12. onces,& les satins se vendent à la brasse,& pour reduire lesdictes brasses de Florence en aune de Lyon,faut multiplier par 49. & partir par cent,les sarges de Florence se vendent à canes,& 4 brasses font vne cane; si que pour les reduire en aunes de Lyon,faut multiplier lesdictes canes par 4.& seront brasses, lesquelles faut multiplier par 49. & partir par 100. & seront aunes; Il se peut calculer à raison de l. 3. -- tournois, pour vn v d'or de Florence,d'autant que la plus part du temps Florence change pour Lyon à v 98.pour $\frac{c}{0}$, ou 102.

vn peu plus ou moins, tousiours approchant du 100. qu'est le pair. Et qui desireroit sçauoir, suiuant ce prix-là, à combien peut reuenir l'aune des draps de soye de Florence renduë dans Lyon. Au plus facile & brief, faut multiplier la valeur de la brasse de Florence (monnoye, dudict lieu) par 40. & partir le prouenu par 49. ou prendre $\frac{1}{7}$ d'vn $\frac{1}{7}$ ce qui en viendra sera la valeur de l'aune à Lyon en liures tournois. Et par exemple 706. brasses $\frac{1}{4}$ Satin à l.7. la brasse monnoye de Florence, ont cousté v 659.3.4. d'or de Florence, & en multipliant les l.7.-- (valeur de la brasse) par 40. & partissant le prouenu par 49. viendra l.5.14.3.$\frac{1}{7}$ monnoye de France, valeur de l'aune de Lyon; que pour sçauoir si le compte est iuste, faut reduire les brasses de Florence en aunes à raison dicte de 49. pour $\frac{1}{7}$ & seront aunes 346.$\frac{1}{16}$ lesquelles multipliées par l.5.14.3. rendront l.1977.10. faisant v 659.3.4. ce qui denote que ceste reduction est iuste, & faut noter qu'il se paye pour embalage, & gabelle de Florence, port, & dace de Suse, & Doüanne de Lyon enuiron l.400.-- pour Caisse, quelquefois plus ou moins, selon les couleurs; Tellement que sur vne Caisse que tireroit aunes 700.-- il y importeroit de ʃ 11. 5. pour aune qu'il faudroit adiouster auec les l.5.14.3. & seroient l.6.4.8. que reuiendroit l'aune des satins de Florence renduë dans Lyon, tous frais payez, lors que la brasse vaudroit audict Florence l.7.-- de leur monnoye.

Qui desireroit treuuer le prix de l'aune, suiuant la traicte qui en seroit faicte, faudroit premierement reduire les brasses en aunes, & les partir par le monter de la traicte, y ioinct, tous les frais, & de son produit viendroit la valeur de l'aune de Lyon.

Pour treuuer le prix de l'aune de Lyon en l.tournois, des sarges de Florence, suiuant le prix de la cane dudict lieu de leur monnoye, faut prendre le $\frac{1}{4}$ de la valeur de la cane, & le multiplier par 40. & partir le prouenu par 49. Ce qui en viendra sera la valeur de l'aune de Lyon en liures tournois. Surquoy faut noter que la bale Sarge, ou reuerche paye pour frais d'embalage, port, dace, & Doüanne de Lyon enuiron l.105.-- pour bale de pieces 3.$\frac{1}{2}$ tirant aunes 118. ou enuiron, reuenant à ʃ 18. pour aune de frais ou enuiron, qu'il faut adiouster de plus à la valeur de l'aune, lequel negoce est amplement traicté en ce liure, à f 21.22. où se voyent les achapts faicts audict Florence, d'vne Caisse satins, & 2. bales sarges, & reuerches de Florence auec les frais y ensuiuis. C'est pourquoy feray fin à ce negoce, pour traicter cy-apres du negoce de Lucques.

NEGOCE DE LVCQVES.

℔ 100. —— de Lucques, poids subtil des Balances, rendent à Lyon. ——	——	℔ 72. $\frac{1}{2}$
℔ 100. —— dudict lieu, poids de la Doüanne, rendent à Lyon. ——	——	℔ 81. —

La ℔. dudict lieu se diuise en 12. onces.
Les 2. brasses dudict lieu font vne aune à Lyon.

A Lucques tiennent leurs escritures à v. ʃ. & ₰. d'or, de l.7.$\frac{1}{2}$ pour v, qui se sommēt en 20. & en 12. parce que ʃ 20.-- font l'escu, & 12. ₰ vn sol. Et les marchandises se vendent à tant de ducats la ℔. Si que pour reduire les ducats en escus, faut multiplier le nombre des ducats par 4. & partir le prouenu par 71. adioustant ce qui en viendra auec les ducats, & seront v de l.7.$\frac{1}{2}$. Il se fait venir dudict Lucques des satins, & damas, qui se vendent à la ℔, qu'est de 12. onces, comme se voit en ce à f.23. ayant fait venir dudict lieu vne Caisse satins, & damas, montant v 1089.17.5 de laquelle somme ils se sont preualus par Plaisance en v 831.19.2. à 131. pour $\frac{0}{0}$ sur Hierosme Turcon, & de ce lieu se sont prenalus sur nous à Lyon auec leur prouision en v 1030.10.6 à 81. pour $\frac{0}{0}$ font l. 3091.11.6. port, & dace de Suse l. 105.9. Doüanne de Lyon l.149.8.-tout l.3346.8.6. valeur de ladicte Caisse, surquoy faut noter que audict Lucques on paye $\frac{1}{4}$ de plus pour les couleurs, c'est pourquoy on adiouste au poids le quart des couleurs, afin de le reduire, comme si l'on acheptoit tout en noir. La raison est que les couleurs decroissent en teinture d'vn quart pour ℔, & le noir croist en poids d'vn quart pour ℔. L'incarnadin d'Espagne paye plus que les autres couleurs enuiron l.5.10.-- pour ℔, & le rouge cramoisy enuiron l. 10.10.-- Maintenant qui desireroit faire le compte à combien reuient l'aune de Lyon, tant des couleurs, que du noir. Et premierement pour le damas, qu'est à plus haut prix que les satins. Faut considerer que sur toute la Caisse il s'est fait de frais audict Lucques v 38.$\frac{1}{4}$ disant, si v 1051. de Lucques (valeur de ladicte Caisse) donnent de frais v 38 $\frac{1}{4}$ combien v 58. 16. 6. valeur du damas viendra v 2.2.9. qu'il faut adiouster auec lesdicts v 58.16.6. Seront v.60.19.3. & puis dire si v 1089. de Lucques (valeur de ladicte Caisse, auec les frais dudict Lucques) coustent l.3346.-- tournois, combien cousteront v 60.19.3. (valeur du damas) viendra l.187.8. qu'il faut partir par aunes 31. que tire ledict damas, seront l.6.0.10. valeur de l'aune dudict damas à Lyon, tous frais payez. Et faisant ainsi des noirs, puis des couleurs, & apres de l'incarnadin d'Espagne, on treuuera la valeur de l'aune de chacun. Faisant premierement combien se montent les noirs à ducats 4.16.-- & les distraire de v 984.1.8. (que montent tous lesdicts satins) & adiouster à l'incarnadin d'Espagne les v 8.13.7. qu'il monte de plus que les autres couleurs, & puis partager les frais, comme dessus. Ce qui suffira pour entiere instruction de ce negoce.

NEGOCE

NEGOCE DE BOLOIGNE.

℔ 100.——de Boloigne rendent à Lyon ℔. 77.——
La brasse dud.ct lieu tire $\frac{8}{15}$ de l'aune de Lyon.
La liure de ſ 20.——se peut calculer à ſ 11. 3.tournois.

A Boloigne on tient les escritures à l. ſ. & ₰. qui se somment en 20. & en 12. parce que ſ 20. font vne liure,& 12.deniers vn sol.On fait venir dudict Boloigne diuerses soyes ouurées, Satins,Crespes,& autres marchandises. Les draps de soye se vendent à brasses qui se reduisent en aunes de Lyon, multipliant par 8.& partissant par 15. parce que la brasse dudict lieu tire $\frac{8}{15}$ de l'aune de Lyon. Et pour le payement des marchandises,il se preualent la plus part du temps par Plaisance, ne faisant traicte,que fort rarement en autre lieu. Dont pour faire ladicte traicte, ils reduisent premierement les liures en ▽ de l.4.5.piece lesquels escus ils changent pour Plaisance à raison de 150. $\frac{3}{4}$ plus ou moins,pour auoir audict Plaisance ▽ 100.--d'or de marc,comme se voit en ce, à f. 18.pour vne Caisse satins de Boloigne, montant l.3095.14.7.qui font ▽ 728. 8. de l. 4. 5.--piece tirées à Plaisance en foire de Sainct Marc, en ▽ 482.7.8.changées à 151.pour 100. & de ce lieu se sont preualus sur nous à Lyon, auec leur prouision à $\frac{1}{3}$ pour % en ▽ 604.19.8. d'or sol à 80. pour % font l. 1814. 19.- & se paye de frais pour chacune Caisse, sçauoir pour l'embalage,& port de Boloigne à Milan l.77.13.-- mõnoye de Boloigne que font l.43.15.3. tournois, à raison que la Pistole d'Espagne y vaut à present l.13. 2.-- & à Lyon l. 7.7. port de Milan à Lyon l.25.10.-- dace de Suse l.30. -- Doüanne de Lyon l.243.6 3. quelquefois plus ou moins,selon qu'il y a de cramoisy,en tout l. 342.11.6. & pour sçauoir à combien reuient l'aune, suiuant le prix de la traicte,faut adiouster lesdicts frais auec les l.1814.19. -- Seront l. 2157. 10. 6 qu'il faudroit partir par l'aunage que contiennent toutes les pieces, son produit seroit la valeur de l'aune de Lyon en liures tournois, pourueu que tous les satins fussent à vn mesme prix. Et quand il y en a de diuers prix comme à ladicte Caisse,dont les cramoisy sont à ſ 15.-- dauantage pour brasse, que les autres. Faudroit dire si l.3095 14.3.(prix de ladicte Caisse monnoye de Boloigne) coustent l. 2157. 10. 6. monnoye de France, combien cousteront l.2017.10.7. (prix des cramoisy)& de son produit viendra ce que montent tous les cramoisy en monnoye de France;& partissant par l'aunage que contiennent lesdicts cramoisy,viendra la valeur de l'aune,& ainsi faire des autres couleurs,quand elles ne sont à vn mesme prix.

Vne bale soye paye pour le port de Milan à Lyon,dace de Suse, & Doüanne dudict Lyon l. 72. 10.-- tournois,comme se voit en ce à f.7.dont vne bale organcin de Boloigne pesant ℔ 260.-- poids dudict lieu à l.19. la ℔. rendu à Milan,monte l. 4940.-monnoye dudict Boloigne tirez à Plaisance en ▽ 762. 4. d'or de marc,changez à 152. $\frac{1}{2}$ pour %, & de ce lieu se sont preualus à Milan sur les nostres auec leur prouision à ſ 149.9. pour ▽ font l.5725.19.--transit de Milan l.15.tout l.5740.19.- monnoye Imperiale chãgée pour Lyon à ſ 120.-- pour ▽,font l.2870.9.6.port,dace,& doüanne l.72.10.-- tout l.2942.19.6. que pour sçauoir à combien reuient la ℔, faut voir que lesdictes ℔ 260.-- de Boloigne à 77. pour % rendent à Lyon ℔ 200.-- & partissant lesdictes l.2942.19. 6. par lesdictes ℔ 200.-- son produit donnera la valeur de la ℔ dudict Lyon,tous frais payez. Et quand on n'auroit receu le compte de la traicte, & que l'on voudroit sçauoir à combien reuient la ℔ à Lyon,à raison que la pistole d'Espagne vaut à present audict Boloigne l.13.2. reuenant à ſ 11.3. tournois,pour ſ 20.-- dudict Boloigne,dont pour le plus facile & brief,faudroit multiplier le prix de la liure dudict Boloigne de leur monnoye par 225.& partir le prouenu par 308.& de son produit viendra la valeur de la liure de Lyon, en monnoye de France. Exemple, à l.19.-- de Boloigne la ℔ dudict lieu, sçauoir à combien reuient la ℔ de Lyon en l.tournois. Et multipliant comme dict-est lesdictes l.19. par 225. & partissant le prouenu par 308.viẽdra l.13.17.7.tournois, surquoy adiousté ſ 7.3. pour les frais (d'autant que à l. 72. 10.-- de frais pour bale,reuient à ſ 7.3. pour ℔) seront l.14.4.9.tournois,& à ce prix reuient à Lyon la ℔ desdictes soyes.

Et pour sçauoir, suiuant le prix de la brasse dudict Boloigne de leur monnoye, à combien reuient l'aune à raison dicte de ſ 11.3. pour vne liure dudict Boloigne. Au plus facile & brief,faut multiplier la valeur de ladicte brasse par 135.& partir le prouenu par 128.& en viendra la valeur de l'aune.Exemple, à l.5. de Boloigne la brasse audict Boloigne, combien l'aune? & multipliant lesdictes l. 5.-- par 135. & partissant le prouenu par 128. viendra l. 5.5.6. valeur de l'aune à Lyon, sans y comprendre les frais qui peuuent reuenir de plus à ſ 11. 6.pour aune, à raison que la Caisse contenant enuiron 600. aunes,couste de frais l.342. Qui sera pour donner fin à ce negoce,& commencement à celuy de Naples.

NEGOCE DE NAPLES.

Les Canes de Naples se reduisent en aunes de Lyon, multipliant par 8. pour faire palmes, d'autant que la cane tire 8. palmes, & apres multiplier les palmes par 4. pour en faire des quarts, & partir par 17. parce que 17. quarts font vn aune.

℔ 100. —— de Naples rendent à Lyon. —————————— ℔ 68. ——

Le ducat se peut calculer à ſ 48. —— tournois.

A Naples tiennent les escritures à ducats, taris, & grains, lesquels se somment en 5. & en 20. parce que 5. taris font vn ducat & 20. grains vn tari. Ils diuisent encor le grain en 12. caualots: & se fait venir dudict lieu des soyes ouurées, & autres, crespons, & autres marchandises qui se vendent à taris, grains, & caualots, ou à carlins, dont vn tari fait deux carlins, & le carlin 10. grains. Par exemple, a esté achepté audict Naples ℔ 275. Organcin à carlins 37. $\frac{1}{2}$ la ℔, font carlins 10243.7. grains, faisant à raison de 10. carlins pour ducat, D. 1024. t. 1. & g. 17. Les marchandises qu'auons faict venir dudict Naples, ont esté acheptées par les nostres de Milan, lesquels ont acquitté la traicte qu'en a esté faicte à Plaisance, comme ce voit en ce à f. 7. montant lesdictes ℔ 275. -- Organcin de Naples auec les frais d. 1131. & 3. tari, lesquels ont esté tirez à Plaisance en ▽ 802. 11. -- d'or de marc, changes à 141. pour $\frac{1}{2}$, & de ce lieu se sont preualus sur les nostres de Milan, auec leur prouision à ſ 150. pour ▽, font l. 6008. 19. 8. trāsit dudict Milan l. 15. -- tout l 6023. 19. 8. faisant à ſ 120. pour ▽ l. 3011. 19. 10. port dudict Milan à Lyon, dace de Suse, & doüanne dudict Lyon l. 72. 10. -- tout l. 3084. 9. 10. valeur de ladicte bale; que pour sçauoir à combien reuient la ℔, faut voir que lesdictes ℔ 275. rendent à Lyon, ℔ 187. 0. & partissant lesdictes l. 3084. 9. 10. par 187. viendra l. 16. 9. 10. valeur de la ℔ à Lyon, tous frais payez.

S'est aussi faict venir vne Caisse crespons de Naples, montant auec les frais en ce, à f. 12. ducats 789. 4. 16. tirez audict Plaisance à 149. pour $\frac{1}{2}$ en ▽ 530. 3. 5. & de ce lieu se sont preualus sur les nostres de Milan à ſ 150. -- font l. 4004 10. -- auec l. 15. -- pour le transit que à ſ 120. pour ▽, font l. 2002. 5. port, dace, & doüanne l. 123. -- tout l. 2125. 5. -- & pour sçauoir à combien reuient l'aune, faut reduire les canes 435. 2. p. en aunes, seront aunes 819. & partissant lesdictes l. 2125. 5. -- par 819. viendra l. 2. 11. 6. & à ce prix-là reuient l'aune dudict Lyon, tous frais payez. On peut calculer vn ducat à ſ 48. -- tournois, reuenant à 125. pour $\frac{1}{2}$ qu'est à peu pres l'ordinaire du change de Naples pour Lyon, ou bien quand la traicte se fait à Plaisance, à 149. pour $\frac{1}{2}$, & que de Lyon on remet audict Plaisance à 120. reuient le mesme. Et partant calculant vn ducat pour ſ 48. on peut sçauoir (quand on n'auroit aduis de la traicte) à combien peut reuenir l'aune, ou la ℔ des soyes, & crespōs, multipliant les ducats que vaut la ℔ par 60. & partissant le prouenu par 17. son produit sera la valeur de la ℔ de Lyon en monnoye de France, sans aucuns frais, lesquels peuuent reuenir à ſ 35. pour ℔, tāt pour la doüanne de Naples, prouision à 2. pour $\frac{1}{2}$ que port, dace, & doüanne dudict Lyon. Et par exemple, à carlins 37. $\frac{1}{2}$ la ℔ font d. 3. & carlins 7. $\frac{1}{2}$ les multipliant par 60. & partissant son produit par 17. viendra l. 13. 2. 11. surquoy adiousté pour les frais ſ 35. -- font l. 14. 17. 11. & à ce prix-là reuiendroit la ℔ à Lyon desdictes soyes, quand la traicte seroit faicte comme dict-est.

Pour trouuer le prix de l'aune de Lyon en liures tournois, suiuant le prix de la cane dudict Naples en ducats, à raison dicte de ſ 48. -- tournois pour ducat. Au plus facile & brief faut multiplier les ducats, que vaut la cane par ſ 25. 6. tournois, & de son produit viendra les sols tournois, que doit valoir l'aune dudict Lyon, sans y comprendre les frais qui peuuēt reuenir enuiron à ſ 7. 3. pour aune, à raison que les frais d'vne Caisse crespons contenant 435. canes, peuuent monter enuiron à l. 300. -- tant pour l'embalage, doüanne de Naples, transit de Milan, port iusqu'à Lyon, dace de Suse, que doüanne dudict Lyon, comme se voit au compte des crespons en ce à f. 12. qui sera pour finir ce negoce, & commencer celuy de Venise.

NEGOCE DE VENISE.

Les brasses de Venise se reduisent en aunes de Lyon, les multipliant par ſ 10. 9. tournois, & tenir les liures qui en viendront, pour autant d'aunes, à raison que 80. brasses dudict lieu tirent aunes 43. de Lyon.

℔ 100. —— de Venise rendent à Lyon. —————————— ℔ 63. $\frac{1}{2}$

Le ducat de Venise se peut calculer à ſ 50. —— tournois pour ducat.

AVdict lieu tiennent les escritures, d'aucuns à ducats, & gros de l. 6. $\frac{1}{2}$ pour ducat lesquels se somment en 24. parce que 24. gros valent vn ducat; & d'autres les tiennent à liures, sols, & gros, qui valent

valent 10.ducats pour liure,& ſe ſomment en 20.& en 12.faiſant que ſ 20.de gros font vne liure, & 12. deniers vn ſol.Il ſe fait venir dudict Veniſe diuerſes ſoyes,Camelots,Tabis,& autres marchandiſes. Et du payement des marchandiſes au payement de change, le vendeur fait bon à l'achepteur 18. ou 20. pour % plus ou moins,comme ſe voit au compte des camelots en ce à f.21. pour 15. bales camelots de Veniſe à diuers prix,montant auec l'embalage & prouiſion d.5075.22. Surquoy diſtrait d.845.23. pour age à 120.pour %, pour reduire le payement en monnoye de change, reſte d.4229.23.gros, leſquels ſe peuuent calculer à ſ 50.-- tournois pour ducat(d'autant que de ce prix-là au prix de la traicte n'y peut auoir,que fort peu de difference; changeant la plus part du temps Veniſe pour Lyon, ou Lyon pour Veniſe, à 120. pour % vn peu plus, ou moins, touſiours fort approchant de 120. qu'eſt le pair.) Sont l.10574.18.-- & ſe paye de frais pour le port, dace, & doüanne de Lyon, l.83.6.8. pour bale, reuenant pour leſdictes 15.bales à l.1250.-- ſont en tout l.11824.18.-- que montent leſdictes 15.bales camelots, & pour ſçauoir à combien reuient la piece tant de ceux de 2. fils, que 3.& 4. fils; faut premierement voir que leſdicts camelots montent,ſans les frais d.4867.15.-- & il ſe donne pour reduire le payement en monnoye de change d.845.23. & parce que les frais & prouiſion de Veniſe ſe montent d.208.7.-- les faut diſtraire deſdicts d.845.23.reſte d.637.16.diſant par regle de 3. Si d. 4867.15.-- valeur de tous les camelots) donnent de benefice d. 637. 16. combien d. 1966. 3.-- (valeur des camelots 2. fils) viendra d.257.13. leſquels diſtraicts de d.1966.3.-- reſte d.1708.14.-- que ſont à ſ 50.-- pour ducat l.4271.8.2. Surquoy adiouſté l.583.6.8. pour les frais deſdictes 7. bales,de Veniſe à Lyõ ſont en tout l.4854 14.10. & à ce prix-là reuiennent les 294. pieces 2.fils; Et partiſſant leſdictes l. 4854. 14 10. par 294. viendra l.16.10.3.valeur de la piece deſdicts camelots pour contant: & d'autant qu'il ſe fait 2. ans, & ½ de terme, faudroit y adiouſter de plus 25. pour % & ſeroient l.20.12.9. pour le terme. Et pour les autres pieces de 3.& 4.fils,faiſant de meſme on treuuera la valeur de chacune. Il ſe voit en ce à f.3. l'achapt de 8. bale ſoye lege,peſant net ℔ 2578. poids de Veniſe,montant à gros 50. ½ la ℔, d.5424.13.-- & auec les frais,& prouiſion de Veniſe d.5608.10.-- Surquoy diſtrait d.973.8. pour l'age, reſte d. 4635. 2. calculé à ſ 50.-- tournois pour ducat, ſont l. 11587. 15. 2. & auec l.664.10.-- pour port, dace, & doüanne de Lyon,ſont l.12252.5.2 & à ce prix reuiennẽt leſdictes 8.bales ſoye; que pour ſçauoir à combien reuient la ℔, faut voir que rendent leſdictes ℔ 2578. au poids de Lyon, & ſeront ℔ 1624. partiſſant leſdictes l.122525.2.par 1624.on treuuera la valeur de la ℔ de Lyon.Tous leſquels comptes ne ſeruent que d'inſtruction au Marchand,pour ſçauoir comme il ſe doit gouuerner à la vente, en attendant le compte de la traicte, laquelle eſtant venue,on peut faire le compte au iuſte ſuiuant icelle.Par exemple, il s'eſt faict venir deux Caiſſes tabis de Veniſe à f.22. montãt auec les frais d.2875.15.-- ſurquoy diſtrait pour l'age à 119.pour % d. 459. 3. reſte d.2416. 12.en monnoye de change, tirez à Lyon à d. 123. ½ pour % ſont l.5870.0.9.port,dace,& doüanne de Lyon l. 663.17.8. tout l. 6533.18.5. valeur deſdictes deux Caiſſes. Et pour treuuer la valeur de l'aune de Lyon, faut faire comme a eſté demonſtré cy-deſſus au compte des Camelots,d'autant qu'en ladicte Caiſſe,il y en a de differens prix, & en ce faiſant on treuuera la valeur de l'aune de chacun,ſuiuant ſon prix.On pourroit bien treuuer le prix de l'aune de Lyon en liures tournois, ſuiuant le prix de la braſſe dudict Veniſe de leur monnoye en multipliant par 200. les ducats que vaut la braſſe, & partiſſant le produit de la multiplication par 43. viendroit la valeur de l'aune en l tournois,à raiſon dicte de ſ 50.pour ducat,ſans y comprendre aucuns frais, ny age de monnoye. Qui ſera pour donner fin à ce negoce,pour traicter cy-apres du negoce de Meſſine.

NEGOCE DE MESSINE EN SICILE.

℔ 100.—— de Meſſine,rendent à Lyon.———————— ℔ 70. ½

A Meſſine tiennent les eſcritures à Onces,Taris,& Grains,qui ſe ſomment en 30.& en 20. parce que 30. taris font vne once,& vingt grains vn tari, le tari vaut 2.carlins, & vn carlin 10. grains, & vn grain 6 picolis,& vn ponty vaut 8.picolis. Il ſe fait venir dudict lieu des Soyes Meſſines,qui ſe vendent à tant de taris la ℔,comme ſe voit en ce à f.18. au compte de Diecemy, & Benaſcey, leur ayant eſté enuoyé de Marſeille v 5000.-- de reaux à ſ 70. pour v, chargez ſur vne galere de France, que à tari 15. & grains 15.pour eſcu,valent audict Meſſine onces 2625.-que leur auons ordonné employer en Soyes, ce qu'ils ont fait,& nous donnent compte de 10.bales ſoyes Meſſines qu'ils ont chargées ſur vne Galere de Genes, Capitaine Dom Carles Deria, pour conſigner à Deburgues à Tholon, lequel doit enſuiure l'ordre que luy en ſera donné,par Benoiſt Robert de Marſeille,montant leſdictes 10.bales auec les frais faicts audict Meſſine,& prouiſion à 2.pour % onces 3057.5.6.dequoy ils ſont faicts crediteurs, ſans tirer la monnoye de France dehors,d'autant qu'on ne peut ſçauoir à combien elle reuiendra,que la traicte ne ſoit faicte du ſurplus,qu'eſt onces 432.5.16.qu'ils ont fourny de plus qu'ils n'ont receu;que pour ſe preualoir de ladicte ſomme, la prennent à change pour Noue, ſuiuant noſtre ordre en v 810.7.3. d'or de marc, à carlins 32. pour v, ſur Lumaga, leſquels s'en ſont preualus ſur nous auec leur prouiſion en v 1010.

v 1010.0.3.d'or sol,valant l.3030.0.9.tournois.Et pour lors faut tirer la monnoye de France dehors,sçauoir au compte desdicts Dieccmy, & Benascey, au debit desdictes onces 432. 5.16. mettre l.3030.0.9. tournois,faisāt auec les reaux qu'ils ont receu l.20530.0.9.tournois,& soude le credit par la mesme somme. Maintenant pour sçauoir à combien elles reuiennent la ℔ à Lyon. Faut considerer qu'il y en a de differens prix, & que lesdictes 10.bales reuiennent à onces 2826.2.10.sans les frais,& lesdicts frais montent onces 231.3.6.surquoy faut voir combien chaque sorte desdictes soyes en doit supporter, disant, si 2826.2.10.(prix desdictes 10.bales)donnent de despens, onces 231. 3. 6. combien en donneront onces 2258.20.(prix de 8.bales à tari 30.16.la ℔,)viendra onces 184.16. -- pour lesdictes 8 bales,lesquelles adioustées auec lesdictes onces 2258.20.font onces 2443.6. & tant montent lesdictes 8.bales auec les frais de Messine,& prouision.Puis dire par regle de 3.si onces 3057.(valeur de toutes les soyes auec les frais) coustent l.21392. 1. 5.(auec les frais de Messine à Lyon) combien lesdictes onces 2443. viendra l.17095.-- tournois, & tant valent lesdictes 8. bales, pesant ℔ 2200.-- qui reuiennent poids de Lyon ℔ 1551. & partissant lesdictes l.17095.-- par lesdictes ℔ 1551.-- viendra l. 11. 0. 5. pour la valeur de la ℔ de Lyon,tous frais payez,& faisant le mesme compte pour les autres deux bales restantes, on treuuera la valeur de la ℔ de Lyon,suiuant le prix de ce qu'elles coustent audict Messine. Ou pour le plus facile & brief, multiplier les taris de la valeur de la ℔ audict Messine par 400. & partir le prouenu par 1269.son produit sera la valeur de la ℔ de Lyon en l.tournois.Par exemple, à taris 30. & grains 16.la ℔ de Messine,les multipliant par 400.-- seront 12320. qu'il faut partir par 1269. & en viendra l. 9. 14. 1. valeur de la ℔ à Lyon,sans y comprendre aucuns frais,lesquels reuiennent,tant les frais de Messine, que port,dace,& doüanne de Lyon,enuiron à ʃ 25.pour ℔, lesquels adioustez auec l. 9.14.1. font l.10.19.1. que reuient la ℔ audict Lyon, tous frais payez, quand l'escu de reaux de ʃ 70.-- tournois, vaut audict Messine taris 15.& 15 grains,qui sera pour donner fin à ce negoce,& cõmencement à celuy de Bergame.

NEGOCE DE BERGAME.

Les brasses de Bergame se reduisent en aunes de Lyon,multipliant par 5. & partissant par 9. d'autant que la brasse dudict lieu tire 5/9 de l'aune de Lyon.

℔ 100.—— de Bergame rendent à Lyon ℔ 68. — poids de la soye.

Vne liure dudict lieu se peut calculer pour ʃ 6. 6. tournois à raison que la pistole d'Espagne vaut audict lieu l.22.10. de leur monnoye,& à Lyon l.7.7. tournois.

A Bergame tiennent les escritures à l. ʃ. & ꝺ. qui se somment en 20. & en 12. faisant que ʃ 20.font vne liure,& 12.deniers,vn sol.Il se fait venir dudict lieu des tapisseries,sargettes, burats, & autres marchandises qui se vendent à l. ʃ.& ꝺ. de leur monnoye, comme se voit en ce à f. 13. ayant fait venir dudict lieu 6.bales tapisseries de Bergame contenant 12. pieces de diuerses hauteurs, reuenant l'vne pour l'autre à l.7. -- la brasse, font l.3780.-- embalage & port iusqu'à la Canonica l. 102. tout l.3882. monnoye de Bergame,faisant doublons d'Espagne 172.10.8.à l.22.10.piece, & à l.15. monnoye de Milan,font l.2588.-- transit dudict Milan l.120.-- port de la Canonica à Milan l.4.16.-- tout l.2712. 16.-- que font l.1356.8.-- tournois,pour le port iusqu'à Lyon,dace de Suse, & doüanne dudict Lyon l.277.-- reuenant à l.46.3.4. la bale,tout l.1633.8. pour la valeur desdictes 12. pieces, tous frais payez. Maintenant pour sçauoir à combien reuient l'aune, faut reduire les brasses 540.-- qui contiennent lesdictes 12. pieces)en aunes,& seront aunes 300.-- pour partiteur de l.1633.8. & de son produit viendra l.5.9. valeur de Laune à Lyon,tous frais payez, & d'autant qu'il y en a de differentes hauteurs, car plus doit valoir celle de brasses 5. 1/4,que celle de brasses 4. 1/2. On peut faire differẽce sur chaque quart d'aune, de plus d'hauteur de ʃ 10. tournois pour aune; ou pour le plus facile & brief multiplier la valeur de la brasse par 117.& partir le prouenu par 200.-- & ce qui en viendra,fera la valeur de l'aune à Lyon en l.tournois. Exemple, à l.7. La brasse audict Bergame, les multipliant par 117. & partissant le prouenu par 200.-- viendra l.4.1.10.-- Surquoy adiousté l.1.5.pour les frais de Bergame à Lyon,font l.5.6.10. & à ce prix reuiendroit l'aune à Lyon,tous frais payez,quand la brasse vaudroit l.7.-- monnoye de Bergame,& la liure dudict lieu vaudroit ʃ 6.6 tournois. La mesme briefueté se peut obseruer à l'achapt des burats, & sargettes. Et partant ne s'en fera plus long discours,faisant suiure cy-apres le negoce de Mantouë.

NEGOCE DE MANTOVE.

Les brasses de Mantouë se reduisent en aunes de Lyon,multipliant par 8.& partissant par 15.d'autant que la brasse tire 8/15 de l'aune de Lyon.

℔ 100.——dudict lieu rendent à Lyon.————————℔ 66.——

AVdict lieu tiennent les escritures à liures,sols,& deniers,qui se somment en 20.& en 12. parce que ʃ 20. font vne liure,& 12.ꝺ.vn sol.Il se fait venir dudict Mantouë diuerses soyes,taffetas,& autres marchan marchandises,comme se voit en ce,à f.12.ayant fait venir dudict lieu,vne bale bourre de soye,pesant net ℔ 303.-- à ₰ 95.-- la ℔,montant l.1435.15. prouision à 2.pour $\frac{c}{o}$ l.28 7. embalage, dace, courratage,& port,iusqu'à Milan tout l.1594.-- monnoye dudict Mantouë,faisant ducatons 166.10. à l. 9. 12.-- pour ducaton,& à ₰ 115.de Milan font l.954.14.9. transit l. 10. tout l.964. 14. 9. que à ₰ 110. pour v valent l. 482. 7. 4 tournois, port de Milan à Lyon, dace de Suse, & doüanne dudict Lyon l. 67. 10.-- tout l.549.17.4.valeur de ladicte bale bourre:que pour sçauoir à combien reuient la ℔ à Lyon faut voir que lesdictes ℔ 303.-- de Mantouë rendent à Lyon ℔ 200. -- & partissant lesdictes l.549. 17. 4. tournois par 200.-- viendra l.2.15.-- valeur de la ℔ à Lyon,poids de la soye tous frais payez,qui suffira pour ce negoce, faisant suiure cy-apres le negoce de Modena.

NEGOCE DE MODENA.

Les brasses de Modena se reduisent en aunes de Lyon,multipliant par 8. & partissant par 15. comme celles de Mantouë.

℔ 100.——dudict lieu rendent à Lyon.——————℔ 77.$\frac{1}{2}$.

ILs tiennent leurs escritures à l. ₰, & ₰, qui se somment en 20. & en 12.

Il se fait venir dudict lieu diuerses soyes, comme se voit en ce à f.7. ayant fait venir vne bale organcin pesant ℔ 268. $\frac{1}{2}$ à l. 25. 10.-- font l. 6846. 15.-- embalage, & dace de Modena l. 42. 16.-- tout l.6889.11.-- monnoye dudict Modena,que sont doublons d'Espagne 382.$\frac{1}{4}$ à l.18.piece,& à l.15.-- monnoye de Milan font l.5741.5 -- port de Modena à Milan l.40.5.trāsit dudict Milan l.15.-tout l.5796.10.-monnoye de Milan,que à ₰ 120.pour v,font l.2898.5.-- tournois port de Milan à Lyon, dace de Suse, & doüanne dudict Lyon l.72.10. -- tout l. 2970. 15. -- valeur desdictes liures 268.$\frac{1}{2}$ poids de Modena, qui rendent ℔ 208.poids de la soye, & partissant lesdictes l. 2970.15. par 208. -- viendra la valeur de la ℔ à Lyon, tous frais payez.

Ayant suffisamment traicté de la negociation qui se fait en Italie, nous finirons,pour traicter du negoce d'Alemaigne.

NEGOCE D'ALEMAIGNE.

EN Alemaigne tiennent les escritures, d'aucuns à florins, & cruchers, le florin valant 60. cruchers, d'autres à florins,bach,& cruchers,le florin valant 15.bach,& le bach 4. cruchers, & d'autres à florins,sols,& deniers,qui se diuisent en 20.& en 12.faisant que sols 20. font vn florin,& 12.deniers, vn sol.

Le florin se peut calculer à ₰ 33.4.tournois,& les 9.bach à ₰ 20.-- tournois.

L'aunage d'Alemaigne se reduit en aunes de Lyon,prenāt le $\frac{1}{2}$,& le quart des aunes d'Alemaigne lesquels adioustés ensemble serōt aunes de Lyon,d'autāt que l'aune dudict lieu tire $\frac{7}{12}$ de l'aunage de Lyon.

Il se fait venir d'Alemaigne quars de Constance,Constance en sac,Bouquerans, Noirs, & Couleurs, Arquebuses,Pistolets,& Roüets,toiles d'Alemaigne,toiles de Masade,& plusieurs autres marchandises.

Les Foires de Francfort,se tiennent à la my-Caresme, & à la my-Septembre;& si la remise est hors de Foire,faudra attendre ladicte Foire,& faudra que l'argent demeure demy année, qui sont deux Foires; & s'vse de faire bon 6.7. & iusqu'à 8.pour $\frac{c}{o}$ tant de plus que de moins.

A Sourfach y a deux Foires, qui se tiennent l'vne à la Pentecoste, & l'autre à la sainct Frenne, qui commence le 13. Septembre, comme se voit en ce,à f. 31. Faut noter que les draps se vendent audict lieu à tant de bach l'aune de France,& se fait terme d'vne foire à l'autre, qui suffira pour entiere instruction de ce negoce,faisant suiure cy-apres le negoce de Flandres.

NEGOCE DE FLANDRES.

Les aunes de Flandres se reduisent en aunes de Lyon, prenant le tiers & le quart de l'aunage dudict Flandres, lesquels adioustés ensemble seront aunes de Lyon : à raison que l'aune dudict lieu tire $\frac{7}{12}$ de l'aunage de Lyon.

℔ 100.——d'Anuers rendent à Lyon,poids de la soye ℔ 102. ——

AVdict lieu tiennent les escritures à liures,sols,& deniers,monnoye de gros, qui se somment en 20. & en 12. parce que ₰ 20.font vne liure,& 12.deniers,vn sol.

La liure de gros se peut calculer à l.6. -- tournois.

Il se fait venir de Flandres Camelots de l'Isle & autres,Sarges de Honscot,Toiles baptistes, & Cambrais,Croisez,fil Despine,Tapisseries,Sarges de Seigneur,& Leydem, & autres marchandises lesquelles se vendent partie en monnoye de gros,& partie à florins,lequel florin se diuise en ₰ 20.& le sol,en 12.₰, & 6.florins font vne liure de gros,comme se voit au cōpte de l'achapt faict en Flandres,par André Montbel

bel à f.37.commençant à Paris,là où il fait achapt de 4.bales bas d'estame, à Amiens des sarges de Londres,& de là part pour Flandres,& arriue à l'Isle,où il fait achapt des camelots de l'Isle,qui se vendent à tant de sols de gros,la piece(tirant enuiron aunes 10. $\frac{1}{2}$ de Lyon)& camelots $\frac{5}{4}$ (ainsi appellez,d'autant qu'ils tirent $\frac{5}{4}$ d'aune de Flandres de large)sarges de Honscot, tirant enuiron aunes 20.de Lyon. Camelots $\frac{7}{8}$. à Cambray il a fait achapt des toiles Cambray & Baptistes, tirant la piece enuiron aunes 12. $\frac{1}{2}$ de Lyon ; & se vendent à tant de liures de gros la piece la premiere sorte ; & les autres vont augmentant de ₰ 20.chacune,plus ou moins,selon qu'on les desire. A Valancienne s'acheprent les mesmes marchandises qu'à Cambray. A Tourney il a fait achapt de 27.demy pieces tripe de veloux,tirant la demy-piece aunes 5.$\frac{1}{4}$ de Lyon. A Gam,de fil d'Espine, qui se vend à la ℔, semblable à la ℔ de Lyon poids de marc de 16.onces,toiles de Gam qui se vendent à tant de gros l'aune, tirant la piece enuiron aunes 30.- de Flandres,vn peu plus ou moins. En Anuers a fait achapt des Croisez à tant de sols, la piece tirant aunes 12.de France,Tapisseries de Flandres à tant de sols l'aune quarrée dudict Flandres ; à Amsterdam a fait achapt des toiles naturelles(qu'on appelle Caneuas de Flandres) à tant de gros l'aune dudict Flandres:toiles houppées à tant de sols de gros,la piece(tirant enuiron aunes 20.de Flandres.) A Midelbourg Michel Pic,luy a fait achapt,suiuant son ordre és lieux cy-apres nommez des marchandises ensuiuantes, & s'en est preualu de la valeur à Paris,au pair sur Lumaga, & Mascranny. Sçauoir à Arlem 100. pieces toiles d'Holande de aunes 25. la piece,reuenāt l'vne pour l'autre à vn florin l'aune. A Leydem,sarges de Leydem(autrement appellées sarges d'Ipre)& sarges de Seigneur à tant de florins, la piece tirant aunes 20.de Lyon.Toutes lesquelles marchandises venant d'Holande, se chargent pour aller au port de Flessingue,pour faire voile à Roüan,ou à S.Valery en Picardie.Et quand les passages des Holandois auec les Flamans sont libres,l'on enuoye par Mer lesdictes marchandises en Anuers, qui là se chargent par terre pour Lyon à l.10.pour quintal de voyture. Et pour sçauoir à combien reuient l'aune de Lyon desdictes marchandises,monnoye de France,suiuant le prix de la piece ou de l'aune de Flandres, en monnoye dudict Flandres : faut premierement sçauoir combien d'aunes tire la piece, & partir la valeur de la monnoye de France par ledict aunage,viendra la valeur de l'aune.Par exemple,voulant sçauoir combien reuient l'aune à Lyon des sarges de Seigneur,à raison que 20.pieces ont cousté fl.1960.-- (qui sont autant que l.1960.--tournois d'autant que ledict florin vaut ₰ 20.--tournois)& lesdictes 20.pieces tirant aunes 20.la piece,sont aunes 400.-- surquoy faut noter qu'il y va pour les frais faicts tant à l'achapt, que voyture,& doüanne de Lyon,enuiron 14.pour % tellement que auec lesdictes l.1960. (valeur desdictes 20. pieces) faut adiouster l. 274. pour tous frais, seront l. 2234. lesquels faut partir par aunes 400. seront l.5.11.8.valeur de l'aune à Lyon desdictes Sarges de Seigneur tous frais payez.

Pour treuuer la valeur de l'aune de Lyon en l.tournois,suiuant le prix de l'aune de Flandres en monnoye de gros, au plus facile & brief, faut multiplier par 10.$\frac{2}{7}$ la valeur de l'aune d'Anuers, & ce qui en viendra sera la valeur de l'aune de Lyon. Exemple, à ₰ 8.6. de gros l'aune de Flandres viendra ₰ 87.5. tournois,que sont l.4.7.5.tournois,pour la valeur de l'aune de Lyon, qui sera pour donner fin à ce negoce,pour traicter cy apres du negoce qui se fait sur Mer.

NEGOCE SVR MER.

IL se voit en ce liure,à f.14.15.& 17. diuers chargemens sur Mer, & deschargemens de diuerses marchandises. Et premierement le chargement du Vaisseau le Cheualier de Mer, Capitaine Chrestien Iaulcen de Rotterdam,auec lequel auons conuenu & accordé(par l'entremise de Iean Oort d'Amsterdã) qu'il sera tenu de liurer & tenir prest son Nauire(à present seiournant deuant Amsterdam)sans retardement,bien estanché,& pourueu d'ancres,voiles,cables,cordages,victuaille, & autres appartenances necessaires auec onze personnes,& que ledict Nauire sera equippé de 6. pieces de fonte 4. passe-volans ou pieces iettant pierres,Item armes de main,mousquets,arquebuses,picques,poudres,plomb,balles,& autres munitions necessaires ; Et ce faict, ledict Chrestien Iaulcen auec son Nauire, au premier temps & vent conuenable que Dieu enuoyera, partira & fera voile de ce pais à droicte route vers Iernionts, ou ailleurs en Angleterre;pour illec charger le reste,ou prendre sa charge entiere,soit de poisson, ou autres marchandises à nostre vouloir, iusques à pleine & competante charge ; auec lesquelles marchandises il fera voile,auec l'aide de Dieu, en toute diligence vers l'estroit,en tous lieux, havres, & places que bon nous semblera,& en icelles faire voile, aller, & retourner en haut, & en bas,charger,descharger,& recharger par tout ou iugerons estre nostre profit ; iusques que finalement nous aurons depesché ledict Nauire, pour retourner auec la charge ; estant tres-expressement accordé que ledict Nauire sera seul à nostre profit,sans que ledict Iaulcen puisse prēdre en son dict Nauire aucuns biens ou marchādises d'autres,que de nous,à peine de tous dommages & interests : sera tenu venir en France,& en Flandres, pour descharger & charger en tout ou en partie,& puis apres poursuiure ledict voyage vers Amsterdam, & y deschargera & deliurera fidelement & loyalement lesdictes marchandises,ainsi que par nous luy sera ordonné.Et moyennant ce,nous luy promettons payer, sçauoir pour chacun mois qu'il aura seruy & qu'il aura par nous esté retenu,la somme de sept cens florins de ₰ 20.piece, valant l.700.tournois,à cōmencer

apres

apres que ledict Nauire ſera paſſé Texel,& arriué en Mer,& deſlors courra cõtinuellemẽt ledict ſalaire, &apres ledict Iauleẽ nous enuoye la police du chargemẽt faict ſur ledict Vaiſſeau,en la forme que s'eſuit.

Ie Chreſtien Iauleen,maiſtre apres Dieu du Vaiſſeau nommé,*le Cheualier de Mer*,ancré à preſent deuant Amſterdam,pour auec le premier temps conuenable que Dieu donnera ſuiure le voyage , iuſqu'au deuant de la ville de Marſeille,là où ſera ma droicte deſcharge, confeſſe auoir receu dedans le mien Vaiſſeau deſſous le tillac de vous Iean Oort, les marchandiſes enſuiuantes nombrées, & marquées du nombre,& marque cy-contre,le tout ſec & bien conditionné;ſçauoir 139000.merluches,& 1180.barils harens,le tout pour compte,d'Alamel,Fontaine , & Pontier , leſquelles marchandiſes ie promets deſliurer audict Marſeille,au Sieur Benoiſt Robert,ou partie d'icelle,ainſi que par luy me ſera ordonné , ſauf les perils & fortunes de la Mer : en foy dequoy i'ay eſcrit , & ſigné 3. pareilles à la preſente,deſquelles l'vne eſtant accomplie,les autres ſeront de nulle valeur. Faict à Amſterdam ix.

Laquelle police dudict chargement nous enuoyons à Marſeille audict Robert,auec ordre de retirer,& vendre la quantité des marchãdiſes qu'il iugera ſe pouuoir debiter audict Marſeille,& le reſte enuoyer deſcharger à final és mains de Maluaſie,lequel doit enſuiure l'ordre que luy en ſera donné par noſtre Pierre Alamel : & eſtant ledict Vaiſſeau venu à bon port audict Marſeille, ledict Robert fait deſcharger 500.barils harens,& 500.bales merluches, qu'il iuge ſe pouuoir debiter audict Marſeille , & enuoye le reſte à final és mains de Maluaſie , lequel le recharge de 1536. facs riz acheptez de compte à ½ auec ledict Oort,pour deſcharger en Amſterdam és mains dudict Oort, lequel en doit faire la vente ; & eſtant arriué audict lieu à bon port,ledict Oort fait vente deſdicts riz,& nous en donne compte comme ſe voit plus particulierement en ce,à f.14.& 17.

S'eſt fait autre chargement audict Amſterdam ſur le Vaiſſeau S. Pierre, (Capitaine Pierre Samſon,) de poiure,plomb,eſtein,& cuirs,pour faire voile,& deſcharger audict Marſeille és mains dudict Robert, lequel Vaiſſeau a eſté pris par les Corſaires d'Argers,au Capt de Gab en Eſpagne, duquel n'a eſté retiré que l.1450.-- de gros qu'auions fait aſſeurer en Anuers que leſdicts aſſeureurs ont payé audict Oort en ce, à f.14.

Auons auſſi chargé à Marſeille ſur le Vaiſſeau l'Ange Gabriel, Capitaine Iean Baptiſte Lagorio, qui part de Marſeille pour Alep V 6000.-- de reaux pour conſigner audict lieu à Pierre Lamy, pour y faire achapt des ſoyes,ainſi que ſera traicté au negoce de Turquie.

Autre chargemẽt a eſté par nous faict de diuers bleds en compagnie,auec pluſieurs,remis és mains & puiſſance de Pierre Sauſet noſtre Facteur, pour faire conduire à Marſeille , charger ſur Mer,pour faire voile és villes d'Eſpagne , & Portugal , qu'il entendra en auoir plus grand diſette pour vendre à noſtre plus grand auantage,ainſi que ſe voit au compte deſdicts bleds à f.34. Partant finirons ce negoce , pour traicter du Negoce d'Angleterre.

NEGOCE DE LONDRES EN ANGLETERRE.

Les 9. Verges de Londres font aunes 7.de Lyon.

A Londres on tient les eſcritures à l.ʃ.&g.de Sterlins qui ſe ſommẽt en 20.& en 12.parce que ʃ 20. font vne liure,& 12.deniers,vn ſol.Il ſe fait venir dudict lieu,ſarges perpetuanes,futaines,bayettes, & autres marchandiſes,qui ſe vendent à l.ʃ.& g.de ſterlins la piece comme ſe voit en ce,à f.14. Ayant fait venir dudict lieu 250.pieces ſarges perpetuanes chargées ſur le Vaiſſeau de Iames Zerlãd,par Abraham Bech,pour conſigner à Roüan,à Robin & Ferrary;ſçauoir 200.pieces diuerſes couleurs à ʃ 46.6.& 50.pieces noires à ʃ 35.de ſterlins la piece,mõtant auec les frais & prouiſion de Londres l.621.6.--monnoye de ſterlins,laquelle ſomme a eſté changée pour Lyon,en ſterlins 69.½ pour V,ſont l.6436.10.-tournois,& pour les frais faicts à Roüan,par Robin,& Ferrary à la reception,& enuoy deſdictes perpetuanes l.197.5.-voyture de Roüan à Lyon,& doüanne dudict Lyon l.386.tout l.7019.15.- valeur deſdictes 250. pieces,que pour ſçauoir à combien reuient la piece à Lyon , tant des noires,que des couleurs , faut premierement voir que tous les frais de Londres montent l.68.16.que pour ſçauoir combien de frais vient tãt pour les noirs,que pour les couleurs,faut dire par regle de 3.Si l.552.--(valeur deſdictes perpetuanes ſans les frais)donnent de frais l.68.16. -- combien l.465.--(valeur des 200.pieces couleurs , & combien l.87.10.-- valeur des noires) viendra pour les couleurs l. 58. qu'il faut adiouſter auec les l. 465. ſeront l. 523. -- & pour les noires l.10. 16.-- adiouſtez auec l. 87. 10. -- font l.98.6. -- puis dire , ſi l.621.-- prix, & frais deſdictes perpetuanes couſtent l.7019.15.-- tournois,combien l.523.-- & combien l.98.6. viendra l.5909.2. pour les couleurs ; & les partiſſans par 200. -- ſeront l.29.10.11.tournois,valeur de la piece des couleurs , & pour les noires viendra l. 1110. 13. -- leſquels partis par les 50. pieces de noir , ſeront l.22.4.3.valeur de la piece deſdictes noires tous frais payez.

Auons auſſi fait venir vn tonneau futaine d'Angleterre , contenant 64. demy pieces à ʃ 30. la demy piece , font l. 96. -- embalage , & autres frais l. 5. 6. 4. tout l.101.6.4. monnoye de ſterlins de Londres, de laquelle ſomme auons fait crediteur Abraham Bech, ſans tirer la monnoye de France dehors,

 iuſqu'à

iusqu'à ce qu'il donne aduis auoir pris à change ladicte partie pour Roüan, à sterlins 68. pour v, sur Robin,& Ferrary, que sont l.1072.11.6.tournois,de laquelle somme le faisôs debiteur,& crediteurs lesdicts Robin,& Ferrary;& réplissons son credit,mettant pour lesdicts l.101.6.4.de sterlins,lesdicts l.1072.11.6. tournois. On pourroit bien si l'on vouloit, calculer la monnoye de Londres à l.10. -- tournois,pour vne liure de sterlins reuenant à 72. sterlins pour v, & à ce prix n'y peut auoir que fort peu de difference sur la traicte,châgeant la plus part à 71.ou 73.pour v,pour Lyon,Roüan,ou Paris. Et auec lesdictes l.1072.6. faut adiouster pour les frais faicts à Roüan l. 47. 5. voyture de Roüan à Lyon, & doüanne dudict Lyon l.86.1.-- tout l.1205.17.6.valeur desdictes 64 demy-pieces; que pour sçauoir la valeur de chacune,faut partir lesdictes l 1205.17.6.par 64. viendra l.18. 16. 10. valeur de chacune demy-piece,tous frais payez. Aussi s'est chargé quelques Vaisseaux de poissons secs à Terre neufue, Iernionts & Pleymonts en Angleterre,comme se voit specifiquement au chargement du Vaisseau, le Cheualier de Mer, en ce à f.15. Et cecy suffira pour l'instruction de ce negoce,faisant suiure cy-apres le negoce de Turquie.

NEGOCE DE TVRQVIE.

A Constantinople tiennent leurs escritures à piastres,& aspres,dont vn piastre vaut quelque fois 80. aspres, d'autres fois 90. 100. 110. & 130. plus ou moins. Le pic de Constantinople rend $\frac{5}{9}$ de l'aune de Lyon à raison que les 5.aunes font 9.pics. Il se fait venir dudict lieu des camelots greges 3.& 4.fils, & on y enuoye diuerses sortes de draps du Languedoc,veloux,& satins, côme se voit en ce,à f.20. y ayant enuoyé vne Caisse draps de soye és mains de Iean Scaich,pour vendre à nostre plus grand auantage,qu'il a vendu à tant d'aspres le pic,se montant aspres 161769. rabbatu les frais,& prouision,faisant piastres 1470. $\frac{9}{11}$ à 110 aspres la piastre,calculé à ʃ 47.tournois pour piastre font l.3455.19.4.de laquelle somme il nous tient crediteur; & pour payement d'icelle nous enuoye 4. tables camelots blancs 4.fils, contenant 168.pieces, montât auec les frais aspres 137003.valant l.2926.10.- tournois,à raison que les aspres 161769.rendent l.3455.19.4.tournois,dont pour soude de compte,nous reste aspres 24765.qu'il a remis de nostre ordre en Alep, à Pierre Lamy, en 265 piastres,& 32.aspres à 93.aspres, & $\frac{1}{2}$ la piastre faisant v 176.$\frac{2}{3}$ de reaux à 1.$\frac{1}{2}$ piastre l'escu,& à ʃ 70.-- tournois,sont l.618.6.8.tellement qu'il se treuue d'auance sur ladicte remise l. 88. 17. 4. dequoy faisons creditrices lesdictes marchandises, d'autant que les profits qui se font sur icelle sont en participation auec Boloson.

Et pour sçauoir à combien reuient la piece desdicts camelots en liures tournois, faut adiouster auec lesdictes l.2926.10.-- (valeur desdictes 168.pieces camelots)l.72.7.4 pour voyture,& doüanne de Lyon, seront l.2998 17.4.lesquels faut partir par lesdictes pieces 168.& en viendra l. 17. 17. pour la valeur de la piece desdicts camelots pour contant tous frais payez. Appert plus particulierement de ce compte à l'instruction qui se donne des marchandises en participation.

En Alep,Tripoly,& Alexandrette,tiennent leurs escritures à piastres,medins,& aspres: la piastre valant 53.medins,& le medin vn aspre & $\frac{1}{2}$.

Le Rotole d'Alep, rend à Lyon.———————— ℔ 4.$\frac{1}{2}$

Le Rotole de Tripoly, rend audict Lyon.———— ℔ 4.——

Il se fait venir desdicts lieux diuerses soyes leges,ardasses, & tripolines, comme se voit au compte de Lamy à f.19.Luy ayant esté enuoyé de Marseille,par le Vaisseau l'Ange Gabriel,Capitaine Iean Baptiste Lagorio,v 6000. -- de reaux à ʃ 70. -- tournois, & v 12166.$\frac{2}{3}$ à ʃ 69.9. par le Vaisseau S. François de Paule, Capitaine George Boulano, faisant piastres 27250.à raison de 1.$\frac{1}{2}$ piastre pour v, que luy auons ordonné d'employer en soyes, lequel nous donne aduis d'auoir faict achapt de 50. bales soye lege, pesant rott 52319.$\frac{1}{2}$ à diuers prix môtant auec les frais& prouision,piastres 28263.& 36.medins calculez, à raison que les piastres 27250.rendent l.63431.5. Sont l.65789.tournois prouision de Robert, nolis,& autres frais par luy fournis tant à l'enuoy desdicts Reaux, que reception desdictes soyes l. 6908. 18.y compris l.500. -- qu'il a payez à Scipion Manfredy, Capitaine du Vaisseau S.Antoine, pour nostre part du repartiment du iect dudict Vaisseau,ayans esté contraincts le Capitaine,& autres estans dans iceluy, pour sauuer leur vies,alleger,& ietter en Mer 30.bales de valeur de l.30000. -- qui ont esté reparties rate pour rate à Marseille,par le Consul & Officiers dudict Vaisseau.Port de Marseille à Lyon,& doüanne du dict Lyon l.1531.7.6. tout l.74229.6. tournois,valeur desdictes 50.bales,que pour sçauoir à combien reuient la ℔ à Lyon,faut reduire lesdictes rottes 2319.$\frac{1}{2}$ en ℔,seront ℔ 10437.$\frac{3}{4}$, & partissant lesdictes l.74229.6.par lesdictes ℔ 10437.$\frac{3}{4}$ viendra l. 7. 2. 3. valeur de la ℔ à Lyon tous frais payez; & d'autant que ledict Lamy a plus fourny, qu'il n'a receu, il a pris à change le surplus de Scipion Manfredy, Capitaine du Vaisseau S. Antoine,pour rendre à Marseille en v 498.-- de reaux qui luy ont esté payez par ledict Robert, comme se voit plus particulierement en ce, à f.19. & 3. Faisant fin à ce negoce, pour commencer le negoce d'Espagne.

NEGO

NEGOCE D'ESPAGNE, ET PORTVGAL.

℔ 100.——de Valence en Espagne,rendent à Lyon.——℔ 73. ½
℔ 100.——d'Almerie, rendent à Lyon.——————℔ 117.——
℔ 100.——de Tortosa, rendent à Lyon.——————℔ 72.——
℔ 100.——de Sarragosse, rendent à Lyon.——————℔ 73. ½
130. Varres de Valence en Espagne,rendent à Lyon aunes 100.——

A Valence,Barcelonne,& Sarragosse,tiennẽt leurs escritures à liures,sols,& deniers, qui se somment en 20.& en 12.parce que ʃ 20 font vne liure,& 12.ʒ,vn sol. Le ducat vaut ʃ.24.-- & le real ʃ 2.--

A Seuille tiennent les escritures à marauedis, qui se somment en dixaines.

Le ducat vaut marauedis 375.-- & le real 34. marauedis.

A Lisbonne en Portugal,tiennent leurs escritures à raix,qui se somment en dixaines.

Il se fait venir desdicts lieux,soyes,semence de vers à soye, drap d'Espagne, & autres marchandises, comme se voit à f.10.au compte de Poncet de Valence,ayant fait venir dudict lieu onces 6000.--semence de vers à soye,à diuers prix en 24. Caisses chargées sur la faloupe S. Iean Baptiste, patron Thomas Cabanes,pour porter à final,& consigner au Sieur Maluasie, lequel doit ensuiure l'ordre de Pierre Alamel.Montant auec les frais(y compris l'asseurance de l.1600.monnoye de Valence à 4.pour ½ qu'auons faict asseurer dudict lieu iusqu'à final)l.3712.2 -- monnoye de Valence,faisant 37121. reaux Castelan à ʃ 2.pour real,valant ▽ 3093.8.4.de 12.reaux piece,que à ʃ 70.-- tournois,pour ▽,font mõnoye de France l.10826.19.2.& pour payemẽt d'icelle somme prenent à change pour nous ▽ 2400.- de marc,à ʃ 26. pour ▽ sur Lumaga,& de ce lieu s'en sont preualus sur nous à Lyon auec leur prouision en ▽ 2972. 16.9. d'or sol,à 81 pour ½,font l.8918 10 3.tournois,restant encor à payer esdicts Poncet de Valence l.592.2. mõnoye de Valence,qu'ils nous ont tiré à Lyon en ▽ 493.8.4.de reaux à ʃ 70.pour ▽,faisant l.1726 19.2. tournois, & parce moyen leur compte demeure soudé en leur monnoye, & en monnoye de France se treuue d'auance l.181.9.9. sur la traicte faicte à Noue,que portons en credit à compte de profits & pertes de Piedmont f.10.Il s'est vendu a Calix(port de Mer pres Seuille)6000. asnées bled, qui ont rendu audict Calix 6000.fanegues(mesure dudict lieu)à marauedis 2300.la fanegue.

A Lisbonne a esté vendu 4000.-- asnées bled,qui ont rendu 84000.alquid,mesure de Lisbonne,à 150. raix,l'alquid,reuenant à 3.½ alquid pour bichet; ainsi qu'appert à f.34. qui sera pour finir le negoce qui se fait hors de France,pour traicter de la negociation qui se fait en France.

NEGOCE DE BOVRGOIGNE, BRESSE, *Franche-Comté, & Lorraine.*

IL se fait venir desdicts lieux bleds diuers,fer doux,& rompant,comme se voit en ce,à f.37.au compte d'André Montbel,ayant achepté à Dijon 6578.bandes fer doux,pesant ℔ 242000.--poids de marc de Bourgoigne à l.52. le millier,font l.12584.-- qu'est poids de Lyon ℔ 283140. à raison de ℔ 100.-- desdicts lieux pour ℔ 117.de Lyon,à condition qu'ils le doiuent rendre à S.Iean de Laune, & de là se fait conduire à Lyon, à raison de l. 5. pour 40. bandes de voyture, reuenant pour lesdictes bandes 6578. à l.822 5.Doüanne de Lyon à raison de ʃ 26.8.pour cent bandes l.87.14.port au magasin à ʃ 8.pour cent bandes l.26.6.despence de bouche faicte en Bourgoigne l.40.-- tout l.976.5.-- adioustez auec l. 12584. (valeur desdictes bandes 6578.font l.13560.-- Et pour sçauoir à combien reuient le quintal à Lyon.Faut dire si ℔ 283140. poids de Lyon coustent l. 13560.-- Combien 100.-- viendra l.4.15.9. & à ce prix reuient le quintal du fer doux rendu à Lyon,tous frais payez.

Le fer rompant s'achepte à la Comté, y ayant faict achapt de 1815. bandes renduës à Grey,pesant ℔ 68270.à l.48.le millier font l.3276.19. monnoye de Comté,à raison que la pistole se passe audict lieu à l.8.6.8.& à Lyon à l.7.6 -- Sont mõnoye de France l.2870.12.& 457.bãdes audict prix,pesant ℔ 18270.-font l.876.19 mõnoye dudict lieu valant l.768.4.tournois,en tout l.3638.16.-- surquoy adiousté l.857.- pour voyture,doüanne,& autres menus frais font l.4495.-- dont pour treuuer la valeur du quintal faut dire,si 101260 (poids de Lyon desdictes 2272. bandes fer rompant) coustent l. 4495.-- combien 100.-- viendra l.4.8 9.valeur du quintal à Lyon,dudict fer rompant tous frais payez.

Il a esté achepté audict lieu 1000.fouchons,pesans audict Comté ℔ 7475.-- à l. 57. le millier rendu à Grey,font l.426.1.monnoye dudict lieu,valant l.373.4.-- tournois,& l.51.-- pour voyture, doüanne,& port au magasin,tout l.424.& faisant comme dessus,viendra l.4.16.10. pour la valeur du quintal à Lyõ.

Il s'est fait achapt à Mascon de 700. asnées bled froment à l.9. l'asnée; mesure dudict Mascon valant 7.bichets & ½ à Lyon, que font 846.asnées dudict Lyon de 6.bichets, l'vne montant l.6300.-- lesquels partagez par 846.viendra l.7.9.-- pour la valeur de l'asnée à Lyon.

A Chalon s'est achepté 500. bichets bled pour 480.à payement à l. 7.-- le bichet mesure de Chalon valant(à raison de 5.bichets & $\frac{1}{4}$ de Lyon pour vn bichet) 437.asnées, montant l.3360. -- qui reuiennent à l.7.13.9. l'asnée de 6.bichets de Lyon.

NEGOCE DE FRANCE.

℔ 100. de Paris rendent à Lyon, poids de ville de 16. onces.	℔ 116.
℔ 100. de Roüan.	℔ 120.
℔ 100. de Tholouse.	℔ 96.
℔ 100. de Marseille.	℔ 94.
℔ 100. de Montpellier.	℔ 96.
℔ 100. de la Rochelle.	℔ 94.
℔ 100. de Geneue.	℔ 130.
℔ 100. de Besançon.	℔ 116.
℔ 100. de Bourg en Bresse.	℔ 115.
℔ 100. d'Auignon.	℔ 96.

Les canes de Languedoc se diuisent en 8.pans, & la cane tire aune 1. $\frac{2}{3}$ pour reduire les canes en aunes, y faut adiouster $\frac{2}{3}$, & seront aunes, & s'il y a des pans auec les canes, faut figurer chaque pan pour $\frac{1}{8}$ de liure, valant ∮ 2.6. & les aunes se reduisent en canes, en prenant $\frac{1}{2}$ des aunes, & $\frac{1}{5}$ dudict demy adioustant ces deux produicts, & seront aunes.

POur treuuer la valeur de l'aune, suiuant le prix de la cane, faut prendre $\frac{1}{2}$ & $\frac{1}{5}$ dudict demy de la valeur de la cane, adioustant ces 2.produicts, viendra la valeur de l'aune, & pour treuuer la valeur de la cane suiuant le prix de l'aune, faut y adiouster $\frac{2}{3}$ viendra la valeur de l'aune.

Il se fait venir à Lyon de France, Poictou, & Languedoc, diuerses sortes de draps de laine, comme se voit au compte de Claude Catillon f.29.30. par l'achapt qu'il a fait esdicts lieux. Et faut noter qu'en l'achapt des toiles de Roüan le vendeur fait bon à l'achepteur 20. pour $\frac{0}{0}$ c'est à sçauoir que de 120. aunes, on n'en paye que 100. C'est pourquoy sur ledict achapt on distrait le $\frac{1}{6}$ de l'aunage, le reste est ce que l'achepteur doit payer. Les Foires de Poictou pour la drapperie se tiennent 6.fois l'an, Sçauoir : à Niort le iour saincte Agathe 5.Feurier, à la S.Iean de May 6.May : & le iour de S.André 30.Nouembre.

A Fontenay, le iour de S.Iean Baptiste 24.Iuin : le iour de S.Pierre premier Aoust: & le iour de S. Venant 12. Octobre. Ne se tenant lesdictes Foires que le lendemain de la feste ; & si elle arriue le Vendredy, on la remet au Lundy ensuiuant.

Les Foires du Languedoc pour la drapperie, sont à Montaignac en Ianuier le iour S. Hilaire, & à la my-Caresme, & à Pesenas à la Pentecoste, en Septembre, & Toussaincts.

Qui suffira pour conclurre tous les negoces que fait Lyon en toutes les parties de l'Europe. Ayant fait voir amplement par iceux la plus grande partie des marchandises qui arriuent dans Lyon, dont on pourra voir par la vente d'icelle, les lieux ou elles se debitent. Et faut noter qu'à la vente des soyes il se donne ℔ 2. au poids, & puis la tare qu'il faut distraire, & faire la reduction du reste à 108. pour $\frac{0}{0}$ & sur ce qui en viendra, se rabbat encor vne liure, & toutes les onces, n'en ayant esté fait aucune mention à la vente d'icelles, ains iustement a esté mis par la vente le nombre des liures qui restent à payement, dont pour conclusion nous ferons suiure vne table de la reduction du poids de ville de 16.onces, au poids de marc de 15.onces poids de la soye, afin que plus facilement le Marchand puisse faire son compte.

Exemple sur l'explication de la Table cy-contre.

Vne bale soye crue, pesant poids de ville de Lyon.	℔ 219.				
Faut rabbatre ℔ 2. qu'on baille au poids.	℔ 2.				
Reste	℔ 217.				
Tare de la Chemise, & Cordons.	℔ 1.13.onces $\frac{1}{2}$				
Reste	℔ 215. 2.onces $\frac{1}{2}$				
℔ 215. poids de Lyon cy-dessus rendent	℔ 199.onces	1.ʓ.	2. &	℈.16.	
onces 2. rendent	℔ 0.	1.	17.	16.	
deniers 12. rendent	℔ —	—	10.	10.	
	℔ 199.	3.	6.	18.	
Faut rabbatre vne liure, & les onces qu'on baille apres la reduction faicte.	℔ 1.	3.	6.	18.	
Reste à Payement.	℔ 198.	—	—	—	

REDVCTION

Reduction des liures, poids de ville de Lyon, en liures, onces, deniers, & grains, poids de foye. La premiere colomne feparée monftre les liures, poids de Lyon, & les 2.3.4.& 5. colomnes fuiuantes monftrent les liures, onces, deniers, & grains, poids de foye.

℔.	℔.	oñ.	₰.	g̃.	℔.	℔.	oñ.	₰.	g̃.	℔.	℔.	oñ.	₰.	g̃.	℔.	℔.	oñ.	₰.	g̃.
1	0	13	21	8	63	58	5	0	0	125	115	11	2	16	187	173	2	5	8
2	1	12	18	16	64	59	3	21	8	126	116	10	0	0	188	174	1	2	16
3	2	11	16	0	65	60	2	18	16	127	117	8	21	8	189	175	0	0	0
4	3	10	13	8	66	61	1	16	0	128	118	7	18	16	190	175	13	21	8
5	4	9	10	16	67	62	0	13	8	129	119	6	16	0	191	176	12	18	16
6	5	8	8	0	68	62	14	10	16	130	120	5	13	8	192	177	11	16	0
7	6	7	5	8	69	63	13	8	0	131	121	4	10	16	193	178	10	13	8
8	7	6	2	16	70	64	12	5	8	132	122	3	8	0	194	179	9	10	16
9	8	5	0	0	71	65	11	2	16	133	123	2	5	8	195	180	8	8	0
10	9	3	21	8	72	66	10	0	0	134	124	1	2	16	196	181	7	5	8
11	10	2	18	16	73	67	8	21	8	135	125	0	0	0	197	182	6	2	16
12	11	1	16	0	74	68	7	18	16	136	125	13	21	8	198	183	5	0	0
13	12	0	13	8	75	69	6	16	0	137	126	12	18	16	199	184	3	21	8
14	12	14	10	16	76	70	5	13	8	138	127	11	16	0	200	185	2	18	16
15	13	13	8	0	77	71	4	10	16	139	128	10	13	8	201	186	1	16	0
16	14	12	5	8	78	72	3	8	0	140	129	9	10	16	202	187	0	13	8
17	15	11	2	16	79	73	2	5	8	141	130	8	8	0	203	187	14	10	16
18	16	10	0	0	80	74	1	2	16	142	131	7	5	8	204	188	13	8	0
19	17	8	21	8	81	75	0	0	0	143	132	6	2	16	205	189	12	5	8
20	18	7	18	16	82	75	13	21	8	144	133	5	0	0	206	190	11	2	16
21	19	6	16	0	83	76	12	18	16	145	134	3	21	8	207	191	10	0	0
22	20	5	13	8	84	77	11	16	0	146	135	2	18	16	208	192	8	21	8
23	21	4	10	16	85	78	10	13	8	147	136	1	16	0	209	193	7	18	16
24	22	3	8	0	86	79	9	10	16	148	137	0	13	8	210	194	6	16	0
25	23	2	5	8	87	80	8	8	0	149	137	14	10	16	211	195	5	13	8
26	24	1	2	16	88	81	7	5	8	150	138	13	8	0	212	196	4	10	16
27	25	0	0	0	89	82	6	2	16	151	139	12	5	8	213	197	3	8	0
28	25	13	21	8	90	83	5	0	0	152	140	11	2	16	214	198	2	5	8
29	26	12	18	16	91	84	3	21	8	153	141	10	0	0	215	199	1	2	16
30	27	11	16	0	92	85	2	18	16	154	142	8	21	8	216	200	0	0	0
31	28	10	13	8	93	86	1	16	0	155	143	7	18	16	217	200	13	21	8
32	29	9	10	16	94	87	0	13	8	156	144	6	16	0	218	201	12	8	16
33	30	8	8	0	95	87	14	10	16	157	145	5	13	8	219	202	11	16	0
34	31	7	5	8	96	88	13	8	0	158	146	4	10	16	220	203	10	13	8
35	32	6	2	16	97	89	12	5	8	159	147	3	8	0	221	204	9	10	16
36	33	5	0	0	98	90	11	2	16	160	148	2	5	8	222	205	8	8	0
37	34	3	21	8	99	91	10	0	0	161	149	1	2	16	223	206	7	5	8
38	35	2	18	16	100	92	8	21	8	162	150	0	0	0	224	207	6	2	16
39	36	1	16	0	101	93	7	18	16	163	150	13	21	8	225	208	5	0	0
40	37	0	13	8	102	94	6	16	0	164	151	12	18	16	226	209	3	21	8
41	37	14	10	16	103	95	5	13	8	165	152	11	16	0	227	210	2	18	16
42	38	13	8	0	104	96	4	10	16	166	153	10	13	8	228	211	1	16	0
43	39	12	5	8	105	97	3	8	0	167	154	9	10	16	229	212	0	13	8
44	40	11	2	16	106	98	2	5	8	168	155	8	8	0	230	212	14	10	16
45	41	10	0	0	107	99	1	2	16	169	156	7	5	8	231	213	13	8	0
46	42	8	21	8	108	100	0	0	0	170	157	6	2	16	232	214	12	5	8
47	43	7	18	16	109	100	13	21	8	171	158	5	0	0	233	215	11	2	16
48	44	6	16	0	110	101	12	18	16	172	159	3	21	8	234	216	10	0	0
49	45	5	13	8	111	102	11	16	0	173	160	2	18	16	235	217	8	21	8
50	46	4	10	14	112	103	10	13	8	174	161	1	16	0	236	218	7	18	16
51	47	3	8	0	113	104	9	10	16	175	162	0	13	8	237	219	6	16	0
52	48	2	5	8	114	105	8	8	0	176	162	14	10	16	238	220	5	13	8
53	49	1	2	16	115	106	7	5	8	177	163	13	8	0	239	221	4	10	16
54	50	0	0	0	116	107	6	2	16	178	164	12	5	8	240	222	3	8	0
55	50	13	21	8	117	108	5	0	0	179	165	11	2	16	241	223	2	5	8
56	51	12	18	16	118	109	3	21	8	180	166	10	0	0	242	224	1	2	16
57	52	11	16	0	119	110	2	18	16	181	167	8	21	8	243	225	0	0	0
58	53	10	13	8	120	111	1	16	0	182	168	7	18	16	244	225	13	21	8
59	54	9	10	16	121	112	0	13	8	183	169	6	16	0	245	226	12	18	16
60	55	8	8	0	122	112	14	10	16	184	170	5	13	8	246	227	11	16	0
61	56	7	5	8	123	113	13	8	0	185	171	4	10	16	247	228	10	13	8
62	57	6	2	16	124	114	12	5	8	185	172	3	8	0	248	129	9	10	16

Reduction des onces poids de ville de Lyon, en onces, deniers, & grains, poids de foye.

oñ.	oñ.	₰.	g̃.
1	0	20	20
2	1	17	16
3	2	14	12
4	3	11	8
5	4	8	4
6	5	5	0
7	6	1	20
8	6	22	16
9	7	19	12
10	8	16	8
11	9	13	4
12	10	10	0
13	11	6	20
14	12	3	16
15	13	0	12
16	13	21	8

Reduction des deniers poids de ville de Lyon, en deniers & grains, poids de foye.

₰.	₰.	g̃.	
1. ½	1	7	¼
3. —	2	14	½
4. ½	3	21	¾
6. —	5	5	—
7. ½	6	12	¼
9. —	7	19	½
10. ½	9	2	¾
12. —	10	10	—
13. ½	11	17	¼
15. —	13	0	½
16. ½	14	7	¾
18. —	15	15	—
19. ½	16	22	¼
21. —	18	5	½
22. ½	19	12	¾
24. —	20	20	—

CY APRES SVIT LA METHODE DE DRESSER VNE SCRIPTE de Compagnie, laquelle peut seruir generalement pour toutes sortes de Societez, tant en commandite, que autrement.

Au nom de Dieu, & de la Vierge Marie.

SVIVENT les pactes & conuentions de la Societé & Compagnie faicte entre nous Gabriel Alamel, Iean Fontaine, & Iean Pontier, Marchands à Lyon, & encor à Milan, pour negocier tant en marchandises d'Italie qui viendront de là icy, que des marchandises que nous enuoyerons d'icy de delà, ou d'autres lieux, ainsi que nous verrons propre pour nostre commodité : Priant Dieu en vouloir estre le conducteur.

PREMIEREMENT, ledict negoce se commencera au premier iour de Ianuier 1625. & durera trois années entieres & consecutiues, qui finiront au premier iour de Ianuier 1628. Et seront tenus liures de raison en compte double, suiuant l'vsage mercantil, tant à Milan, qu'à Lyon : dans lesquels chacun des participes sera crediteur en son compte capital, sçauoir

Ledict Alamel, de	l. 100000.
Ledict Fontaine, de	l. 70000.
Et ledict Pontier, de	l. 30000.
Lequel fonds & capital reuenant à la somme de	l. 200000.

Sera mis tant en argent contant de poids & mise, debtes bons & exigibles, que marchandises bonnes & loyales aualuées au prix courant en argent contant, & s'il se treuue que quelqu'vn desdicts associez leue aucune somme dudict negoce, ou qu'il manque à fournir quelque partie du capital premis passé vn payement) ou il sera debiteur des Changes à raison de 12. ½ pour % par an en credit à aduances ; Et ce pour la peine de la contreuention, & pour desdommager la compagnie, sans qu'on soit tenu de faire autre declaration, que la presente.

Aduenant que quelques vns des debiteurs qui seront mis par lesdicts interessez, vinsent à manquer, ou n'auoir entierement payé à la fin de la presente compagnie, ceux qui les auront mis seront tenus de les reprendre pour bons, comme encor s'il restoit quelques marchandises qui eussent esté fournies par lesdicts interessez.

Ledict negoce se fera en ceste ville de Lyon en la maison & magasins où demeure ledict Alamel à present, & à Milan ledict negoce sera exercé par ledict Pontier dans la maison où il est à present, ou autres lieux qui seront treuuez plus à propos pour la commodité du negoce, & les loüages desdictes maisons & magasins seront payez aux despens dudict negoce.

S'intitulera la raison dudict negoce tant en ceste ville, que audict Milan, sous les noms desdicts Alamel, Fontaine, & Pontier, auec la marque qui sera formée au pied de la presente.

Tous les ans lesdicts Administrateurs, tant à Milan, qu'à Lyon, feront vn Bilan & inuentaire de tous les effects & facultez de la compagnie en la meilleure forme que faire se pourra, pour par la voir clairement en quel estat seront tous les affaires : Et de tout en sera enuoyé coppie de part, & d'autre par eux signée.

Tous les frais & despences qu'il conuiendra faire pour l'achapt & vente des marchandises, recepte des debtes qui se creeront, & gage des seruiteurs, seront supportez par ledict negoce.

Ne pourront aucun desdicts administrateurs exercer leurs personnes, ny leur industrie en aucune autre sorte de negoce, soit pour eux, ou pour autruy; Et le faisant tout le dommage qui en pourroit aduenir tombera sur eux, & le profit appartiendra à la Compagnie.

Pourront leuer lesdicts administrateurs chasque année pour leur entretenement & de leur famille, chacun la somme de mille liures, qui sera mise à compte des despences du negoce.

Et aduenant que l'vn de nous vinse à deceder (que Dieu ne vueille) auant l'expiration de ladicte Compagnie, le negoce ne lairra de continuer sous les mesmes noms & marques par les suruiuans, sans que les hoirs les puissent contraindre à dissolution plustost que dudict temps ; sinon qu'il vint du commun consentement desdicts suruiuans : Et seront tenus lesdicts hoirs de prendre le compte & reliqua des suruiuans, sans les pouuoir astraindre à reddition de compte en Iustice, ains par deuant & entre amis communs & marchands; à peine de descheoir par lesdicts heritiers de tous les profits qui pourront estre audict negoce.

Les profits & pertes qu'il plaira à Dieu donner au present negoce, apres les debtes payez, chacun des interessez prendra des plus clairs & liquides effects restans, sa part & ratte de son capital ; & des profits qu'il aura pleu à Dieu enuoyer, on en leuera deux pour cent, pour estre distribuez par chacun desdicts interessez la part qu'il luy touchera, à tels pauures que bon luy semblera, & le restant sera reparty, sçauoir,

℔ 10. pour liure, qu'est 50. pour cent, audict Alamel,
℔ 7. pour liure, qu'est 35. pour % audict Fontaine,
℔ 3. pour liure qu'est 15. pour % audict Pontier.

℔ 20. 100.

Et s'il arriue de la perte (que Dieu ne vueille) sera repartie comme est cy-dessus, dit des profits.

FINALEMENT il a esté conuenu que s'il arriue quelque different entre les parties, qu'ils s'en remettront au dire de deux marchands negocians, amis communs, & où ils ne pourront entre eux deux demeurer d'accord, ils en esliront vn tiers surarbitre, au dire & iugement de deux desquels ils seront tenus de subir à peine de l. 2000. d'amende payables par le contreuenant aux acquiessans à repartir à la forme de leurs portions, Et ce auant qu'on puisse former aucun procez.

Nous soubsignes promettons effectuer tout le contenu aux pactes & conuentions cy-dessus escrites, desquelles en a esté baillé à chacun de nous vne copie ; ausquelles nous voulons foy estre adioustée, & qu'elles soient de mesme force & valeur, que si elles estoient passées par deuant Notaire, & tesmoings. Faict à Lyon, ce premier Ianuier, 1625.

Gabriel Alamel, Iean Fontaine, Iean Pontier.

AVTRE SCRIPTE DE COMPAGNIE EN COMMANDITE, au grand Liure f. 27.

IESVS MARIA.

OVS soussignés Gabriel Alamel, Iean Fontaine, & Iean Pontier, d'vne part : Et Denis Berthon, & Oliuier Gaspard d'autre, tous Marchands à Lyon, Confessons auoir ce iourd'huy traicté & accordé entre nous les concordances & conuentions de commandite cy-apres declarées pour negociation des marchandises de drapperie, & autres que nous verrons à propos, pour le temps & espace de trois années entieres & consecutiues à commencer au 3. Ianuier 1625. & finir en mesme iour de l'année 1628.

C'est à sçauoir, que pour faire ledict negoce nous ferons fonds de la somme de l. 100000. —— dont sera mis, sçauoir

Par lesdicts Alamel, Fontaine, & Pontier la somme de —— l. 40000. ——

Et par lesdicts Berthon, & Gaspard, la somme de —— l. 60000. ——

l. 100000. ——

Est accordé entre nous que lesdictes l. 100000.-- seront mises és mains desdicts Berthon, & Gaspard, pour d'iceux faire ledict negoce sous leurs noms, & non d'autres ; pour des profits qu'il plairra à Dieu donner pendant ledict temps, y participer, sçauoir par lesdicts Alamel, Fontaine, & Pontier, pour $\frac{1}{2}$ au total, & par lesdicts Berthon, & Gaspard, pour $\frac{1}{2}$ & pour la perte, si aucune arriue, sera portée à la mesme proportion des participations cy-dessus, iusques à la concurrence du fonds susdict, & profits, si aucuns viennent de ladicte somme ; duquel fonds & profits les debtes, si aucuns sont creez par lesdicts Berthon, & Gaspard, seront acquittez sans que lesdicts Alamel, Fontaine, & Pontier en puissent estre tenus, obligez, ny recerchez.

Accordons que lesdicts Berthon, & Gaspard, ne pourront obliger lesdicts Alamel, Fontaine, & Pontier, que pour leurs parts & portions dudict fonds, qu'est de l. 40000.-- & profits qu'il plairra à Dieu, donner, quelque embarquement d'affaires qui se puissent faire conformément à la conuention cy-dessus. Car sans cette clause la presente conuention n'eust peu auoir lieu.

Pour faire ledict negoce est besoin tenir maison en lieu propre pour la vente & distribution de la marchandise, pour l'entretien de laquelle lesdicts Berthon, & Gaspard, leueront pour chacun an sur la masse principale & profits, la somme de l. 3000.-- tant pour les despens de bouche, loüage de ladicte maison, que gage de seruiteurs, qu'ils prendront de payement en payement par quart.

Et pour le regard des meubles & vtensiles seruans à la boutique, & magasins, frais, & voyages, perte, de voytures, poursuittes de procez necessaires faire pour l'vtilité dudict negoce, & tous autres frais, seront pris & leuez sur la masse & profits, desquels lesdicts Berthon, & Gaspard, donneront bon & fidele compte.

Lesdicts Berthon, & Gaspard seront tenus de tenir liures d'achapts, liures iournaux, liures de Caisse, liure de n°, & grand Liure de raison par parties doubles, pour l'intelligence & ordre dudict negoce, & pour donner compte & raison ausdicts interessez, lors & quand qu'ils en seront requis ; mesme par chacune desdictes 3. années sera faict inuentaire, de tous les effects au bas desquels sera rapporté le bilan du grand Liure signé & arresté dont ils bailleront coppie pour seruir à tous.

Aduenant la fin desdictes 3. années, aucun de nous ne pourra prendre ny leuer aucun fonds ny profits, que les debtes creez par lesdicts Berthon, & Gaspard, ne soient entierement acquittées, & le reste des effets tant marchandises, que debtes appartiendront ausdicts interessez; pour le regard des marchandises & meubles, en sera par nous faict lots qui seront iettez à la maniere accoustumée ; & pour les debtes en sera faict cession & transport, par lesdicts Berthon, & Gaspard à chacun des interessez, pour ce qui leur appartiendra, si mieux n'est aduisé d'vn commun accord qu'elles soient sollicitées, poursuiuies, & receuës par lesdicts Berthon, & Gaspard à frais communs, qui seront pris des plus clairs & liquides deniers desdicts effects.

Ne pourront lesdicts Berthon, & Gaspard, faire aucun negoce pour leur compte particulier, ains employeront toute leur industrie, & labeur pour le profit & vtilité des interessez aux presentes conuentions.

Lesdicts Alamel, Fontaine, & Pontier, verront quand bon leur semblera les liures de raison, & autres necessaires, & tout ce qui despendra dudict negoce.

S'il arriuoit decez à l'vn de nous pendant ledict temps (ce que Dieu ne vueille) nos vefues, ou heritiers seront tenus d'entretenir les susdictes conuentions auec les restans, sous les mesmes noms & marque, sans que ladicte vefue ou heritiers y puissent pretendre aucune chose iusques à ladicte expiration, ains seront tenus de fournir vn homme à leurs despens, pour aider au negoce au lieu dudict premourant.

Et si pour cause des affaires dudict negoce, il suruient quelque difficulté entre nos dictes vefues ou heritiers, soit par faute d'intelligence, ou autrement, remettront le iugement desdictes difficultez à deux Marchands lesquels seront par nous ou nosdictes vefues (sans aucun aduis de parens) conuenus, & en cas de discord en pourront prendre vn tiers, au iugement desquels nous-nous rapportons, tout ainsi que si par Arrest de nos Seigneurs de la Cour auoit esté iugé, à peine aux contreuenans de l. 3000. -- la moitié aux paures, & l'autre $\frac{1}{2}$ aux parties obseruantes.

Et tout ce que dessus promettons, & nous obligeons les vns aux autres garder & obseruer, & entretenir de poinct en poinct selon sa forme & teneur, sans y contreuenir en aucune façon que ce soit, à peine de tous despens dommages & interests : Et des presentes en a esté faict & signé deux coppies, l'vne pour lesdicts Alamel, Fontaine, & Pontier, & l'autre pour lesdicts Berthon, & Gaspard. Faict à Lyon, ce 3. Ianuier, 1625.

Gabriel Alamel, Iean Fontaine, Iean Pontier, Denis Berthon, Oliuier Gaspard.

AV NOM DE LA SAINCTE TRINITE, Pere, Fils, & sainct Esprit, de la Vierge Marie, de tous les Anges, Saincts & Sainctes de Paradis ; Commence ce grand Liure de raison, intitulé A, de nous Gabriel Alamel, Iean Fontaine, & Iean Pontier, ce 3. Ianuier 1625.

En ouurant ce Liure ; auant toutes choses, nous inuoquerons l'aide de Dieu, en ceste maniere.

C'EST à toy souueraine Sapience, souueraine Bonté, & souueraine Puissance, que nous auons recours au commencement de nos labeurs, à ce qu'il te plaise les preuenir, conduire, & arrouser tellement des graces de ton sainct Esprit, que rien ne soit par nous entrepris, ou negocié, qui ne vise à ta gloire, à nostre salut, & au bien de nostre prochain. Ainsi soit-il.

GABRIEL ALAMEL compte de temps doit donner du 3. Ianuier l. 100000. — pour semblable somme qu'il doit mettre pour son fonds capital en ce negoce, tant en marchandises, debtes, que deniers contans, pour negocier, en compagnie de Iean Fontaine, & Iean Pontier, l'espace de 3. années, commençant ce iourd'huy, & à mesme iour finissant, de l'année 1628. aux charges & conditions amplement portées & declarées par la scripte de compagnie, recours à icelle, & en ce, — — à 2. l. 100000.

— 1625. —

IEAN FONTAINE compte de temps, doit donner du 3. Ianuier l. 70000. — qu'il a promis fournir en argent contant, pour negocier en compagnie de Gabriel Alamel, & Iean Pontier l'espace de 3. années commençant ce iourd'huy, & à mesme iour finissant, de l'année 1628. Ainsi qu'apert par la scripte de compagnie, de laquelle somme le faisons crediteur à compte capital, en ce, — à 2. l. 70000.

— 1625. —

IEAN PONTIER compte de temps doit donner du 3. Ianuier l. 30000. — qu'il doit fournir, tant en marchandises qu'argent contant, pour negocier l'espace de 3. années auec Gabriel Alamel, & Iean Fontaine, commençant ce iourd'huy, & à mesme iour finissant, de l'année 1628. Apert par la scripte de Compagnie, & en ce, — — — — — — — à 2. l. 30000.

AVOIR du 3. Ianuier, pour la valeur des marchandises par luy fournies au present negoce, eualuées au prix courant, en argent contant, debitrices en ce,	à 3.	l. 55900.		
Porté debiteur au Carnet des Roys 1625. f. 2. pour soude de sondict fonds,	à 5.	l. 44100.		
		l. 100000.		

1625.

AVOIR que le portons debiteur au Carnet des Roys 1625. f. 2. & en ce,	à 5.	l. 70000.		

1625.

AVOIR du 3. Ianuier 1625. pour la valeur des marchandises qu'il a apportées en ce negoce, pour part de sondict fonds, en ce,	à 4.	l. 13390.		
Porté debiteur au Carnet des Roys 1625. f. 2. & en ce,	à 5.	l. 16610.		
		l. 30000.		

GABRIEL ALAMEL compte de fonds & capital, doit donner, que le portons crediteur au liure B, folio 2. & en ce	à 44.	l. 100000.	—	—
1625.				
IEAN FONTAINE compte de fonds & capital, doit donner, que le portons crediteur au liure B, f. 2. pour soude de ce compte.	à 44.	l. 70000.	—	—
1625.				
IEAN PONTIER compte de fonds & capital, doit donner, que le portons crediteur au liure B, f. 2. pour soude du present.	à 44.	l. 30000.	—	—

Soyes

AVOIR du 3. Ianuier l. 100000.— tournois, qu'il a promis fournir en ce negoce, tant en marchandises, debtes que argent contant pour participer aux profits qu'il ptaira à Dieu y mander, ou pertes, que Dieu ne vueille, pour ½ qu'est ʃ 10. pour liure, Appert par les conuentions plus particulierement entre nous passées par la scripte de Compagnie par nous signée, & en ce — à 1. l. 100000.

1625.

AVOIR du 3. Ianuier 1625. l. 70000.— tournois, pour semblable somme qu'il a promis fournir en argent comptant en la presente compagnie, en laquelle il participe à raison de ʃ 7. pour liure aux profits ou pertes qu'il plaira à Dieu y mander, appert plus particulierement par la scripte de dicte Compagnie entre nous passée, & en ce, — à 1. l. 70000.

1625.

AVOIR du 3. Ianuier l. 30000.— tournois, qu'il a promis fournir en ce negoce sous la participation de ʃ 3.— pour liure de profit ou perte, comme il est porté par la scripte de compagnie & en ce - à 1. l. 30000.

SOYES DE MER doiuent pour les cy-apres.

b. 10. | ℔ 4100. Net Soye lege à l.9. — la ℔ } pour Gabriel Alamel à compte de son fonds. — — à 1. | l. 55900. | — | --
b. 10. | ℔ 1900. Soye Messine à l.10. — la ℔ }
b. 50. | ℔ 10437. ½ pour rottes 2319. ½ soye lege acheptée en Alep, montant auec les frais en ce — — à 19. | l. 65789. | — | --
Port de Marseille à Lyon, & Doüanne dudict Lyon, desdictes 50. bales. — — à 4. | l. 1531. | 7. | 6.
Frais ensuiuis à Marseille à la reception desdictes 50. bales fournis par Robert.
Pour courratage de changer reaux contre monnoye — — l. 115. 12.—
Prouision du chargement de ▽ 18166. ⅓ de Reaux à ½ pour % — l. 211. 8.9.
Pour nolis desdictes 50. bales, pesant ℔ 12177. à Marseille estimées à l.7. la ℔, & à 3. pour % font — — — — — l. 2557. ——
Auarie des Soldats en Alep, & quarantaine à ₰. 12.9. pour % — — l. 543. 7.9. } à 3. | l. 6008. | 18. | 6.
Droit d'armement à 1. ½ pour % l. 1278. 10. table de Mer, & gabelle l. 800. tout — — — — — — — l. 2078. 10.—
Pour nostre part du repartiment du iect du Vaisseau S. Antoine. — l. 500. ——
Prouision dudict Robert à 1. pour %, & autres menus frais. — — l. 903. ——
b. 10. | ℔ 1966. Pour ℔. 2750. soyes Messines montant auec les frais en ce — — — — — à 18. | l. 20530. | — | 9.
Pour voyture desdictes 10. b. de Tholon à Lyõ l. 129. 5. & doüanne dudict Lyon l. 180. tout à 4. | l. 309. | 5. | --
Frais ensuiuis à Tholon à la reception desdictes 10. bales venues sur vne Galere de Genes, prouision sur le chargement de la Galere pour Messine de l. 17500. à ⅓ pour cent, & courratage à 1. pour mille — l. 75. 16.8. }
Encaissement de ▽ 5000. de reaux. — — — — — l. 5. 10.— } à 3. | l. 552. | 15. | 8.
Pour nolis de Messine à Tholon l. 450. port au Magasin l. 1. 9. tout — l. 451. 9.—
Prouision du Sieur Deburges de Tholon à ₰. 40. -- pour bale. — — l. 20. ——

b. 8. | ℔ 1662. pour ℔ 2578. soye lege à gros 50. ½ monnoye de Venise, font — — d. 5424. 13.—
Embalage, prouision à 2. pour %, & autres menus frais — — — d. 183. 21.—

Ducats 5608. 10.—

Surquoy distrait pour age desdicts d. 5608. 10. à 121. pour cent, pour reduire le payement en monnoye de change. — — — d. 973. 8.—

Reste monnoye de change. — — — — — d. 4635. 2.—

Calculé à ₰ 50.-- tournois pour vn ducat, font en credit à tasca de Venise. — — à 21. | l. 11587. | 15. | 1.
Pour port, dace, & doüanne, en credit à despences. — — — — à 4. | l. 664. | 10. | --
Pour perte sur la monnoye d'Alep, en ce — — — — — à 19. | l. 3. | 11. | 8.
Profit qu'il a pleu à Dieu enuoyer sur ce compte. — — — — à 41. | l. 53428. | 13. | 4.

b. 98. | ℔ 20065. ½ — | l. 217205. | 17. | 6.

——— 1625. ———

BENOIST ROBERT de Marseille, doit donner pour vente par luy faicte au contant des marchandises venues sur le Cheualier de Mer. — — — l. 13528. 4.-- } à 15. | l. 20810. | 14. | --
A Geoffroy des Champs, pour Roys 1625. — — — — l. 7282. 10.-- }
Qu'il a receu de nostre ordre en Arles, de Girard Pillet, en ce — — — — à 32. | l. 6344. | — | --
Porté crediteur au Carnet des Roys 1625. f. 12. & en ce — — — — à 5. | l. 78086. | 15. | 2.

— | l. 105241. | 9. | 2.

——— 1625. ———

POVR les parties cy-contre, — — — — — — — à 3. | l. 95663. | 3. | 6.
Pour frais par luy faicts au chargement de ▽ 5000.-- de reaux, & l. 471. 9. qu'il a payé de nostre ordre à Deburges de Tholon, pour nolis de 10. bales soye venues de Messine, y compris sa prouision tout, — — — — — — à 3. | l. 552. | 15. | 8.
Qu'il nous assigne à receuoir de Geofroy des Champs, debiteur au Carnet des Roys, 1625. f. 2. & en ce, — — — — — à 5. | l. 7282. | 10. | --
▽ 498. de reaux à ₰ 70.-- l'vn qu'il a payé à Scipion Manfredy, par lettre de Pierre Lamy d'Alep, debiteur en ce, — — — — — — à 19. | l. 1743. | — | --

— | l. 105241. | 9. | 2.

	AVOIR pour les cy-apres.				
b. 10.	℔ 2050.--Net soye lege à l.10.15.-- pour Cesar,& Iulien Granon,pour Pasques 1627.	à 6.	l. 22037.	10.	--
b. 8.	℔ 1662.--Soye dicte à l.7.10.-- baillée à ouurer à diuers,en debit à soyes ouurées,	à 25.	l. 12465.	—	--
	℔ 1406.--Soye Messine, de Meso fine, à l.13. — pour Verdier, Piquet, & Decoquiel,	à 22.	l. 18278.	—	--
b. 20.	℔ 1900.--Soye dicte moyenne à l.12.-- pour Cesar,& Iulien Granon de Tours, debiteurs,	à 6.	l. 22800.	—	--
	℔ 560.--Dicte à l.11.-- baillée à ouurer,à diuers,en debit à soyes ouurées,	à 25.	l. 6160.	—	--
b. 10.	℔ 2050.--Soye lege à l.11.-- pour Verdier, Picquet, & Decoquiel, debiteurs en ce,	à 22.	l. 22550.	—	--
b. 25.	℔ 5219.--Soye dicte à l.10.17.6. pour Vespasian Boloson, debiteur en ce,	à 21.	l. 56756.	12.	6.
b. 5.	℔ 1044.--Soye dicte à l.10.16.3. pour Estienne Chally, pour Pasques 1628. en ce,	à 29.	l. 11288.	5.	--
b. 20.	℔ 4174.--Soye dicte à l.10.15.-- pour Hierosme Lantillon,debiteur en ce,	à 28.	l. 44870.	10.	--
b. 98.	℔ 20065.--	—	l. 217205.	17.	6.

1625.

AVOIR pour frais par luy faicts à la reception de 50.bales à luy enuoyées de Beaucaire,pour icelles charger sur la premiere Barque qui partira,pour final,	à 11.	l. 97.	12.	—
Pour ▽ 6000.de reaux,à ſ 70. l'vn,qu'il a chargez de nostre ordre, sur le Vaisseau l'Ange Gabriel, & consignez à Iean Baptiste Lagorio,Capitaine dudict Vaisseau,qui part de Marseille pour Alep, auec ordre de les consigner audict lieu à Pierre Lamy,debiteur en ce,	à 19.	l. 21000.	—	--
▽ 12166. $\frac{2}{7}$ de reaux à ſ 69. 9. l'vn, qu'il a consignez à George Boulano, Capitaine du Vaisseau S.François de Paule,qui part de Marseille pour Alep, pour consigner audict lieu à Pierre Lamy,debiteur en ce,	à 19.	l. 42431.	5.	--
▽ 5000.de reaux qu'il a chargés sur vne Galere de France,qui part de Marseille pour Messine, auec ordre de les consigner audict lieu à Diecemy,	à 18.	l. 17500.	—	--
Qu'il a payé pour voyture de Lyon à Marseille,& sortie dudict Marseille,d'vne Caisse veloux, qu'il a chargée sur le Vaisseau S.Hilaire,pour Constantinople,	à 20.	l. 17.	15.	--
Comptant pour 57. bales cotton en laine, pesant net ℔ 12897. à l.35.-- le cent, sont l.4513.19. Courratage l.18.-- embalage l.25.13. port,& poids l.10.3.-- prouision à 1.pour cent l.45.-- Sortie de Marseille l.45.-- qu'il a enuoyé aux nostres de Milan,par voye de final en ce,	à 6.	l. 4657.	15.	--
Comptant pour 42.bales Galles à l'espine, pesant net ℔ 9750. à ▽ 15.de quars, la charge de l. 300. sont l.1552.port & poids l.8.6.Embalage l.6.6. courratage l. 7. 6. prouision à 1. pour cent l. 15. sortie de Marseille l. 15. enuoyé aux nostres de Milan, en ce,	à 6.	l. 1603.	18.	--
Comptant pour 31.bale Basanes d'Auignon,pesant net ℔ 7225. à l. 19. le % Sont l.1372.15.-- port, & poids l.4.15. embalage l.35.2. droict de Marseille l.13.10.Prouision à 1.pour cent l.13.10.Courratage l.6.8. tout chargé pour final,sur la barque S.Esprit,Capitaine Iulien Raymond, pour les nostres de Milan,	à 6.	l. 1446.	—	--
Pour nolis,& autres frais par luy faicts à la reception de 50. bales soye lege venues d'Alep, sur le Vaisseau S.Antoine,y compris sa prouision, en ce,	à 3.	l. 6908.	18.	6.
	—	l. 95663.	3.	6.

OR FILE' DE MILAN, doit pour les cy-apres.

Description	Folio		Livres	Sols	Deniers
Marcs 50. or filé ſ. à l.25.— / Marcs 60.dit ſſ. à l.26.— / Marcs 80.dit ſſſ. à l.27.— / Marcs 90.dit ſſſſ. à l.28.— / Marcs 100.dit ſſſſſ. à l.29.— / Marcs 100.dit ſſſſſſ. à l.30.— } Pour Iean Pontier à compte de ſon fonds, en ce, ——— —	à 1.	l.	13390.	—	—
Marcs 20.dit ſſ. onces 180.à ſ 103. l'once. / Marcs 60.dit ſſſ. onces 540.à ſ 108. l'once. / Marcs 60.dit ſſſſ. onces 540. à ſ 113. l'once. / Marcs 40.dit ſſſſſ. onces 360. à ſ 118. l'once. / Marcs 20.dit ſſſſſſ. onces 180. à ſ 123. l'once. } Sont marcs 200.à onces 9.pour marc fabrique de Gariboldy, enuoyé dans vne Caiſſe, n°. 7. —	à 6.	l.	5062.	10.	—
Pour port, dace, & doüanne, reuenant à ſ 46. pour marc, ——— ——— ——— ———	à 4.	l.	460.	—	—
Marcs 3.dit ſ. onces 27.à ſ 98. l'once. / Marcs 40.dit ſſ. onces 360.à ſ 103. l'once. / Marcs 70.dit ſſſ. onces 630.à ſ 108. l'once. / Marcs 60.dit ſſſſ. onces 540.à ſ 113. l'once. / Marcs 30.dit ſſſſſ. onces 270.à ſ 118. l'once. / Marcs 28.dit ſſſſſſ. onces 252.à ſ 123. l'once. } Marcs 231. - fabrique de Peragallo enuoyé dans vne Caiſſe, n°. 22. ——— ——— ———	à 6.	l.	5791.	1.	—
Pour port, dace, & doüanne, ——— ———	à 4.	l.	531.	6.	—
Pour aduance, en credit à profits, & pertes.	à 41.	l.	2378.	13.	—
Marcs 911.—	—	l.	27613.	10.	—

——— 1625. ———

DESPENCES GENERALES doiuent

Description	Folio		Livres	Sols	Deniers
l. 111. 17. 6. En credit à negoce de Milan, pour l'embalage, & dace, de la n°. 3. ——— ———	à 6.	l.	111.	17.	6
l. 72. 8. -- En credit à negoce de Milan, pour l'embalage, & dace, de la n°. 4. —— —— ——	à 6.	l.	72.	8.	—
l. 181. 10. -- En credit vt ſuprà pour l'embalage, & dace, de la n°. ——— — 7. ——— ———	à 6.	l.	181.	10.	—
l. 103. 10. -- En credit vt ſuprà pour l'embalage, & dace, de la n°. —— —— 19. —— —— ——	à 6.	l.	103.	10.	—
l. 105. 10. -- En credit vt ſuprà pour l'embalage, & dace, de la n°. —— ——— 23. ——— ———	à 6.	l.	105.	10.	—
l. 99. 10. -- En credit vt ſuprà pour l'embalage, & dace, de la n°. ——— —— 24. —— —— ——	à 6.	l.	99.	10.	—
l. 10304. 13. 4. En credit à pareil compte, pour ſoude du preſent. ——— ——— ——— ———	à 39.	l.	10304.	13.	4
	—	l.	10978.	18.	10

A V O I R pour les cy-apres vendus à diuers.					
Marcs 20. or filé ſſ. à l.26.—					
Marcs 60.dit ſſſ. à l.27.—					
Marcs 60.dit ſſſſ. à l.28.— Enuoyé à Taranget,& Rouſier, pour vendre pour noſtre compte,					
Marcs 40.dit ſſſſſ. à l.29.— par le Coche en ce,	à 26.	l.	5580.	—	—
Marcs 20.dit ſſſſſſ. à l.30.—					
Marcs 10.dit ſſ. à l.29.— pour Robert Gehenaud de Paris, debiteur en ce,	à 28.	l.	290.	—	—
Marcs 50.dit ſ. à l.28.—					
Marcs 50.dit ſſ. à l.29.—					
Marcs 80.dit ſſſ. à l. 30.—					
Marcs 90.dit ſſſſ. à l. 31.— pour Charles Hauard de Paris, debiteur en ce,	à 31.	l.	14540.	—	—
Marcs 100.dit ſſſſſ. à l. 32.—					
Marcs 100.dit ſſſſſſ. à l. 33.—					
Marcs 3.dit ſ. à l. 28.10.—					
Marcs 40.dit ſſ. à l. 29.10.—					
Marcs 70.dit ſſſ. à l. 30.10.— pour Robert Gehenaud de Paris, debiteur en ce,	à 16.	l.	7203.	10.	—
Marcs 60.dit ſſſſ. à l. 31.10.—					
Marcs 30.dit ſſſſſ. à l. 32.10.—					
Marcs 28.dit ſſſſſſ. à l. 33.10.—					
Marcs 911.—	—	l.	27613.	10.	—

1625.

A V O I R pour les cy-apres.					
l. 8. 8.— En debit à negoce de Milan, pour frais enſuiuis ſur n° 1.à 3.	à 6.	l.	8.	8.	—
l. 39. 4.— En debit à negoce de Milan, pour frais enſuiuis ſur n° 4.à 17.	à 6.	l.	39.	4.	—
l. 320.—.— En debit vt ſuprà, pour frais enſuiuis ſur n° 23.à 183.	à 6.	l.	320.	—	—
l. 22.—.— En debit vt ſupra, pour frais enſuiuis ſur n° 193.à 194.	à 6.	l.	22.	—	—
l. 309. 5.— En debit à Soyes de Mer, pour frais enſuiuis ſur 10.bales ſoyes Meſſines,	à 3.	l.	309.	5.	—
l. 1531. 7. 6. En debit à Soyes de Mer, pour frais enſuiuis ſur 50.bales ſoye lege,	à 3.	l.	1531.	7.	6
l. 664.10.— En debit vt ſuprà, pour frais enſuiuis ſur 8. bales ſoye lege,	à 3.	l.	664.	10.	—
l. 72.10.— En debit à Soyes d'Italie, pour frais enſuiuis ſur vne bale trame,	à 7.	l.	72.	10.	—
l. 72.10.— En debit vt ſuprà, pour frais enſuiuis ſur vne bale organcin de Bologne,	à 7.	l.	72.	10.	—
l. 72.10.— En debit vt ſuprà, pour frais enſuiuis ſur vne bale organcin dict	à 7.	l.	72.	10.	—
l. 72.10.— En debit vt ſuprà, pour frais enſuiuis ſur vne bale organcin de Milan,	à 7.	l.	72.	10.	—
l. 72.10.— En debit vt ſuprà, pour frais enſuiuis ſur vne bale organcin de Modena,	à 7.	l.	72.	10.	—
l. 72.10.— En debit vt ſuprà, pour frais enſuiuis ſur 1.bale organcin de Naples,	à 7.	l.	72.	10.	—
l. 279.10.— En debit vt ſuprà, pour frais enſuiuis ſur 6.bales filage de Raconis,	à 7.	l.	279.	10.	—
l. 460.—.— En debit vt ſuprà, pour frais enſuiuis ſur 10. bales filage dict	à 7.	l.	460.	—	—
l. 695.—.— En debit vt ſuprà, pour frais enſuiuis ſur 15. bales filage dict	à 7.	l.	695.	—	—
l. 460.—.— En debit à or filé, pour frais enſuiuis ſur n° 7.	à 4.	l.	460.	—	—
l. 531. 6.— En debit à or filé, pour frais enſuiuis ſur n° 22.	à 4.	l.	531.	6.	—
l. 123.—.— En debit à creſpons de Naples, pour frais enſuiuis ſur n° 27.	à 12.	l.	123.	—	—
l. 67.10.— En debit à bourre de ſoye, pour frais enſuiuis ſur n° 8.	à 12.	l.	67.	10.	—
l. 67.10.— En debit vt ſuprà, pour frais enſuiuis ſur n° 29.	à 12.	l.	67.	10.	—
l. 192.10.— En debit à Doppions, pour frais enſuiuis ſur n° 9.à 11.	à 12.	l.	192.	10.	—
l. 128. 6. 8. En debit vt ſuprà, pour frais enſuiuis ſur n° 25.	à 12.	l.	128.	6.	8
l. 63. 3. 4. En debit à Sargettes de Milan, pour frais enſuiuis ſur n° 21.	à 13.	l.	63.	3.	4
l. 277.—.— En debit à Tapiſſerie de Bergame, pour frais enſuiuis ſur n° 13.à 18.	à 13.	l.	277.	—	—
l. 360.—.— En debit à Creſpes de Bologne, pour frais enſuiuis ſur n° 21.	à 13.	l.	360.	—	—
l. 386.—.— En debit à negoce de Piedmont, pour frais ſur 250.perpetuanes,	à 11.	l.	386.	—	—
l. 86. 1.— En debit vt ſuprà pour frais enſuiuis ſur 32.pieces fuſtaine d'Angleterre,	à 11.	l.	86.	1.	—
l. 1053. 6.— En debit à Satins de Bologne de compte à $\frac{1}{2}$ auec Fiorauanty,	à 18.	l.	1053.	6.	—
l. 696. 9. 4. En debit à Draps de Soye de Genes, pour frais y enſuiuis,	à 19.	l.	696.	9.	4
l. 6.—.— En debit à marchandiſes enuoyées à Conſtantinople,	à 20.	l.	6.	—	—
l. 172.15. 4. En debit à Camelots en compagnie auec Boloſon,	à 21.	l.	172.	15.	4
l. 1250.—.— En debit à Camelots de Leuant, de noſtre compte,	à 21.	l.	1250.	—	—
l. 293.16. 8. En debit à Satins de Florence, pour frais y enſuiuis,	à 21.	l.	293.	16.	8
	—	l.	10978.	18.	10

CARNET DES PAYEMENS des Roys 1625. doit pour les debiteurs cy-apres, qui ont payé esdicts payemens, sçauoir,

Gabriel Alamel, pour soude de son fonds,	f° 2.	à 1.	l. 44100.	—	—
Iean Fontaine à compte de son fonds,	f. 2.	à 1.	l. 70000.	—	—
Iean Pontier, compte dict	f. 2.	à 1.	l. 16610.	—	—
Geoffroy Deschamps,	f. 2.	à 3.	l. 7282.	10.	—
Claude Catillon, compte de voyages,	f. 7.	à 28.	l. 2104.	7.	5
Clemence Goyet, de couleur, & Debeausse par Caisse,	f. 3.	à 21.	l. 840.	—	—
Vespasian Boloson,	f. 6.	à 20.	l. 1024.	2.	6
Picquet, & Strasse,	f. 2.	à 40.	l. 52486.	7.	—
Iacques Depures,	f. 4.	à 40.	l. 39364.	15.	3
Leonard Berthaud,	f. 4.	à 40.	l. 26243.	3.	6
Cesar, & Iulien Granon, de Tours,	f. 11.	à 6.	l. 22037.	10.	—
Porté crediteur en payement de Pasques, pour soude,	f. 15.	à 38.	l. 128119.	3.	7
		—	l. 410211.	19.	1

AVOIR pour les crediteurs cy-apres qui ont esté payez esdicts payemens, sçauoir,

Negoce de Milan, par Iean Huguonin par Caisse	f° 3.	à 6.	l.	1260.	—	—
Pierre Alamel par Caisse,	f. 3.	à 9.	l.	7300.	—	—
Negoce de Milan par Gabriel Chabre, par Caisse,	f. 3.	à 6.	l.	750.	—	—
Negoce dict pour Michel Cotte par Caisse,	f. 3.	à 6.	l.	2340.	—	—
Negoce dict pour marchandises au contant par Caisse,	f. 3.	à 6.	l.	3923.	8.	—
Les Deputez des creanciers de Laurens Iacquin, pour Picquet, & Strasse,	f. 2.	à 9.	l.	7500.	—	—
Octauio, & Marc-Antoine Lumaga de Noue, par Poncet de Valence,	f. 4.	à 10.	l.	8918.	10.	3
Eustache Rouiere, & Pierre Alamel;	f. 4.	à 9.	l.	3087.	19.	3
Antoine & Isac Poncet de Valence, par les leurs de Lyon, par Caisse,	f. 3.	à 10.	l.	1726.	19.	2
Franchotty, & Burlamaquy,	f. 5.	à 14.	l.	6436.	10.	—
Gilles Hannecard d'Anuers,	f. 5.	à 14.	l.	14103.	9.	—
Octauio, & Marc-Antoine Lumaga, de Genes,	f. 4.	à 19.	l.	21291.	17.	—
Robin & Ferrary de Roüan,	f. 5.	à 17.	l.	13493.	1.	9
Lumaga & Mascetanny de Lyon,	f. 5.	à 18.	l.	1814.	19.	—
Diecemy & Benascey, par Lumaga de Noue,	f. 4.	à 18.	l.	3030.	—	9
Iean Iacques Manis de Lyon,	f. 6.	à 20.	l.	1798.	15.	—
Alexandre Tasca de Venise,	f. 6.	à 21.	l.	10574.	18.	—
Augustin Sexty de Lucques,	f. 6.	à 23.	l.	3091.	11.	6
Denis Berthon, & Oliuier Gaspard,	f. 6.	à 27.	l.	40000.	—	—
Laurens Fioravanty de Bologne,	f. 6.	à 18.	l.	1900.	2.	8
Claude Carillon compte de voyages,	f. 7.	à 29.	l.	4088.	13.	—
Bleds diuers acheptez contant	f. 3.	à 32.	l.	99660.	—	—
Verdier, Picquet, & Decoquiel,	f. 7.	à 32.	l.	6107.	10.	—
Picquet, & Strasse,	f. 2.	à 40.	l.	2114.	13.	4
Iacques Depures,	f. 4.	à 40.	l.	1586.	—	—
Leonard Berthaud,	f. 4.	à 40.	l.	1057.	6.	8
Pierre Sauset par Caisse,	f. 3.	à 33.	l.	50000.	—	—
André Montbel par Caisse,	f. 3.	à 36.	l.	11025.	—	—
Benoist Robert de Marseille,	f. 12.	à 3.	l.	78086.	15.	2
Pierre Alamel, par Louys Boillet par Caisse,	f. 3.	à 9.	l.	2143.	19.	7
		—	l.	410211.	19.	1

Qty	Description		Amount	Rate		Total	s.	d.
	Negoce de Milan doit pour les marchandises cy-apres y enuoyées de Lyon, sçauoir							
70.	Barils arens à l.35. le baril y enuoyez par voye de final,	l.	4900. —. —	à 15.	l.	2450.	—	—
12350.	℔ merluches à l.13. le % en 50. bales y enuoyées dudict final,	l.	3211. —. —	à 15.	l.	1605.	10.	—
50.	Pieces draps de laine y enuoyées de Thurin en 10. bales n° 1. à 10. par Alamel,	l.	9519. 4. —	à 11.	l.	4759.	12.	—
57.	Bales cotton en laine n° 1. à 57. y enuoyées de Marseille par Robert,	l.	9315. 10. —	à 3.	l.	4657.	15.	—
42.	Bales galles à l'espine n° 58. à 100. enuoyées dudict Marseille, à final par ledict Robert,	l.	3207. 16. —	à 3.	l.	1603.	18.	—
31.	Bales basannes d'Auignó, n° 101. à 131. enuoyées audict final par ledict Robert,	l.	2892. —. —	à 3.	l.	1446.	—	—
300.	℔ argent faux à l.4.4. la ℔ achepté contant d'Hugonin au Carnet des Roys 1625. f.3. & enuoyé dans 3. bales estamine, n° 1. à 3.	l.	2520. —. —	à 5.	l.	1260.	—	—
10.	Balins estamines d'Auuergne à ∇ 25. le balin en 3. bales, n° 1. à 3. consignées à Pons S. Pierre le 3. Mars 1625. acheptées comptant de Chabre, &c. au Carnet des Roys 1625. f.3. & en ce	l.	1500. —. —	à 5.	l.	750.	—	—
	Embalage & sortie de Lyon desdictes n° 1. à 3.	l.	16. 16. —	à 4.	l.	8.	8.	—
117.	Douzaines marroquins noirs en galle à l.20. -- la douzaine en 14. bales n° 4. à 17. consignées audict Pons S. Pierre le 3. dudict, acheptés contant de Michel Cotte audict Carnet des Roys 1625. f.3. & en ce,	l.	4680. —. —	à 5.	l.	2340.	—	—
	Embalage & sortie de Lyon desdictes 14. bales, n. 4. à 17.	l.	78. 8. —	à 4.	l.	39.	4.	—
1000. 285.	℔ fil fin de Cremieu à l.42.10. -- le % l. 425. — ℔ 8. onces soye à filer or, à l.12. la ℔. l.3486.8. Embalage & port iusqu'à Bourgoin, l. 12. — } en 6. bales n° 18. à 23. achepté comptant audict Carnet,	l.	7846. 16. —	à 5.	l.	3923.	8.	—
34316.	℔ Cassonnade blanche en 160. bales, n° 24. à 183. consignées à Schen le 10. Auril 1625.	l.	26766. 9. 6.	à 34.	l.	13383.	4.	9
	Embalage desdictes 160. bales à ʃ 40. la bale,	l.	640. —. —	à 4.	l.	320.	—	—
50.	Pieces bayettes d'Angleterre à l.95. la piece en 9. bales, n° 184. à 192. consignées audict	l.	9500. —. —	à 34.	l.	4750.	—	—
480.	℔ Cochenille Mesteque à l.15. -- la ℔ en 2. bales n° 193. à 194. consignées à Pons S. Pierre le 30. Auril 1625.	l.	14400. —. —	à 34.	l.	7200.	—	—
	Pour l'embalage desdictes 11. bales,	l.	44. —. —	à 4.	l.	22.	—	—
72.	Onces musc hors de vessie à l.22. - l'once dans lesdictes, n° 193. 194.	l.	2880. —. —	à 34.	l.	1440.	—	—
34.	Pieces draps de Languedoc en 4. bales, n° 195. à 198. consignez audict Pons S. Pierre, le 15. Septembre 1625. montant en ce,	l.	3863. 11. 4.	à 29.	l.	1931.	15.	8
35.	Pieces draps de France en 4. bales, n° 199. à 202. consignez audict le 15. dudict	l.	2784. 10. —	à 30.	l.	1392.	5.	—
488.	Pieces marchandises de Flandres en 5. bales, n° 203. à 207. consignées audict Pons S. Pierre le 3. Octobre 1625. montant en ce,	l.	50140. —. —	à 35.	l.	25070.	—	—
		l.	160706. 0. 10.	—	l.	80353.	0.	5
	Pour les parties cy-contre que perrons en credit à compte general,	l.	120756. 17. 2.	à 40.	l.	60378.	8.	6
		l.	281462. 18. —	—	l.	140731.	8.	11

— 1625. —

Term	Description	Rate		Total	s.	d.
	CESAR, ET IVLIEN GRANON de Tours, doiuent du 15. Ianuier 1625. pour					
Pasq.	1627. l'escompte en Roys 1625. pour ℔ 2050. soye lege à l.10.15. liuré audict Iulien,	à 3.	l.	22037.	10.	—
Aoust	1626. l'escompte à volonté pour ℔ 593. bourre de soye à ʃ 58. liuré audict le 22. Aoust 1625.	à 27.	l.	1719.	14.	—
Aoust	1627. l'escompte en Toussainct 1625. pour ℔ 1900. soye Messine à l.12. liuré à Derichy le 25. dudict,	à 3.	l.	22800.	—	—
Touss.	1626. pour ℔ 207. bourre de soye à l.3. liuré audict Derichy le 3. Septembre 1625. — l.621. —	à 12.	l.	1146.	—	—
	Pieces 3. aunes 75. tapisserie de Bergame rouge à l.7. l'aune, hauteur aunes 3. — l.525. —	à 13.				
Roys	1627. pour ℔ 240. trame de Messine à l.15. liuré audict le 25. Decembre 1625.	à 25.	l.	3600.	—	—
		—	l.	51303.	4.	—

AVOIR pour les marchandises cy-apres, à nous enuoyées dudict Milan, sçauoir,

Bale 1. ℔ 300.-- trame de Milan, n°	1. l:	4545.—.--	à 7.	l.	2271.	10.	—
Bale 1. ℔ 260. organcin de Bologne, n°	2. l.	5740.19.--	à 7.	l.	2870.	9.	6
Pieces 16. veloux diuerses couleurs dans vne Caisse, n°	3. l.	7148. 7.6.	à 8.	l.	3574.	3.	9
Pour l'embalage, & dace de Milan de ladicte, n°	3. l.	223.15.--	à 4.	l.	111.	17.	6
Pieces 9. Gases dans vne Caisse, n°	4. l.	1178. 7.--	à 10.	l.	589.	3.	6
40. paires bas de soye $\frac{1}{4}$ / 18. paires dict $\frac{1}{1}$ } dans ladicte n°	4. l.	1788.—.--	à 10.	l.	894.	—	—
Embalage l.18.-- & dace de Milan l.126.16. de ladicte, n°	4. l.	144.16.--	à 4.	l.	72.	8	—
Pieces 4. crespons dans ladicte, n°	4. l.	1249.18.—	à 12.	l.	624.	19.	—
Bale 1. ℔ 244. organcin de Bologne, n°	5. l.	5722.19.9.	à 7.	l.	2861.	9.	10
Bale 1. ℔ 303. organcin de Milan, n°	6. l.	5495.10.—	à 7.	l.	2747.	15.	—
Marcs 200. or filé dans vne Caisse, n°	7. l.	10125.—.—	à 4.	l.	5062.	10.	—
Pieces 4. crespon leger dans ladicte, n°	7. l.	749.—.—	à 12.	l.	374.	10.	—
85. paires bas de soye $\frac{1}{3}$ / 32. paires dict $\frac{3}{3}$ } dans ladicte, n°	7. l.	3637.—.—	à 10.	l.	1818.	10.	—
Pour l'embalage & dace de Milan, de ladicte, n°	7. l.	363.—.—	à 4.	l.	181.	10.	—
Bale 1. ℔ 300. bourre de soye, n°	8. l.	892.10.—	à 12.	l.	446.	5.	—
Bales 3. ℔ 900. Doppion de Milan, n°	9. à 11. l.	5781.—.—	à 12.	l.	2890.	10.	—
Pieces 9. Sargettes de Milan, dans n°	12. l.	3180. 5.—	à 13.	l.	1590.	2.	6
Pieces 12. Tapisserie de Bergame, en 6. bales, n° 13.	à 18. l.	2712.16.—	à 13.	l.	1356.	8.	—
Pieces 13. veloux, dans n°	19. l.	6099.12.6.	à 8.	l.	3049.	16.	3
Pieces 3. Toiles d'or & argent, dans ladicte, n°	19. l.	1763.—.—	à 13.	l.	881.	10.	—
Embalage & dace de ladicte, n°	19. l.	207.—.--	à 4.	l.	103.	10.	—
Bale 1. ℔ 268. $\frac{11}{2}$ organcin de Modena, n°	20. l.	5796.10.--	à 7.	l.	2898.	5.	—
Pieces 136. crespes de Bologne dans vne Caisse, n°	21. l.	4600.17.6.	à 13.	l.	2300.	8.	9
Marcs 231. Or filé dans la Caisse, n°	22. l.	11582. 2.--	à 4.	l.	5791.	1.	—
6. paires bas de soye $\frac{1}{4}$ / 6. paires dict $\frac{3}{1}$ / 10. paires dict, pour femme } dans ladicte, n°	22. l.	554.—.--	à 10.	l.	277.	—	—
Pieces 14. veloux, dans la n°	23. l.	4908.—.--	à 8.	l.	2454.	—	—
Pieces 2. toiles d'or & argent, dans ladicte, n°	23. l.	2175.—.--	à 13.	l.	1087.	10.	—
Pieces 4. crespons dans ladicte, n°	23. l.	1501.10.--	à 12.	l.	750.	15.	—
Embalage l.22.-- & dace de Milan l.189.-- tout de ladicte, n°	23. l.	211.—.--	à 4.	l.	105.	10.	—
Pieces 5. veloux, dans n°	24. l.	2341.17.6.	à 8.	l.	1170.	18.	9
Pieces 8. toilles d'or & argent dans ladicte, n°	24. l.	3294.—.--	à 13.	l.	1647.	—	—
Embalage & dace de ladicte, n°	24. l.	199.—.--	à 4.	l.	99.	10.	—
Bales 2. ℔ 600.-- Doppion de Milan, n°	25.26. l.	3854.—.--	à 12.	l.	1927.	—	—
Pieces 12.-- crespons de Naples dans vne Caissette, n°	27. l.	4004.10.--	à 12.	l.	2002.	5.	—
Bale 1. ℔ 275. organcin de Naples, n°	28. l.	6023.19.8.	à 7.	l.	3011.	19.	10
Bale 1. ℔ 303. bourre de soye de Mantouë, n°	29. l.	964.14.9.	à 12.	l.	482.	7.	4
		l.120756.17.2.	—	l.	60378.	8.	6
Pour les parties cy-contre, en debit à compte general,		l.160706.—.10.	à 40.	l.	80353.	0.	5
		l.281462.18.--	—	l.	140731.	8.	11

1625.

AVOIR que les portons debiteurs au Carnet des Roys 1625. f. 11. cy	à 5.	l.	22037.	10.	—
Aoust 1626. escompté à 107. $\frac{1}{2}$ pour $\frac{0}{0}$ l. 1719.14. / Aoust 1627. escompté à 117. $\frac{1}{2}$ pour $\frac{0}{0}$ l. 22800.— } portez deb. au Carnet des Saincts 1625. f. 11. cy	à 42.	l.	24519.	14.	—
Portez debiteurs au liure B, f. 4. pour soude du present,	à 44.	l.	4746.	—	—
	—	l.	51303.	4.	—

SOYES D'ITALIE doiuent donner pour les cy-apres.

℔ 207.–bale 1.n° 1.℔ 300.-- trame de Milan, pour armoisin à l.14.10. — l. 4350.—.—
Embalage, & dace de Milan, — l. 193.—.—

Calculé à ₰ 20.- imperiaux, pour ₰ 10. tournois, sont — l. 4543.—.— | à 6. | l. 2271. | 10. —
Port de Milan à Lyon, dace de Suse, & doüanne dudict Lyon, en credit à despences, — | à 4. | l. 72. | 10. —
℔ 200.–b.1, n.2. ℔ 260. -- Organcin de Bologne, à l.19. — l. 4940.—

Laquelle somme de l. 4940. monnoye de Boloigne a esté tirée à Plaisance, en Foire de la Purification en ▽ 761.4. d'or de marc, changés à 152.½ pour o/o, & retournez pour Milan auec la prouision à ₰ 149.9. pour ▽ sont — l. 5725.19.—
Transit de Milan, — l. 15.—

l. 5740.19.— | à 6. | l. [illegible] | 9. 6
Pour port, dace, & doüanne, en credit à despences, — | à 4. | l. 72. | 10. —
℔ 188.–b.1.n° 5.℔ 244. organcin de Bologne à l. 20.5. — l. 4941.—

Lesquelles l.4941.-- mönoye dudict Bologne ont esté tirées à Plaisance en Foire de S.Marc en ▽ 762.7.1. d'or de marc, changés à 152.½ pour o/o, & retournez par Milan, auec la prouision à ₰ 149.3. pour ▽, sont — l. 5707.19. 9.
Transit dudict Milan, — l. 15.—

l. 5722.19. 9. | à 6. | l. 2861. | 9. 10
Pour port, dace, & doüanne, en credit à despences, — | à 4. | l. 72. | 10. —
℔ 208.–b.1.n.6. ℔ 111.6. onces organcin, pour veloux assorty, }
℔ 191.6. onces organcin, pour armoisin, } ℔ 303. à l.17.10. l. 5302.10.—
Embalage, & dace de Milan, — l. 193.—

l. 5495.10.— | à 6. | l. 2747. | 15. —
Pour port, dace, & doüanne, — | à 4. | l. 72. | 10. —
℔ 210.–b.1.n° 20. ℔ 268.½ organcin de Modena, suprà fin, à l.25.10. — l. 6846.15.—
Embalage, & dace dudict Modena, — l. 42.16.—

l. 6889.11.—

Lesquelles l.6889.11. monnoye dudict Modena, sont doublons d'Espagne 382.½ à l. 18. piece, & à l.15. monnoye de Milan, sont — l. 5741. 5.—
Port de Modena à Milan l.40.5. transit dudict Milan l.15. -- tout — l. 55. 5.—

l. 5796.10.— | à 6. | l. 2898. | 5. —
Pour port, dace, & doüanne; — | à 4. | l. 72. | 10. —
℔ 189.–b.1.n° 28.℔ 275. -- Organcin de Naples à carlins 37.¼ la ℔. — d. 1024. 1.17.
Doüannes dudict Naples, d.48.2.19. embalage, d.10. -- tout — d. 58. 2.19.
Prouision à 2. pour o/o d.21.3.4. port iusqu'à Milan d.27. tout — d. 48. 3. 4.

d. 1131. 3.—

Lesquels ducats 1131. & 3. tari ont esté tirés à Plaisance en Foire de S. Iean Baptiste en ▽ 802.11. d'or de marc, changés à 141. pour o/o, & retournez par Milan auec leur prouision à ₰ 150. pour ▽, sont — l. 6008.19. 8.
Transit dudict Milan, — l. 15.—

l. 6023.19. 8. | à 6. | l. 3011. | 19. 10
Pour port, dace, & doüanne — | à 4. | l. 72. | 10. —
℔ 1259.–b.6.n° 1.à 6.℔ 1636. filage de Raconis à fl.42.6. — fl. 69530.—
Pour l'embalage, dace de Raconis, & autres frais, — fl. 4247.—

fl. 73777.—

Calculé à ₰ 3. tournois, pour florin, sont en credit à Pierre Alamel, — | à 9. | l. 11066. | 11. —
Port de Thurin à Lyon l.123.10.-- doüanne dudict Lyon l.156. tout — | à 4. | l. 279. | 10. —
℔ 2102.–b.10.n° 7.à 16.℔ 2730. filage dict à fl.43. la ℔ sont — fl. 117390.—
Embalage, dace de Raconis, & autres frais, — fl. 7030.—

fl. 124420.— | à 9. | l. 18663. | — —
Port de Thurin à Lyon, & doüanne dudict Lyon, — | à 4. | l. 460. | — —
℔ 3145.–b.15.n° 17.à 31. ℔ 4085. filage dict à florin 39. la ℔, — fl. 159315.—
Embalage, dace de Raconis, & autres frais, — fl. 10545.—

fl. 169860.— | à 9. | l. 25479. | — —
Port de Thurin à Lyon, & doüanne dudict Lyon. — | à 4. | l. 695. | — —
Prouision de l.55208. que monte l'achapt desdictes 31. bales filage à 2. pour o/o en ce, — | à 10. | l. 1104. | 4. —
Pour aduance en credit à profits, & pertes. — | à 41. | l. 13400. | 6. 10

℔ 7708.— | | l. 88244. | — —

AVOIR pour les cy-apres venduës à diuers.					
℔ 2088.—filage de Raconis à l.9. 10. donné à ouurer à diuers, en ce,	à 25.	l.	19836.	—	—
℔ 207.—trame de Milan, — à l.15.10. ℔ 388.—Organcin de Bologne à l.19.10. } pour Iean Iacques Manis, debiteur en ce,	à 31.	l.	10774.	10.	—
℔ 1259.—filage de Raconis à l.11. — pour Estienne Chally, debiteur en ce,	à 29.	l.	13849.	—	—
℔ 1049.—filage dict —à l.10.17.6. pour Fleury Gros, debiteurs en ce,	à 30.	l.	11407.	17.	6
℔ 210.—filage dict —à l.11.— pour François Verthema, debiteur en ce,	à 36.	l.	2310.	—	—
℔ 1886.—filage dict —à l.10.18.9. pour Verdier, Picquet, & Decoquiel, debiteurs,	à 22.	l.	20628.	2.	6
℔ 14.—filage dict —à l.11.— pour Iean de la Forest, debiteur en ce,	à 28.	l.	154.	—	—
℔ 208.—Organcin de Milan, à l.14.10.— ℔ 210.—Organcin de Modena, à l.15.— ℔ 189.—Organcin de Naples, à l.16.10.— } Restans en Magasin au 3. Auril 1626. en debit, à marchandises en general,	à 43.	l.	9284.	10.	—
℔ 7708.—	—	l.	88244.	—	—

VELOVX DE MILAN, doiuent pour les cy-apres, enuoyez dudict Milan.

268.aunes 16. 2. 6. br.36. 5. Veloux noir, fõds armoisin ras, pet. façon
317.aunes 22. 2. 6. br.49.15. dit — à l. 7. 10.
266.aunes 21. 10.— br.48.10. dit à tail
291.aunes 17. 15.— br.40. — Veloux noir, fonds satinras, petite façon,
281.aunes 17. 11. 8. br.39.10. dit
267.aunes 18. 2. 6. br.40.15. dit — à l. 9.
297.aunes 18. 8. 4. br.41.10. dit à Vialbera,
307.aunes 17. 13. 4. br.39.15. Veloux fonds satin vert 4. fleurs Ar abesque.
331.aunes 17. 8. 4. br.39. 5. dit — dans vne Caisse n° 3. — à 6. l. 3574. 3. 9.
321.aunes 18. 17. 6. br.42. 5. dit 3. fleurs, — à l. 12. la brasse.
298.aunes 17. 15. — br.40. — dit celeste,
299.aunes 18. 5. — br.41. — Veloux fonds satin morelin cramoisy 3. fleurs à l. 13.
282.aunes 18. 6. 8. br.41. 5. dit rouge cramoisy 4. fleurs,
332.aunes 24. — br.54. — dit Arabesque, — à l. 13. 10.
271.aunes 17. 15. — br.40. — dit 3. fleurs,
339.aunes 11. 11. 8. br.26. — Veloux à la Turque fonds blanc 3. fleurs Arab. à l. 15.
148.aunes 23. 2. 6. br.52. — Veloux noir fonds armoisin Nap. petite façõ — à l. 7. 10.
115.aunes 16. 11. 8. br.37. 5. dit ras, & tail,
141.aunes 17. 5. — br.38.15. Veloux fonds ris celeste 4. fleurs, — à l. 9.
123.aunes 17. 17. 6. br.40. 5. dit verd,
138.aunes 17. 8. 4. br.39. 5. Veloux fonds satin vert 3. fleurs Arabesque à l. 12.
113.aunes 18. — br.40.10. dit Morelin cramoisy 3. fleurs, — à l. 13. — dans n. 19. — à 6. l. 3049. 16. 3.
151.aunes 17. 15. — br.40. —
134.aunes 17. 8. 9. br.39. 5. — Veloux fonds satin rouge cram. 4. fleurs à l. 13. 10.
107.aunes 18. 2. 6. br.40.15.
112.aunes 17. 15. — br.40. —
136.aunes 11. 10. — br.26. — Veloux fonds satin incarnad. Turque 4. fleurs à l. 15.
118.aunes 26. 2. 6. br.58.15. — Veloux noir ras 3. trames, — à l. 10. 15.
135.aunes 22. 6. 8. br.50. 5.
124.aunes 17. 5. — br.38.15.
184.aunes 18. 8. 9. br.41.10.
225.aunes 17. 15. — br.40. —
223.aunes 18. — br.40.10. — Veloux noir fõds armoisin Nap. petite façõ à l. 7. 10.
234.aunes 17. 6. 8. br.39. —
177.aunes 17. 11. 8. br.39.10.
211.aunes 18. 5. — br.41. —
199.aunes 17. 17. 6. br.40. 5.
233.aunes 22. 6. 8. br.52.10.
239.aunes 17. 11. 8. br.39.10. — dans n° 23. — à 6. l. 2454. — —
245.aunes 17. 17. 6. br.40. 5. — Veloux noir fonds satin ras petites fleurs à l. 9.
243.aunes 17. 11. 8. br.39.10.
191.aunes 17. 17. 6. br.40. 5.
229.aunes 17. 13. 4. br.39.15. Veloux à la Turque fonds d'or 4. fleurs à l. 15.
504.aunes 12. 10. — br.28. — Veloux fonds d'argent Turque 4. fleurs,
59.aunes 17. 12. 6. br.39.15. dit fonds d'or,
419.aunes 12. 10. — br.28. — dit fonds bleu, — à l. 15. — dans n° 24. — à 6. l. 1170. 18. 9.
702.aunes 17. 12. 6. br.39.15. dit fonds blanc,
720.aunes 18. 7. 6. br.41. 5. Veloux fonds taffetas Napolitaine orangé, à l. 7. 10.
Pour aduance en credit à profits, & pertes, — à 41. l. 1641. 15. 2.

l. 11890. 3. 11

AVOIR pour les cy-apres, vendus à diuers.

Articles	Destination	Prix		Livres	Sols	Deniers
268. aunes 16. 2.6. Veloux noir fonds armoisin petite faço 317. aunes 22. 2.6. dit 266. aunes 21.10. dit à tail, } à l. 9. 291. aunes 17.15. Veloux noir fonds, satin petite façon 281. aunes 17.11.8. dit 267. aunes 18. 2.6. dit 297. aunes 18. 8.4. dit à Vialbera, } à l. 12. 307. aunes 17.13.4. Veloux fonds satin verd 4. fleurs Arab. 351. aunes 17. 8.4. dit 321. aunes 18.17.6. dit 3. fleurs, 298. aunes 17.15. dit celeste, } à l. 16. 299. aunes 18. 5. Veloux fonds satin morelin cramoisy 3. fleurs, à l. 19. 136. aunes 11.10. Veloux à la Turque fonds satin incarnadin, à l. 20. 118. aunes 26. 2.6. 135. aunes 22. 6.8. } Veloux noir ras 3. trames, à l. 15.	Enuoyé à Tarangct, & Rousier le 3. Mars 1625.	à 26.	l.	3851.	4.	2.
282. aunes 18. 6.8. Veloux rouge cramoisy 4. fleurs, 332. aunes 24. dit Arabesque, 271. aunes 17.15. dit 3. fleurs, } à l. 19.	pour Estienne Glotton de Tholouse,	à 28.	l.	1141.	11.	8.
339. aunes 11.11.8. Veloux à la Turque fonds blanc 3. fleurs à l. 20. 10.	pour Robert Gehenaud,	à 28.	l.	237.	9.	2.
148. aunes 23. 2.6. Veloux noir fonds armoisin Nap. petite façon 115. aunes 16.11.8. dit ras & tail, } à l. 9. 141. aunes 17. 5. Veloux fonds ris celeste 4. fleurs, 123. aunes 17.17.6. dit verd, } à l. 12. 138. aunes 17. 8.4. Veloux fonds satin verd 3. fleurs, à l. 16. 151. aunes 17.15. 134. aunes 17. 8.9. 107. aunes 18. 2.6. 112. aunes 17.15. } Veloux fonds satin rouge cramoisy 4. fleurs à l. 19.10.	pour Herue, & Sauary,	à 18.	l.	2443.	5.	2.
504. aunes 12.10. Veloux fonds d'argent Turque 4. fleurs, 59. aunes 17.12.6. dit fonds d'or, 419. aunes 12.10. dit fonds bleuf, 702. aunes 17.12.6. dit fonds blanc, } à l. 18. 720. aunes 18. 7.6. Veloux fonds taffetas Napol. orangé pastel à l. 9.	Enuoyé à Constantinople,	à 20.	l.	1249.	17.	6.
224. aunes 17. 5. 184. aunes 18. 8.9. 225. aunes 17.15. 223. aunes 18. 234. aunes 17. 6.8. 177. aunes 17.11.8. 211. aunes 18. 5. 199. aunes 17.17.6. } Veloux noir fonds armoisin Napolitaine, petite façon, à l. 9.	pour Deslauiers.	à 17.	l.	1282.	6.	3.
113. aunes 11. Veloux fonds satin morelin cramoisy à l. 19. 233. aunes 22. 6.8. 239. aunes 17.11.8. 245. aunes 17.17.6. } Veloux noir fonds satin à diuers prix,	vendu contant au Carnet de 1625. f° 14.	à 28.	l.	925.	1.	8.
113. aunes 7. Veloux fonds satin Morelin cramoisy à l. 15. 243. aunes 17.11.8. Veloux noir fonds satin ras, 191. aunes 17.17.6. dit } à l. 10. 229. aunes 17.13.4. Veloux à la Turque fonds d'or 4. fleurs à l. 17.	Restans en Magasin au 3. Auril 1626.	à 43.	l.	759.	18.	4.
			l.	11890.	13.	11

	fl.	à	l.	s.	d.
EFFECTS ET FACVLTEZ de Laurens Iacquin, en Piedmont doiuent l. 15000.— payables aux deputez des cranciers dudict Iacquin, moitié en ces payemens des Roys, & l'autre $\frac{1}{2}$ en Aoust prochain suiuant, & à la forme de l'estrousse à nous faicte par le Conseruateur, lesquels effects consistent en debtes & marchandises, comme cy-bas aualuées au prix courant en argent contant, en credit ausdicts Deputez,		à 9.	l. 15000.	—	—
François Mora d'Ast, payable en Foire de mi-Caresme 1625.	fl. 10000.—				
Ioseph Terrachino d'Ast, payable à ladicte Foire de my-Caresme,	fl. 15000.—				
Bernardin Pochetino de Raconis, pour Foire d'Octobre 1625.	fl. 20000.—				
George Roussy de Casal, pour ladicte Foire d'Octobre 1625.	fl. 45000.—				
Oliuier Marco de Thurin, pour le 10. Aoust 1625.	fl. 10000.—				
Douzaines 104.9. bas de Paris, pour homme à florins 96. la douzaine,	fl. 10056.—				
Canes 319.5. pans sargettes de Nismes à fl. 18. la Cane,	fl. 5753.—				
Aunes 207. $\frac{1}{12}$ Cadis du Puy, à fl. 5.7. l'aune,	fl. 1156. 3.				
Piece 42. aunes 506. $\frac{2}{3}$ Reuerches du Puy, à fl. 5.1. l'aune,	fl. 2575.—				
Aunes 37. $\frac{1}{2}$ Sarge grise Limestre, à fl. 24.	fl. 901.—				
Aunes 12.— Drap Romorantin noir, à fl. 39.	fl. 468.—				
	fl. 120909. 3.				
Pour soude en credit à profits & pertes de Piedmont,		à 10.	l. 3136.	7.	6
		—	l. 18136.	7.	6

— 1625. —

	fl.	à	l.	s.	d.
LES DEPVTEZ des Creanciers de Laurens Iacquin doiuent en Roys 1625. que faisons bon pour eux, suiuant la sentence du Conseruateur, à Picquet, & Strasse, au Carnet desdicts payemens, f° 2. & en ce,		à 5.	l. 7500.	—	—
En Aoust 1625. payé pour eux suiuant la Sentence du Conseruateur, à René Bais, par Caisse au Carnet d'Aoust 1625. f. 3. & en ce,		à 42.	l. 7500.	—	—
		—	l. 15000.	—	—

— 1625. —

	fl.	à	l.	s.	d.
PIERRE ALAMEL, compte du Negoce de Piedmont doit du 6. Mars 1625. pour 1000. doublons d'Espagne effectifs, à luy comptant à son depart, que à fl. 46. piece, valent au Carnet des Roys 1625. f° 3.	fl. 46000.—	à 5.	l. 7300.	—	—
Pour vente par luy faicte à Carmaignole de 200. barils Arens,	fl. 36000.—	à 15.	l. 5400.	—	—
Pour 1000. doublons d'Espagne, qu'il a pris à Genes de Lumaga, que à fl. 44. & à l. 7.3. tournois, sont en credit esdicts Lumaga de Genes,	fl. 44000.—	à 19.	l. 7150.	—	—
▽ 714.13.3. à fl. 20. pour ▽ qu'auons payé suiuant sa lettre à Louys Boillet, valeur par luy receuë de son homme de par delà, au Carnet des Roys 1625. f. 3.	fl. 14293.—	à 5.	l. 2143.	19.	7
▽ 1629.6.5. à f. 19. pour ▽, qu'il nous a tiré par sa lettre, payable à Eustache Rouyere, pour valeur receuë de Iacques & Philippe Gentil, au Carnet des Roys 1625. f. 4.	fl. 19557.—	à 5.	l. 3087.	19.	3
Pour vente par luy faicte au contant de 5604. onces semences de vers à soye,	fl. 137892.—	à 11.	l. 20683.	—	—
Pour diuerses marchandises venduës contant à la mi-Caresme, en foire d'Ast 1625.	fl. 17836. 7.	à 11.	l. 2675.	10.	—
Pour ventes par luy faictes au contant à Thurin,	fl. 20554.—	à 11.	l. 3083.	2.	—
Qu'il à receu à Verseil, de Ioseph Boltresso, en ce,	fl. 30361. 8.	à 16.	l. 4554.	5.	—
Qu'il a receu des debiteurs de Laurens Iacquin, en ce,	fl. 25000.—	à 9.	l. 3750.	—	—
Pour ventes par luy faictes au contant, en Octobre 1625. Foire d'Ast,	fl. 34447.—	à 11.	l. 5167.	1.	—
Qu'il a receu à Thurin, Raconis, Casal, & autres lieux, pour ventes par luy faictes au contant,	fl. 53480.—	à 11.	l. 8022.	—	—
Qu'il a receu à final de Maluasie, en doublons d'Espagne 105. $\frac{7}{10}$ à fl. 48. l'vn sont,	fl. 5073. 7.	à 16.	l. 771.	12.	—
Qu'il a receu à Casal, & Ast, de nos debiteurs le 3. Nouembre 1625.	fl. 31707.—	à 10.	l. 4756.	1.	—
Qu'il a receu à Raconis, Casal, & Thurin, des debiteurs de Laurens Iacquin,	fl. 75000.—	à 9.	l. 11250.	—	—
Qu'il à receu en diuers lieux de nos debiteurs, en ce,	fl. 37624.—	à 10.	l. 5643.	12.	—
Benefice de monnoye,	fl. —.—	à 10.	l. 338.	4.	11
	fl. 628825. 10.	—	l. 95776.	6.	9

Description	fl.	Taux	l.	s.	d.
AVOIR pour les marchandises cy-contre, calculé A ∮ 3.--tournois pour florin en debit à negoce de Piedmont,	fl. 20909. 3.	à 11.	l. 3136.	7.	6
François Mora d'Ast, — fl. 10000. Ioseph Terrachino d'Ast, — fl. 15000. } En debit à Alamel,	fl. 25000.	à 9.	l. 3750.	—	—
Bernardin Pochetine de Raconis, — fl. 20000. George Roussi de Casal, — fl. 45000. Oliuier Marco de Thurin, — fl. 10000. } En debit audict Alamel,	fl. 75000.	à 9.	l. 11250.	—	—
	fl. 120909. 3.	—	l. 18136.	7.	6

1625.

Description	Taux	l.	s.	d.
AVOIR en Roys 1625. — l. 7500. En Aoust 1625. — l. 7500. } leur faisons bon pour les effects, de I. Iacquin,	à 9.	l. 15000.	—	—

1625.

Description	fl.		Taux	l.	s.	d.
AVOIR pour port de final à Carmagnole, & loüage de magasin de 200. barils arens, frais de voyage allant & venant de Thurin à Carmagnole, calculé à ∮ 3. pour florin sont — fl.	5814.	—	à 15.	l. 872.	2.	—
Pour 565. Sacs riz pesant net 1559. Cantara à l. 12.12.6. le Cantara, qu'il a achepté à Genes au contant, montant auec les frais l. 19808.5. monnoye courante dudict Genes faisant doublons d'Italie 1817.5.6. à l. 10.18. l'vn, & à florins 45. sont — fl.	81766.	4.	à 17.	l. 12902.	13.	—
Pour 359. Sacs riz pesant Rub 2940. à fl. 6.6. le Rub qu'il a achepté à Thurin, montant auec les frais en ce — fl.	20217.	9.	à 17.	l. 3208.	7.	—
Pour plusieurs frais par luy faicts à aller & venir de final, Verseil, & Genes, — fl.	1212.	—	à 17.	l. 181.	16.	—
Qu'il a payé au Capitaine du Vaisseau le Cheualier de Mer, — fl.	14000.	—	à 15.	l. 2100.	—	—
Pour 6. bales filage n° 1. à 6. qu'il nous a enuoyé par conduicte de Delbon, — fl.	73777.	—	à 7.	l. 11066.	11.	—
Pour 10. b. filage n° 7. à 16. enuoyées par conduicte de Gabaleon, le 3. Aoust 1625. — fl.	124420.	—	à 7.	l. 18663.	—	—
Pour 15. b. filage n° 17. à 31. enuoyées par côduicte d'Eustache Moretto le 25. dudict fl.	169860.	—	à 7.	l. 25479.	—	—
1000. doublôs d'Esp. à fl. 48. & à l. 7.7.t. 140. ½ d. de Genes à fl. 45. 482. ½ d. de Florêce à fl. 44. } & à l. 7.2. 100.--doub. d'Italie à fl. 42. } qu'il a enuoyé à Genes à Lumaga debiteurs au Carnet des Saincts 1625. f. 19. cy fl.	79752.	6.	à 42.	l. 12483.	6.	—
Pour le monter des frais & despens par luy faicts audict Piedmont, fins à ce iourd'huy 3. Mars 1626. en ce — fl.	20038.	3.	à 11.	l. 3005.	14.	9
791 doublons d'Espagne receus de luy contant à son retour, au Carnet des Roys 1626. f. 3. à fl. 48. l'vn, & à l. 7.7. tournois, sont — fl.	37968.	—	à 42.	l. 5813.	17.	—
	fl. 628825.	10.	—	l. 95776.	6.	9

PROFITS ET PERTES du negoce de Piedmont doiuent,

		Folio		Livres	Sols	Deniers
Pour le quart desdictes l. 18335. 10. 11. cy-contre, que faisons bon à Pierre Alamel,		à 43.	l.	4583.	17.	9
Pour les ¾ à nous appartenant en credit à profits & pertes,		à 41.	l.	13751.	13.	2
			l.	18335.	10.	11

1625.

DEBITEVRS DE PIEDMONT doiuent pour les cy-apres,

		Folio		Livres	Sols	Deniers
Horatio Repos de Casal, pour le 20. Octobre 1625.	fl. 8112.	à 11.	l.	1216.	16.	—
François Mora d'Ast, pour le 20. dudict,	fl. 23595.	à 11.	l.	3539.	5.	—
Bartholomée Chiauarro de Montferra, pour le 20. Mars 1626.	fl. 8468.	à 11.	l.	1270.	4.	—
Antoine & Philippe Gentil de Thurin, pour le 20. dudict	fl. 5406.	à 11.	l.	810.	18.	—
François de Peysieu d'Ast, pour le 3. Auril 1626.	fl. 3950.	à 11.	l.	592.	10.	—
George Roussy de Casal, pour le 15. dudict	fl. 19800.	à 11.	l.	2970.	—	—
	fl. 69331.	—	l.	10399.	13.	—

1625.

ANTOINE, ET ISAC PONCET de Valence en Espagne, doiuent ▽ 2400. d'or de

		Folio		Livres	Sols	Deniers
Marc, que à ₰ 26. pour ▽, ils ont tiré de nostre ordre à Noue en foire des Roys 1625. sur Octauio, & Marc-Antoine Lumaga, crediteurs au Carnet des Roys 1625. f° 4. cy	l. 3120. —. —	à 5.	l.	8918.	10.	3
▽ 493. 8. 4. de Reaux à ₰ 70.— tournois, l'vn qu'ils nous ont tiré à payer icy aux leurs, au Carnet des Roys 1625. f° 3. par Caisse,	l. 592. 2. —	à 5.	l.	1726.	19.	2
Pour benefice sur la traicte faicte à Noue,	l. —. —. —	à 10.	l.	181.	9.	9
	l. 3712. 2. —	—	l.	10826.	19.	2

1625.

GAZES doiuent pour les cy-apres enuoyées de Milan,

		Folio		Livres	Sols	Deniers
343. aunes 48. 17. 6. br. 110. / 315. aunes 48. 17. 6. br. 110. / 345. aunes 49. 15. — br. 112. / 316. aunes 49. 12. 6. br. 111. } brasses 443. Gase noire damassée 4. fleurs, à ₰ 23. — / 311. aunes 34. 13. 4. br. 78. / 312. aunes 34. 13. 4. br. 78. / 313. aunes 35. 2. 2. br. 79. / 314. aunes 35. 2. 2. br. 79. } brasses 314. dicte de soye torse à liston, à ₰ 32. — / 264. aunes 16. 8. 10. br. 37. — dicte noire aspolin de soye torse à liste, à ₰ 90. — } dans n° 4.		à 6.	l.	589.	3.	6
Pour aduance, en credit à profits & pertes,		à 41.	l.	294.	8.	8
		—	l.	883.	12.	2

1625.

BAS DE SOYE DE MILAN doiuent pour les cy-apres,

		Folio		Livres	Sols	Deniers
40. paires bas de soye ¼ diuerses couleurs à l. 33. la paire / 18. paires dict ⅔ à l. 26. } dans n° 4.		à 6.	l.	894.	—	—
85. paires dict ¼ à l. 33. / 32. paires dict ⅔ à l. 26. } dans la Caisse n° 7.		à 6.	l.	1818.	10.	—
6. paires dict ¼ à l. 33. / 6. paires dict ⅔ à l. 26. / 10. paires dict pour femme à l. 20. } dans la Caisse n° 22.		à 6.	l.	277.	—	—
Pour aduance en credit à profits & pertes,		à 41.	l.	41.	10.	—
197. paires.		—	l.	3031.	—	—

AVOIR pour benefice sur la traicte faicte de Valence à Noue par Poncet,	à 10.	l.	181.	9.	9
Prouision de l.55208. que monte l'achapt de 31. balle filages à 2. pour $\frac{0}{0}$ en ce,	à 7.	l.	1104.	3.	—
Prouision de l.27656. que monte l'achapt de 1536. sacs ris à 2. pour $\frac{0}{0}$ en ce	à 17.	l.	553.	2.	8
Pour profit fait sur l'achapt des effects & facultez de Laurens Iacquin, en ce	à 9.	l.	3136.	7.	6
Profit qu'il a pleu à Dieu enuoyer audict negoce de Piedmont en vn an, fins à ce iourd'huy 3. Mars 1626. en ce,	à 11.	l.	13022.	3.	1
Pour benefice de monnoye au compte courant dudict Alamel, en ce	à 9.	l.	338.	4.	11
		l.	18335.	10.	11

1625.

AVOIR pour les cy-apres qui ont payé,					
Horatio Repos de Casal, fl. 8112. / François Mora d'Ast, fl. 23595. } qu'ils ont payé de nostre ordre à Alamel,	à 9.	l.	4756.	1.	—
Bartholomeo Chiauarro de Montferra, fl. 8468. / Antoine & Philippe Gentil de Thurin, fl. 5406. / François de Peysieu d'Ast, fl. 3950. / George Roussy de Casal, fl. 19800. } En debit audict Alamel,	à 9.	l.	5643.	12.	—
fl. 69331.		l.	10399.	13.	—

1625.

AVOIR pour comprant onces 6044. semence de vers à soye, qu'ils ont achepté de nostre ordre, chargées sur la Faloupe S. Iean Baptiste, Patron Thomas Cabanes, pour porter à final & consigner à à Maluasie, lequel doit ensuiure l'ordre de Pierre Alamel, montant auec les frais en ce, — l.3712.2.	à 11.	l.	10826.	19.	2

1625.

AVOIR pour les cy-apres,					
311. aunes 34.13. 4. / 312. aunes 34.13. 4. / 313. aunes 35. 2. 6. / 314. aunes 35. 2. 6. } Gase noire de soye torse à liston à ₰ 50. ennoyé à Paris és mains de Taranget, & Rousier, pour vendre pour nostre compte,	à 26.	l.	348.	19.	3
264. aunes 16. 8. 4. dicte noire Aspolin de soye à liste en pied à l.6.-- pour Glotton de Tholouse,	à 28.	l.	98.	10.	—
343. aunes 48.17. 6. dicte noire Damassée à ₰ 45. pour Robert Gehenaud de Paris,	à 28.	l.	109.	19.	4
315. aunes 48.17. 6. dicte à ₰ 42. / 345. aunes 49.15.— dicte à ₰ 45. } vendu contant au Carnet de 1625. f. 14.	à 28.	l.	214.	11.	6
316. aunes 49.12. 6. dicte à ₰ 45. pour Estienne Glotton, pour Aoust 1626. en ce,	à 16.	l.	111.	12.	1
		l.	883.	12.	2

1625.

AVOIR pour les cy-apres vendus à diuers,					
10. paires bas de soye $\frac{1}{1}$ à l.18. — Pour Estienne Glotton de Tholouse,	à 28.	l.	180.	—	—
20. paires dict $\frac{1}{1}$ à l.18. — Pour Robert Gehenaud de Paris,	à 28.	l.	360.	—	—
10. paires dict $\frac{1}{1}$ à l.16. 10. / 18. paires dict $\frac{1}{1}$ à l.13. — / 10. paires dict, pour femme à l.11. — } vendu contant au Carnet de 1625. f. 14.	à 28.	l.	509.	—	—
32. paires dict $\frac{1}{1}$ à l.14. — Pour Estienne Glotton de Tholouse,	à 16.	l.	448.	—	—
91. paires dict $\frac{1}{1}$ à l.16. — / 6. paires dict $\frac{1}{1}$ à l.13. — } Restans en magasin au 3. Auril 1626. en debit à marchandises en general,	à 43.	l.	1534.	—	—
197. paires.		l.	3031.	—	—

Iesus Maria ✠ 1625.

NEGOCE DE PIEDMONT doit pour les marchandiſes cy-apres enuoyées audict lieu pour compliment de l. 30000.-- de fonds & capital qu'auons promis fournir en iceluy ſoubs l'adminiſtration de Pierre Alamel, lequel auons aſſocié pour $\frac{1}{4}$ aux profits ou pertes qu'il plaira à Dieu y mander, ſçauoir,

douz.	104.9. bas de Paris pour homme, à — fl. 96. la douzaine					
canes.	319.5. pans Sargettes de Nyſmes, à — fl. 18. la cane —					
aunes.	207.$\frac{1}{12}$ Cadis du Puy, à — — fl. 5.7. l'aune — } En credit à effects de Laurens Iacquin, --	à 9.	l.	3136.	7.	6
aunes.	506.$\frac{2}{3}$ en 42. pieces reuerche du Puy, à fl. 5.1. l'aune —					
aunes.	37.$\frac{1}{2}$ Sarge griſe Limeſtre, à — — fl. 24. — —					
aunes.	12.-- drap Romorantin noir, à — fl. 39. — —					
onces.	6000.-- Semence de vers à ſoye à ₰ 9.9. } Sont monnoye de Valence en Eſpagne — l. 2955.16.					
onces.	44.-- dicte blanche, à — — ₰ 14.-					
	Pour 24. Sacs, Caiſſes, & embalage, l. 48. droit nouueau à ₰ 1. pour once, l. 302.4. — l. 350. 4.					
	droict du General à 6. deniers pour once l. 151.2. peage à 2. ₰ pour once l. 50. tout l. 201. 2.					
	droicts de Siſa, à 8. deniers pour liure de monnoye — — — — l. 100. —					
	frais d'embalage, & port iuſqu'à la Mer — — — — — l. 41. —					
	Pour l'aſſeurance de l. 1600. iuſqu'à final à 4. pour $\frac{0}{0}$ — — — — l. 64. —					
	l. 3712. 2.					
	Leſquelles l. 3712. 2. monnoye de Valence, ſont 37121. real Caſtelan à ₰ 2. le real, valant ∇ 3093.8.4. de 12. reaux piece, que à ₰ 70. tournois l'vn, ſont de France, en ce — —	à 10.	l.	10826.	19.	2
canes.	240. -- Courdellats de Myeſannes à ₰ 41. en 16. pieces					
canes.	673. 7. p. Courdellats de Caſtres, à ₰ 42. en 45. pieces					
canes.	124. 3. p. Courdellats de Chalabre, à ₰ 36. en 10. pieces					
canes.	192. 5. p. Carcaſſonnes, - — à l. 7. — en 19. pieces } — — — l. 9994. 7. 6.					
canes.	598. 4. p. Sargettes de Nyſmes, à ₰ 58. en 40. pieces					
canes.	186. -- Coutracts Carcaſſonne, à l. 10.10. en 18. pieces					
canes.	131. 6. p. Coutracts d'Auteribe, à l. 13.10. en 12. pieces	à 38.	l.	10316.	17.	6
	80. -- Couuertes de Montpelier rouges à l. 8.15. —					
	Frais d'embalage, deſpence de bouche, & expedition deſdictes marchandiſes, pour conſigner à Marſeille à Benoiſt Robert, — — — l. 322.10. —					
	Frais faicts à Marſeille au chargement deſdictes marchandiſes pour final par Robert, en ce —	à 3.	l.	97.	12.	—
	Frais enſuiuis audict final à la reception deſdictes marchandiſes par Maluaſie, — —	à 16.	l.	214.	—	—
pieces.	200. -- Sarges perpetuanes diuerſes couleurs entremeſlées à ₰ 46.6. la piece, — — l. 465. —					
pieces.	50. -- Dictes noires à ₰ 35.-- de ſterlins la piece, — — — — l. 87.10. —					
	Embalage, ſubcide & autres frais l. 56.12.6. prouiſion à 2. pour $\frac{0}{0}$ de l. 609. 2.6. l. 68.16. —					
	monnoye de ſterlins l. 621. 6. —					
	Changez pour Lyon à ſterlins 69.$\frac{1}{2}$ pour ∇, ſont en credit à Abraham Bech de Londres, —	à 14.	l.	6436.	10.	—
	Pour frais faicts a Roüan à la receptió & rẽuoy deſdictes perpetuanes par Robin, & Ferrary,	à 17.	l.	197.	5.	—
	Voyture de Roüan à Lyon, doüanne & ſortie dudict Lyon par deſpences, — —	à 4.	l.	386.	—	—
pieces.	32. — diuiſées en 64. fuſtaine d'Angleterre diuerſes couleurs à ₰ 30. la $\frac{1}{2}$ piece — — l. 96. —					
	Pour le droit deſdictes 32. pieces embalage, & autres frais — — — l. 3. 6.8.					
	Prouiſion à 2. pour cent — — — — — — — l. 1.19.8.					
	Changez pour Roüan à 68. pour ∇, ſont en credit audict Abraham Bech, — l. 101. 6.4.	à 14.	l.	1072.	11.	6
	Pour frais faicts audict Roüan à la reception & renuoy deſdictes march. par Robin, & Ferrary, -	à 17.	l.	47.	5.	—
	Voyture de Roüan à Lyon, & doüanne dudict Lyon, en ce — — — —	à 4.	l.	86.	1.	—
	Prouiſion à $\frac{1}{3}$ pour $\frac{0}{0}$ payés à Roüan pour la traicte de l. 1072.11.6. faicte par Bech ſur leſdicts Robin, & Ferrary, — — — — — — —	à 17.	l.	3.	11.	6
aunes.	82. — Sarge de Beauuais diuerſes couleurs, à l. 5. l'aune — l. 410. —					
aunes.	84. — dicte à 2. enuers noire, à — — l. 5.10. — l. 462. —					
aunes.	56. — Sarge noire Dieppe, à — — l. 7. — l. 392. —					
aunes.	33. — dicte noire Sigouie, à — — l. 7.10. — l. 347.10.					
aunes.	20. Drap du Seau noir, à — — l. 12. — l. 240. —					
aunes.	30. — Bure du Seau, à — — — l. 8. — l. 240. —					
aunes.	360. — Croiſez cramoiſy, à — — l. 4. — l. 1440. —					
aunes.	11. — Eſcarlate de Berry, — — } à l. 16. — l. 480. — } — — —	à 30.	l.	5941.	—	—
aunes.	19. — dicte du Seau, — —					
aunes.	12. — Bure Romorantin, à — — l. 10. — l. 120. —					
aunes.	20. — Drap noir Romorantin, à — — l. 12. — l. 240. —					
aunes.	234. — drap Preſdeau couleurs ordinaires, à l. 3. — l. 702. —					
aunes.	154. — Bure blanche, — — } à ₰ 50. — l. 527.10.					
aunes.	57. — Drap rouge & celeſte Poictou, —					
	Frais d'embalage, — — — — l. 340. —					
	Pour pluſieurs frais & deſpens faicts audict Piedmont par ledict Alamel, tant pour voytures, loüage de boutique & magazins, deſpence de bouche en vn an, perte ſur diuerſes eſpeces changées en piſtoles, & autres deſpences generalement quelconques, ainſi qu'appert par le compte rendu par ledict Alamel, crediteur en ce — — — — —	à 9.	l.	3005.	14.	9
	Profit qu'il a pleu à Dieu enuoyer en ce negoce — — — — —	à 10.	l.	13022.	3.	1
			l.	54789.	18.	—

Unité	Article	Montant / Compte	Taux		Livres	Sols	Deniers
	AVOIR pour les marchandises cy-apres venduës audict lieu à diuers, sçauoir						
onces	4000.-- Semence de vers à soye à fl.25.l'once venduës à Raconis à diuerses personnes tant au comptant que en trocque de filages,	fl. 100000.—					
onces	1000.-- Semence dicte à fl.24.l'once, vendu comptant à Carmagnolle,	fl. 24000.—					
onces	604.-- dicte à fl.23.-vendu comptant, tant à Carmagnolle que autres lieux, suiuant le compte à nous enuoyé pour soude de ladicte semence,	fl. 13892.—					
onces	5604.—	fl.137892.--					
	Calculé à ₰ 3.--tournois pour florin, en debit à Pierre Alamel,		à	9.	l. 20683.	—	—
onces	440. Pour difference de poids.						
onces	6044.						
	Vente faicte en Foire d'Ast à la mi-Caresme.						
douz.	50. bas de Paris pour homme à fl.110.la douz.	fl. 5500.—					
canes	319.5. pans sargettes de Nysmes, à fl. 20.la cane	fl. 6392.--					
aunes	207.$\frac{1}{11}$ Cadis du Puy, à fl. 7.l'aune	fl. 1449.7.					
aunes	506.$\frac{1}{1}$ Renerche du Puy, à fl. 6.l'aune	fl. 3040.--	vendu comptant en debit audict Alamel,— à	9.	l. 2675.	10.	—
aunes	37.$\frac{1}{2}$ Sarge grise Limestre, à fl. 26.l'aune	fl. 975.—					
aunes	12.— Drap noir Romorantin, à fl. 40.l'aune	fl. 480.--					
		fl.17836.7.					
canes	100.-Carcassonnes, à fl.60.—	fl.6000.-					
canes	124.3.p.Courdellats de Chalabre, à fl.17.—	fl.2112.-	pour Horatio Repos de Casal, à	10.	l. 1216.	16.	—
canes	240.—Courdellats de Mesames, à fl.19.—	fl. 4560.—					
canes	92.5.p.Carcassonnes, à fl.60.—	fl. 5557.6.	pour François Mora d'Ast,— à	10.	l. 3539.	5.	—
canes	673.--p.Courdellats de Castres, à fl.20.—	fl.13477.6.					
	Vente faicte au comptant à Thurin.						
	80.Couuertes de Montpellier à fl.75.la piece,	fl.6000.—					
canes	300.Ras 998.Sargettes de Nysmes, à fl.8. le ras,	fl.7984.—	en debit audict Alamel,— à	9.	l. 3083.	2.	—
douz.	54.9.Bas de Paris pour homme, à fl.10.la paire,	fl.6570.—					
canes	300.--Sargette de Nysmes, à ₰ 58.—	l. 870.—					
canes	186.--Contracts de Carcassonne, à l.10.10.	l.1953.—	Renuoyé aux nostres de Milan,— à	6.	l. 4759.	12.	—
canes	131.6.p.Contracts d'Auteribe, à l.13.10.	l.1778.12.					
	Embalage, & autres frais,	l. 158.—					
	Vente faicte en Foire d'Ast au 20.Octobre 1625.						
pieces	100.- Perpetuanes d'Angleterre à ducatons 13.$\frac{1}{2}$ la piece de florins 18.$\frac{1}{2}$ pour ducaton,	fl.24975.—					
pieces	52.-diuisées en 64.fustaine d'Angleterre à ducatons 8.la demy piece sont,	fl. 9472.—					
	Sont fl.34447.vendu comptant à diuers, en debit audict Alamel,	fl.34447.—	à	9.	l. 5167.	1.	—
aunes	82.Sarge de Beauuais diuerses couleur à fl.50.l'aune						
aunes	84.dicte noire à 2.enuers, à fl.52.		pour Bartholomeo Chiauarro de Montferra,- à	10.	l. 1270.	4.	—
aunes	56.dicte noire Dieppe, à fl. 60.—						
aunes	33.dicte noire Sigouie, à fl. 62.—		pour Antoine, & Philippe Gentil de Thurin,— à	10.	l. 810.	18.	—
aunes	20.drap du Seau noir, à fl.100.—						
aunes	30.bure du Seau, à fl. 65.—		pour François de Peysieu d'Ast, à	10.	l. 592.	10.	—
aunes	360.Croisez d'Angleterre cramoisy, à fl. 45.—						
aunes	30.Escarlatte, à fl.120.—		pour George Roussi de Casal, à	10.	l. 2970.	—	—
	Ventes faictes au comptant à Thurin, Casal, Raconis, & autres lieux.						
pieces	90.Perpetuanes d'Angleterre à ducatons 14.la piece,	fl.23310.					
pieces	60.dictes à ducatons 13. la piece,	fl.14430.					
aunes	12.Bure Romorantin, à florins 90.	fl. 1080.					
aunes	20.Drap noir Romorantin, à fl.100.	fl. 2000.	en debit audict Alamel,— à	9.	l. 8022.	—	—
aunes	234.Drap Presdeau couleurs ordinaires, à fl.30.	fl. 7020.					
aunes	154.Bure blanche, à fl.27.	fl. 4158.					
aunes	57.Drap rouge & celeste Poictou, à fl.26.	fl. 1482.					
					l. 54789.	18.	—

CRESPONS doiuent pour les cy-apres,

337.aunes 64. 8.4.br.145.—
318.aunes 70. 5.--br.158.— } Crespon noir à Giaso à ₰ 42. —
344.aunes 57. 6.8.br.129.— } dans nº 4. — à 6. l. 624. 19. —
319.aunes 66. 5.--br.149.— dict morelin cramoisy à ₰ 46. —

280.aunes 64. 8.4.br.145.—
315.aunes 55. 2.6.br.125.— } dict noir leger à ₰ 58.—dans nº 7. — à 6. l. 374. 10. —
392.aunes 64. 8.4.br.145.—
394.aunes 26.13.4.br.120.—

266.aunes 31. 2.6.br.140.—
241.aunes 28.13.4.br.129.—
140.aunes 37. 2.6.br.167.— } dict noir à ₰ 42. —dans nº 23. — à 6. l. 750. 15. —
269.aunes 30.13.4.br.138.—
272.aunes 31. 6.8.br.141.—

1.aunes 62.13.4.can.33.3. } Canes 435. 2. pans crespons de Naples de soye noire large à carlins
2.aunes 78.— --can.41.4. 16.½ la cane, sont — ducats 718. 4. 4.
3.aunes 78.— —can.41.4. Embalage ducats 6.doüanne de Naples d.48.10.2. — d. 54.10.12.
4.aunes 77. 2.6.can.41.— Port iusqu'à Milan, — d. 15.—
5.aunes 66.12.6.can.35.4.
6.aunes 66.— —can.35.3. d.789. 4.16.
7.aunes 66.10.—can.35.3.
8.aunes 66. 7.6.can.35.2. Lesquels d.789.4.16. monnoye de Naples, ont esté tirez à Plaisance, en
9.aunes 66.10.—can.35.3. Foire de la Purific. en ▽ 530.3.5.d'or de marc, châgez à 149. pour °/₀,
10.aunes 66. 7.6.can.35.2. & retournez auec la prouision à ₰ 150.pour Milan sont — l.3989.10.
11.aunes 66. 7.6.can.35.2. Transit dudict Milan, — l. 15.—
12.aunes 57. 6.8.can.30.4.

l.4004.10. à 6. l. 2002. 5. —
Pour port, dace, & doüanne de ladicte Caissette, en ce — à 4. l. 123. — —
Pour aduance en credit à profits & pertes, — à 41. l. 731. — 9

— l. 4606. 9. 9

———1625.———

BOVRRE DE SOYE doit pour les cy-apres,

bale 1.n.8. —℔ 300.-bourre de soye de Milan à ₰ 57.6. la ℔ — l. 862.10.-
Embalage l.12.-- dace de Milan l.18.--tout — l. 30.— -

l. 892.10.- à 6. l. 446. 5. —
Pourt port, dace, & doüanne, reuenant à ₰ 4.6.pour ℔, en credit à despences, — à 4. l. 67. 10. —
bale 1.nº 29.-℔ 303.- bourre de soye fine de Mantoüe à ₰ 95.-la ℔, — l.1435.15.-
Prouision à 2.pour °/₀ l.28.7.dace de Mantoüe l.26.courratage à ₰ 2.pour ℔,
l.30.6.- Embalage l.35.4.& port iusqu'à Milan, l.38.8. tout — l. 158. 5.-

l.1594.— -

Lesquelles l.1594.-- monnoye de Mantoüe, font ducatons 166.10.à l.9. 12. pour ducaton, & à ₰ 115.de Milan, sont — l.954.14.9.
Pour le transit de Milan, — l. 10.— --

l.964.14.9. à 6. l. 482. 7. 4

Pour port, dace, & doüanne, en credit à despences, — à 4. l. 67. 10. —
Pour aduance en credit à profits & pertes, — à 41. l. 207. 7. 8

— l. 1271. — —

———1625.———

DOPPIONS DE MILAN doiuent pour les cy-apres,

℔ 621. bales 3.nº 9.à 11.℔ 900.-- Doppion dict suprà fin, à l.5.16. — l.5220.—
Embalage l.36. dace de Milan, l.525. tout — l. 561.—

l.5781.— à 6. l. 2890. 10. —
Pour port, dace, & doüanne, reuenant à l. 64. 3. 4. pour bale, — à 4. l. 192. 10. —
℔ 414. bales 2.nº 25.26.℔ 600.Doppion dict à l. 5.16. — l.3480.—
Embalage l.24.-- dace de Milan l.350.tout — l. 374.—

l.3854.— à 6. l. 1927. — —
Pour port, dace, & doüanne en credit à despences, — à 4. l. 128. 6. 8
Pour aduance en credit à profits & pertes, — à 41. l. 337. 8. 4

— l. 5475. 15. —

AVOIR pour les cy-apres vendus à diuers,

Articles	Prix		l.	s.	d.
266.aunes 31. 2.6. 242.aunes 28.13.4. 140.aunes 37. 2.6. 269.aunes 30.13.4. 272.aunes 31.6. 8. } Crespon noir de Milan à l.3.-- enuoyé à Taranget, & Rousier, pour vendre pour nostre compte, en ce	à 26.	l.	476.	15.	—
337.aunes 64. 8.4.dict noir à Giaso à l.3.-- pour Robert Gehenaud de Paris, debiteur en ce	à 28.	l.	193.	5.	—
318.aunes 70. 5.-- 344.aunes 57. 6.8. } dict noir à l.3.5.-- pour Iean des Lauiers de Paris, debiteur en ce,	à 17.	l.	414.	12.	11
319.aunes 66. 5.--dict morelin cramoisy à l.3.10.pour Enemond Duplomb de Lyon, debiteur en ce,	à 39.	l.	231.	17.	6
280.aunes 64. 8.4. 315.aunes 55. 2.6. 392.aunes 64. 8.4. 394.aunes 26.13.4. } dict noir leger à l.3.-- pour Iean de la Forests de Lyon, debiteur en ce,	à 28.	l.	631.	17.	6
1.aunes 62.13.4. 2.aunes 78.— — 3.aunes 78.—.— 4.aunes 77. 2.6. 5.aunes 66.12.6. 6.aunes 66.—.— 7.aunes 66.10.— 8.aunes 66. 7.6. 9.aunes 66.10.— 10.aunes 66. 7.6. 11.aunes 66. 7.6. 12.aunes 57. 6.8. } aunes 817.7/8 dict noir à l.3.5.- pour Robert Gehenaud, debiteur en ce,	à 16.	l.	2658.	1.	10
	—	l.	4606.	9.	9

1625.

AVOIR pour les cy-apres venduës a diuers,

Articles	Prix		l.	s.	d.
bale 1. n° 8.℔ 207.- bourre de soye fine à l.3.-- pour Cesar, & Iulien Granon debiteurs,	à 6.	l.	621.	—	—
bale 1. n° 29.℔ 208.- bourre dicte à l.3.2.6.-- pour François Verthema, debiteur en ce,	à 36.	l.	650.	—	—
	—	l.	1271.	—	—

1625.

AVOIR pour les cy-apres,

Articles	Prix		l.	s.	d.
℔ 621.—Doppions dict à l.5.5.—donné à ouurer à diuers, en debit à Doppions ouurez,	à 25.	l.	3260.	5.	—
℔ 422.—Doppions dict à l.5.5.—donné à ouurer à diuers, en debit à Doppions ouurez,	à 25.	l.	2215.	10.	—
	—	l.	5475.	15.	—

SARGETTE DE MILAN doiuent pour les cy-apres,

139.aunes 61.— —br.102.—
163.aunes 60. 6.8.br.100.—
168.aunes 60. 5.—br.100.—
181.aunes 60. 5.—br.100.—
130.aunes 60.15.—br.101.— } Sargette noire en 21.dans vne balle n° 9. — — — à 6. l. 1590. 2. 6
176.aunes 60.15.—br.100.—
167.aunes 60.10.—br.100.—
171.aunes 61.— —br.101.—
152.aunes 60.13.4.br.101.— Pour port,dace, & doüanne en credit à despences, — — à 4. l. 63. 3. 4
Pour aduance en credit à profits & pertes, — — — à 41. l. 150. 14. 7

— l. 1804. — 5

—1625.—

TAPISSERIE DE BERGAME doit pour les cy-apres,

Pieces 8.aunes 200.—br.360.—tapisserie rouge porte ronde,hauteur br.5.
Pieces 1.aunes 25.—br. 45.—dicte hauteur, br. $4\frac{1}{2}$ — — } br.540.à l.7. l.3780.—
Pieces 3.aunes 75.—br.135.—dicte hauteur br. $5\frac{1}{2}$ — — —
Embalage & port iusqu'à la Canonica, — — — l. 102.—
Pieces 12.—
l.3882.—

Lesquelles l.3882.monnoye de Bergame,font doublons d'Espagne 172.10.8.à l.22.10.pieces, & à l.15.— monnoye de Milan,font -l.2588.—
Transit de Milan l.120.port de la Canonica à Milan l.4.16.tout — l. 124.16.

l.2712.16. à 6. l. 1356. 8. —
Pour port,dace,& doüanne. reuenant à l.46.3.4. la bale — — — à 4. l. 277. — —
Pour aduance en credit à profits & pertes, — — — — à 41. l. 541. 12. —

— l. 1975. — —

—1625.—

TOILES D'OR ET ARGENT doiuent pour les cy-apres,

70.aunes 14. 3.4.br.33.—toile d'or incarnadin prima vera 1. fil à — l. 15. —
365.aunes 8.— —br.18.—dicte d'argent blanche 2. fil 4. fleur à — l.18. — } dans n° 19. — à 6. l. 881. 10. —
342.aunes 13. 5.—br.29.15.brocat blanc or & argent, aspolin 2. fil à l.32. —
252.aunes 21. 2.6.br.47.10.toile d'or morelin,prima vera 2.fil à fleur à l.18. —
247.aunes 13. 6.8.br.30.—brocat blanc or & argent aspolin 4. fil à — l.44. — } dans n° 23. — à 6. l. 1087. 10. —
287.aunes 11. 2.6.br.25.—toile d'argent blanche 2. fil, — —
288.aunes 13.11.8.br.30.10.dicte — — — — —
294.aunes 13. 5.—br.29.15.dicte — — — — —
286.aunes 8.17.6.br.20.—dicte Arabesque, — — —
290.aunes 6.11.8.br.14.15.dicte incarnadin d'or à fleur, — — } à l. 18.la br.dans n.24. — à 6. l. 1647. — —
291.aunes 8.17.6.br.20.—dicte canclé — — — —
292.aunes 8.15.—br.19.15.dicte celeste, — — — —
293.aunes 10. 6.8.br.23. 5.dicte noire Arabesque, — — —
Pour aduance en credit à profits & pertes, — — — à 41. l. 905. 5. —

— l. 4521. 5. —

—1625.—

CRESPES DE BOLOGNE doiuent pour les cy-apres,

Pieces 40.aunes 769. 5.Crespe blanc 2.capt n° 18. —
Pieces 24.aunes 464.—dict 1.capr, — — } aunes 2040.onces $1281\frac{1}{4}$ à ∂34.l.2177.18.2.
Pieces 32.aunes 806.15.crespe noir lis de 36. —
Pieces 4.aunes 73.—dict crespe crespé —
Pieces 16.aunes 304. 5.dict — — — } aunes 774.15.onces $805\frac{1}{8}$ à ∂ 36.—l.1489. 5.—
Pieces 20.aunes 397.10.Scume noire, — —
Prouision à 2.pour $\frac{0}{0}$, auec les frais, & port iusqu'à Milan, — l. 282. 9.6.

l.3949.12.8.

Lesquelles l.3949.12.8. font ▽929.6.6.de Bologne à l.4.5. pour ▽ tirés à Plaisance en Foire de S.Iean Baptiste,en ▽ 609.8.5.d'or de marc,changés à 152.pour $\frac{0}{0}$, & retournez pour Milan auec la prouision à ∂ 150.pour escu, font — — — l.4585.17.6.
Transit dudict Milan, — — — — l. 15.—

l.4600.17.6. à 6. l. 2300. 8. 9
Pour port,dace,& doüanne de ladicte Caisse n° 21. — — — à 4. l. 360. — —
Pour aduance en credit à profits & pertes, — — — à 41. l. 2206. 8. 3

— l. 4866. 17. —

AVOIR pour les cy-apres,

139.aunes 61.—.—					
163.aunes 60. 6.8. Sargette noire à l. 3. enuoyée à Taranger,& Rousier, par le coche pour vendre					
168.aunes 60. 5.— pour nostre compte,	à 26.	l.	722.	10.	—
181.aunes 60. 5.—					
130.aunes 60.15.—dicte noire à l.3.15.-- pour Robert Gehenaud debiteur en ce,	à 28.	l.	227.	16.	3
176.aunes 60.15.--					
167.aunes 60.10.--					
171.aunes 62.—-- dicte à l.3.10.-- pour Iean des Lauiers,pour Aoust 1626.	à 17.	l.	853.	14.	2
152.aunes 60.13.4.					
	—	l.	1804.	—	5

1625.

AVOIR pour les cy-apres,

Pieces 1.aun. 25.-Tapisserie de Bergame rouge,haut. aunes 2.½ à l.6.cõptant au Carnet,f° 14.en ce,	à 28.	l.	150.	—	—
Pieces 3.aun. 75.-dicte à l.7.— hauteur aunes 3.pour Cesar,& Iulien Granon de Tours, debiteurs,	à 6.	l.	525.	—	—
Pieces 4.aun. 100.-dicte à l.6.10.hauteur aunes 2.½,pour Antoine &Hugues Blauf debiteurs,	à 22.	l.	650.	—	—
Pieces 4.aun. 100.-dicte à l.6.10.hauteur aunes 2.½,pour Raymond Orlic de Bourdeaux,	à 39.	l.	650.	—	—
Pieces 12.	—	l.	1975.	—	—

1625.

AVOIR pour les cy-apres venduës a diuers,

70.aunes 14. 3.4.toile d'or incarnadin,prima vera 1.fil petites fleurs à l.24. pour Duplób debiteur,	à 39.	l.	580.	—	—
365.aunes 8.—--dicte d'argent blanche 2.fil à fleurs à l.30.					
342.aunes 13. 5.--brocat blanc or & argent aspolin 2.fil à l.50.pour Robert Gehenaud,debiteur,	à 16.	l.	675.	—	—
252.aunes 21. 2.6.toile d'or morelin prima vera 2. fil à fleur, à l.32. pour Glotton debiteur en ce,	à 16.	l.	1476.	—	—
247.aunes 13. 6.8.brocat blanc or & argent,aspolin 4.fils à l.60.					
287.aunes 11. 2.6.toile d'argent blanche 2.fil,					
288.aunes 13.11.8.dicte					
294.aunes 13. 5.--dicte					
286.aunes 8.17.6.dicte Arabesque, aunes 81.⅛ à l. 22.-- restans en magasin au 3.Auril					
290.aunes 6.11.8.dicte incarnadin d'or à fleur 1626.en debit, à marchandises en general,	à 43.	l.	1790.	5.	—
291.aunes 8.17.6.dicte canelé,					
292.aunes 8.15.--dicte celeste,					
293.aunes 10. 6.8.dicte noire Arabesque,					
	—	l.	4521.	5.	—

1625.

AVOIR pour les cy-apres vendus à diuers,

Pieces 40.aunes 769. 5.crespe blanc 2.capt n° 18.à ∯ 24.					
Pieces 24.aunes 464.—dict 1. capt.à ∯ 21. pour Iean des Lauiers debiteur,	à 17.	l.	3265.	16.	6
Pieces 32.aunes 806.15.dict noir lis,de 36. à ∯ 46.					
Pieces 4.aunes 73.—crespe crespé à ∯ 48.					
Pieces 16.aunes 304. 5.dict pour Herue, & Sauary debiteurs,	à 18.	l.	1601.	—	6
Pieces 20.aunes 397.10.Scume noire à ∯ 35.					
	—	l.	4866.	17.	—

LE VAISSEAV S. PIERRE, Capitaine Pierre Samson, chargé en Amsterdam par Iean Oort pour aller à Marseille, & consigner à Benoist Robert les marchandises suiuantes,

b. 20. { bales 15. ℔ 5695.--net poiure menu à 29. gros la ℔ deduit 1. pour % de bon poids, — l. 681. 5. 4.
bales 5. ℔ 1846.-- net gros poiure à 31.½ gros deduit 1. pour % — l. 239. 17. 4. }

Denier à Dieu ₰ 4.8. port au magasin ₰ 13.4. — l. — 18. —
Poids à 12. gros pour cent, — l. 3. 17. —
Pour de 20. bales en faire 40. Caneuas & port au vaisseau, — l. 12. 5. 10.
Droict de sortie à ₰ 5. le %, & courratage à 6. ß pour bale, l. 19. 15. — } l. 36. 15. 10.

℔ 1313. en 202. cuirs vaches de Roussie à ₰ 3.8. de gros la ℔, — l. 240. 14. 4.
Embalage en 4. bales, courratage, droict de sortie, & port au Nauire, — l. 6. 15. 3.
pieces 200. ℔ 59330. plomb à ₰ 16. le % — l. 474. 12. 9.
pieces 129. ℔ 25550. dict à ₰ 15. le % — l. 191. 12. 6.
Droict de poids à 4. gros le % l. 14.6.2. port au Vaiss. l. 9.13.6.--l. 23.19.8.
Droict de sortie à ₰ 1. le % l. 42.-courr. à 6. ß le millier l. 2.2.6.-l. 44. 2.6. } l. 68. 2. 2.
℔ 2548. Estain fin à l. 9. le % — l. 229. 6. 4.
Pour le fondre en petit. pieces à 20. ß le %, & pour 8. tonneaux, l. 3. 1.2.
Droict de sortie, port au Nauire, & courratage, — l. 3. 4.4. } l. 6. 5. 6.

l. 2175. 7. 4.

Prouision dudict Oort à 2. pour %, — l. 43. 10. —
Pour auoir fait asseurer en Anuers l. 1450. à 8. pour %, — l. 116. —. —
Prouision à ¼ pour %, & courratage à ¼ pour % — l. 12. 1. 8.
Prouision dudict Oort, pour donner la commission, & tenir correspondan- à ¼ pour % desdictes l. 1450. — l. 3. 12. 6.

Calculé à l. 6.-tournois pour vne liure de gros, sont en credit audict Oort, l. 2350. 11. 6. à 14. l. 14103. 9. —
Prouision de la chambre à ½ pour % pour le recouurement de l. 1450.-deus par les asseureurs d'Anuers, — l. 4. 16. 8.
Prouision dudict recouurement à ½ pour % — l. 7. 5. —
Pour coppier les attestations de la perte, — l. 1. 4. 6.
Courratage de la remise, — l. 1. 12. 6. } à 14. l. 89. 12. —
14. 18. 8.

l. 2365. 10. 2. — l. 14193. 1.

—1625.—

IEAN OORT d'Amsterdam doit l. 2350. 11. 6. monnoye de gros que à 4. pour % d'auance, il a tiré de nostre ordre en Anuers sur Hannecard crediteur au carnet des Roys 1625. f. 5. & en ce, — l. 2350. 11. 6. à 5. l. 14103. 9. —
Et l. 1450. - - de gros qu'il a receu des asseureurs d'Anuers pour cause que le Vaisseau S. Pierre a esté pris par les Corsaires d'Argers au Capt de Gab en Espagne, — l. 1450. —- à 14. l. 8700. — —
▽ 4044.-- d'or sol, pour l. 2089.8. -- de gros, que à 124. pour ▽, nous a tiré pour Roüan sur Robin, & Ferrary crediteurs en ce, — l. 2089. 8. — à 17. l. 12132. — —
Auance sur ladicte traicte, — l. —. —. — à 15. l. 404. 8. —
35339. 17.--
Pour ½ de l. 29613. 17. 11. que monte le chargement du Vaisseau le Cheualier de Mer, de compte à ½ auec luy en ce, — l. —. —. — à 17. l. 14848. 1. 4
Pour ½ de l. 6932. 3.-- de gros que monte le net procedit de la vente par luy faicte de 1536. facs riz y enuoyez par le Vaisseau le Cheualier de Mer, — l. 3466. 1. 6. à 17. l. 20796. 9. —

l. 9356. 1. — — l. 70984. 7. 4

—1625.—

ABRAHAM BECH de Londres doit en Roys 1625. ▽ 2145. 10. d'or sol, que à 69.½ sterlins pour ▽, nous a tiré par sa lettre, payable à Franchotty, & Burlamaquy crediteurs au Carnet desdicts payements f° 5. & en ce, — l. 621. 6. — à 5. l. 6436. 10. —
▽ 357. 10. 6. que à 68. pour ▽, il a tiré de nostre ordre à Roüan sur Robin & Ferrary crediteurs en ce, — l. 101. 6.4. à 17. l. 1672. 11. 6

l. 722. 12. 4. — l. 7109. 1. 6

AVOIR pour l.1450. de gros receus par ledict Oort, des asseureurs d'Anuers, pour cause que ledict Vaisseau a esté pris par les Corsaires d'Argers au Capt de Gab en Espagne,	l.1450.—	à 14.	l. 8700.	—	—
Perte sur ledict Vaisseau en ce,	l. 915.10.2.	à 41.	l. 5493.	1.	—
	l.2365.10.2.	—	l. 14193.	1.	—

1625.

AVOIR pour le monter du chargement faict sur le Vaisseau S. Pierre de diuerses marchandises, calculé à l.6. tournois, pour vne liure de gros, sont	l.2350.11.6.	à 14.	l. 14103.	9.	—
Pour frais par luy faicts pour le recouurement de l. 1450.- de gros deus par les asseureurs d'Anuers en ce,	l. 14.18.8.	à 14.	l. 89.	12.	—
Pour le monter de l'achapt, & frais de diuerses merluches & arens, que de nostre ordre, il a fait charger à Iarnionts & Pleymond, sur le Vaisseau le Cheualier de Mer en ce,	l.3524. 9.4.	à 15.	l. 21146.	16.	—
35339.17.					
Qu'il a fourny pour faire asseurer en Amsterdam l.3900. -- de gros sur le Vaisseau le Cheualier de Mer chargé à final en ce,	l. 234.—	à 17.	l. 1404.	—	—
∇ 4949.7.1. d'or sol, que à gros 118. pour ∇, luy auons tiré en Anuers sur Iean Baptiste Decoquiel, valeur de Verdier, Picquet, & Decoquiel, au Carnet de Pasques 1625. f° 7. & en ce,	l.—.—	à 38.	l. 14848.	1.	4
∇ 6255.11.7. pour l.3232.1.6. de gros, que à 124. pour ∇, il nous a remis par sa lettre, pour Paris, sur Lumaga, & Mascranny, valeur icy des leurs au Carnet de Pasques 1625. f° 15. & en ce,	l.3232. 1.6.	à 38.	l. 18766.	14.	9
Perte de remise,	l.—.—	à 17.	l. 625.	14.	3
	l.9356. 1.—	—	l. 70984.	7.	4

1625.

AVOIR pour 250. pieces perpetuanes qu'il a acheptées de nostre ordre, & chargées pour Roüan au Vaisseau de Iames Zerland, pour consigner a Robin & Ferrary, montant auec les frais en ce,	l. 621. 6.—	à 11.	l. 6436.	10.	—
Pour vn tonneau sustaine d'Angleterre contenant 32. pieces diuisées en 64. diuerses couleurs à ß 30. la ½ piece, qu'il a enuoyées de nostre ordre à Roüan esdicts Robin, & Ferrary, montant en ce,	l. 101. 6.4.	à 11.	l. 1072.	11.	6
	l. 721.12.4.	—	l. 7509.	1.	6

LE VAISSEAV LE CHEVALIER DE MER, Capitaine Chreſtien Iaulcem de Rotterdam, chargé à Iernionts & Pleymonts, pour aller deſcharger à Marſeille, & conſigner à Benoiſt Robert les marchandiſes ſuiuantes,

120000. Merluches chargées à Pleymonts à compter 120. poiſſons, pour % à ß 8.4. le %, l. 500.— —
19000. Dictes à ß 8.6. le % —— l. 80.15.—
Sortie de 86. milliers à ß 6.3. le millier, & droict d'étrée du Vaiſſeau, l. 27. 8.—
Pour 28. douzaines nattes à ß 3.4. la douz. & bois mis au deſſus, — l. 4.18.4.
Port au Vaiſſeau deſdicts 139. milliers à 39. deniers le millier, & autres menus frais, tout —— l. 3.16.—
} l. 36. 2.4.
800. Barils en 80. lets harens ſors, chargez à Iernionts à l. 10. le lets, —— l. 800.—.—
380. Barils en 38. lets harens dicts à l. 9.— le lets, —— l. 342.—.—
Sortie de 80. lets à ß 7. 6. l. 30. port au Nauire à 8. deniers le lets l. 3.18.8. tout —— l. 33.18.8.
Impoſition du port & deſpence au ſeiour l. 1.15. pilotage d'entrée & ſortie, —— l. 5.18.—
Port de l. 1800.- de ſterlins, de Londres à Pleymonts & Iernionts, — l. 3.15.6.
Pour vn Pilote qui a mené ledict Vaiſſeau à Iernionts, —— l. 2.—.—
Pour vn autre Pilote qui la mené à Doures, —— l. 3.—.—
Deſpence faicte par l'homme enuoyé à Iernionts & Pleymonts, ayant ſeiourné 65. iours à Cheual, —— l. 13.10.—
Pour ſa prouiſion & peine, —— l. 12.—.—
Prouiſion de l'achapt & enuoy à 2. pour % —— l. 36.—.—
Prouiſion de Londres, de l'argent fourny à 1. pour %, —— l. 11.—.—
—— l. 121. 2.2.

monnoye de ſterlins, l. 1879.19.6.

Laquelle ſomme de l. 1879.19.6. de ſterlins a eſté tirée en Amſterdam à ß 34.6. pour liure de ſterlins, ſont monnoye de gros —— l. 3242.19.—
Prouiſion de Iean Oort à 2. pour %, pour donner la commiſſion & tenir correſpondance, —— l. 64.17.—
Pour auoir faict aſſeurer à Chambourg l. 2000.— à 10. pour % —— l. 200.—.—
Prouiſion à $\frac{1}{3}$ pour % l. 10.- & courratage à $\frac{1}{3}$ pour % l. 6. 13.4. tout —— l. 16.13.4.

Calculé à l. 6.- tournois, pour vne liure de gros, en credit à Iean Oort, —— l. 3524. 9.4.	à 14.	l.	21146.	16.	—
Pour frais faicts à final par Maluaſie au deſchargement dudict Vaiſſeau venu de Marſeille, & faire conduire en magaſin 19000. merluches, & 680. barils harens, loüage de magaſin, prouiſiõ, & autres menus frais, tout l. 813.- faiſant doublons d'Eſpagne 55.8.6. à l. 14. $\frac{2}{3}$, & à l. 7.6. tournois, ſont en credit audict Maluaſie, ——	à 16.	l.	404.	8.	—
Port de final à Verſeil de 200. barils harens és mains de Ioſeph Boltreſſo peſant Rub 1650. à 42. gros le Rub, ſont fl. 5775. que à ß 3.- tournois, pour florin, ſont ——	à 16.	l.	866.	5.	—
Pour le port de final à Carmagnole, & loüage de magaſin, de 200. barils harens, frais de voyage allant & venant de Thurin à Carmagnole, par noſtre Pierre Alamel, crediteur en ce, ——	à 9.	l.	872.	2.	—
Prouiſion de Boltreſſo à 2. pour % de la vente de 200. barils harens faicte à Verſeil, courratage à $\frac{1}{3}$ pour % tout fl. 863.4. à ß 3.- tournois pour florin, ſont en ce ——	à 16.	l.	129.	10.	—
Prouiſion de Maluaſie des merluches & harens par luy venduës à final, en ce, ——	à 16.	l.	117.	—	—
Pour loüage dudict Vaiſſeau le Cheualier de Mer, à raiſon de l. 700.— tournois par mois, ayant ſeiourné 3. mois, ſont en ce, ——	à 9.	l.	2100.	—	—
Prouiſion à $\frac{1}{3}$ pour % payée à Roüan pour la traicte de l. 12132. faicte par ledict Oort, ſur Robin & Ferrary, crediteurs en ce, ——	à 17.	l.	40.	8.	9
Profits qu'il a pleu à Dieu enuoyer ſur ce compte, en ce ——	à 41.	l.	16397.	6.	3
	—	l.	42073.	16.	—

AVOIR pour les marchandises cy-apres vendus à Marseille par Robert,
100.barils harens sors, vendus comptant à l.25.--le baril, — l. 2500.—
200.barils dict à l.26.—le baril, vendu à Deschamps, pour Roys 1625. — l. 5200.—
50.barils dict à l.26.— le baril, vendu comptant en Arles, — l. 1300.—
50.barils dict à l.25.— le baril, vendu comptant à Beaucaire, — l. 1250.—
100.barils dict à l.25. le baril, vendu comptant en Auignon, — l. 2500.—

b. 500.

10.bales pesant ℔ 2440.merluches à l.8.le $\frac{o}{o}$ vendu comptant audict Marseille, — l. 195. 4.—
100.bales ℔ 24500.-dictes à l.8.10.-- le $\frac{o}{o}$ vendu à Deschamps, pour Roys 1625. — l. 2082.10.—
50.bales ℔ 12000.-dictes à l.8.---- le $\frac{o}{o}$ vendu comptant en Arles, — l. 960.—
100.bales ℔ 24700.-dictes à l.8.10.-- le $\frac{o}{o}$ vendu comptant à Beaucaire, — l. 2099.10.—
240.bales ℔ 59100.-dictes à l.8.10.-- le $\frac{o}{o}$ vendues comptant en Auignon, — l. 5023.10.—

l. 23110.14.--

Surquoy distrait les frais cy-apres ensuiuis sur lesdictes marchandises, —
Pour frais faicts à l'arriuée dudict Vaisseau à Marseille pour le faire descharger & conduire en magasin 500.barils harens, & 120000.merluches, l.950.—
Port de Marseille en Arles, Beaucaire, & Auignon de 200. barils harens & 95800.merluches, despence de bouche, & autres frais, — l.630.—
Loüage de magasin, & prouision dudict Robert tant de la reception que vente desdictes marchandises tout, — l.720.—
} l. 2300.—

Reste en debit audict Robert, —	à 3.	l.	20810.	14.	—
200.barils harens à fl.180.le baril, vendus comptant à Carmagnole en debit à Alamel, —	à 9.	l.	5400.	—	—
200.barils dict à fl.185.le baril, vendus à Verseil par Ioseph Boltresso, debiteur en ce —	à 16.	l.	5550.	—	—
70.barils dict à l.35.- le baril, enuoyez aux nostres de Milan, en ce, —	à 6.	l.	2450.	—	—
210.barils dict à l.50.-le baril, vendus à final par Maluasie, sont l.10500.-- monnoye dudict final faisant doublons d'Espagne 715.18.2.à l.14.13.4.l'vn, & à l.7.6.tournois, sont —	à 16.	l.	5226.	2.	—
b. 680.					
50.bales ℔ 12350. merluches à l.13.le $\frac{o}{o}$ enuoyées aux nostres de Milan, en ce —	à 6.	l.	1605.	10.	—
30.bales ℔ 7000. dictes à l.18.- le $\frac{o}{o}$ venduës à final par Maluasie, sont l.1260.- monnoye dudict final, faisant doublons d'Espagne 85.18.2.à l.14.13.4. l'vn, & à l.7.6.tournois, —	à 16.	l.	627.	2.	—
Pour benefice sur la traicte à nous faicte d'Amsterdam, en ce, —	à 14.	l.	404.	8.	—
	—	l.	42073.	16.	—

	VINCENT, ET FRANCOIS MALVASIE, de final doiuent						
	210.barils harens, vendus comptant audict final à l.50.le baril,	l.10500.—	à 15.	l.	5226.	2.	—
℔	7000. merluches à l.18.-- le $\frac{0}{0}$	l. 1260.—	à 15.	l.	627.	2.	—
	1000.doublons d'Italie qu'ils ont receu de nostre ordre à Genes de Lumaga, à l.10.18.l'vne, monnoye dudict Genes, à l.14.2. monnoye dudict final; & à l.7.2.--tournois, sont en credit esdicts Lumaga, en ce,	l.14100.—	à 19.	l.	7100.	—	—
		l.25860.--	—	l.	12953.	4.	—

——1625.——

	IOSEPH BOLTREFFO de Verseil, doit pour vente de 200. barils harens par luy faicte à fl.185.- le baril, calculé à ₰ 3.-tournois, pour florin, sont	fl.37000.—	à 15.	l.	5550.	—	—

——1625.——

	ESTIENNE GLOTTON de Tholouse, doit					
	en Pasq.1626.pour Marchandises à luy venduës, & liurées à Iean Glotton le 3.Mars 1625.	à 28.	l.	3557.	11.	8
	Roys 1628.pour 42.pieces Camelots greges à l.27.10.la piece, liuré audict le 15.Sept. 1625.en ce,	à 21.	l.	1155.	—	—
	Aoust 1626.pour aunes 49.$\frac{5}{8}$ gase noire damassée à ₰ 45.liurée audict, le 3.Oct.1625. l.111.12.1.—	à 10.	l.	559.	12.	1
	32.Paires bas de soye $\frac{2}{3}$ à l.14.- liuré audict Iean Glotton le 3. dudict, en ce —— l. 448. ——	à 10.				
1626.	Roys 1627.pour 2.pieces toile, & brocat or & argent liuré audict le 20.Feurier 1626. montant ---	à 15.	l.	1476.	—	—
	Pasq. 1627.pour aunes 647.$\frac{5}{11}$ tabis de Venise couleurs ord.à l.5.5.- liuré audict le 3.Mars 1626.—	à 22.	l.	3398.	18.	9
	Pasq. 1627.pour aunes 111.$\frac{3}{8}$ satin noir de Lucques à l.4.10.-liuré audict le 15.dudict en ce, —	à 23.	l.	501.	3.	9
	Pasq. 1627.pour diuerses marchandises liurées de son ordre à Iean Glotton le 16.dudict, en ce, —	à 35.	l.	10308.	—	—
		—	l.	20956.	6.	3

——1625.——

	ROBERT GEHENAVD de Paris, doit					
	en Roys 1626.pour marchandises à luy venduës, & liurées à Lorrin, le 3.Mars 1625.montant en ce,—	à 28.	l.	1418.	9.	9
	Aoust 1626.pour marcs 231.-or filé à l.28.10.le marc la premiere sorte, liuré audict le 25.Aoust 1625.	à 4.	l.	7203.	10.	—
	Pasq. 1627.pour vne Caissette veloux de Genes assortie, consignée audict, le 18. Decembre 1625. montant en ce,	à 19.	l.	4071.	15.	3
1626.	Roys 1627.pour aunes 817.$\frac{3}{8}$ crespon de Naples noir, liuré à luy le 10.Feurier 1626.en ce —	à 12.	l.	2658.	1.	10
	Roys 1627. pour aunes 13.$\frac{1}{4}$ brocat blanc or & argent 2.fil à l. 50. consigné à Lorrin le 20. dudict,	à 13.	l.	675.	—	—
	Pasq. 1627.pour aunes 128.$\frac{7}{8}$ tabis de Venise cramoisy à l.5.10.consigné audict le 4.Mars 1626.—	à 22.	l.	708.	16.	3
		—	l.	16735.	13.	1

AVOIR pour frais par eux faicts au deschargement du Vaisseau le Cheualier de Mer venu de Marseille portant 19000. merluches, & 680. barils harens, loüage de magasin, prouision, & autres menus frais,	l. 813.—	à 15.	l.	404.	8.	—
Prouision à 2. pour $\frac{o}{o}$ de la vente de 210. barils harens & 7000. merluches,	l. 235.—	à 15.	l.	117.	—	—
Pour 612. Sacs riz pesant ℔ 118628. à l. 16. le $\frac{c}{o}$, qu'il nous ont vendu pour comptant, montant auec les frais en ce,	l. 19079. 2. 7.	à 17.	l.	9496.	4.	—
Qu'ils ont fourny pour le port de 359. sacs riz de Thurin à final, & autres frais par eux faicts au chargement du Vaisseau le Cheualier de Mer, & prouision en ce,	l. 3752. 12.—	à 17.	l.	1867.	15.	3
Pour nolis, & autres frais par eux faicts à la reception de 20. Caisses semence de vers à soye venuës de Valence en Espagne, & 50. bales draps venus de Marseille, qu'ils ont le tout enuoyé à Thurin és mains d'Alamel,	l. 430.—	à 11.	l.	214.	—	—
Qu'ils ont payé en 105. $\frac{7}{10}$ doublons d'Espagne à nostre Pierre Alamel, à l. 14. $\frac{2}{3}$ l'vn, & à l. 7. 6. tournois, font en ce	l. 1550. 5. 5.	à 9.	l.	771.	12.	—
Perte de monnoye	l.—.—	à 17.	l.	82.	4.	9
	l. 25860.—	—	l.	12953.	4.	—

1625.

AVOIR pour port de final à Versceil de 200. barils harens,	fl. 5775.—	à 15.	l.	866.	5.	—
Pour sa prouision de la vente desdicts 200. barils harens à 2. pour $\frac{o}{o}$, & courratage à $\frac{1}{3}$ pour $\frac{o}{o}$ tout	fl. 863. 4.—	à 15.	l.	129.	10.	—
Qu'il a payé de nostre ordre à Pierre Alamel, debiteur en ce,	fl. 30361. 8.—	à 9.	l.	4554.	5.	—
	florins 37000.—	—	l.	5550.	—	—

1625.

AVOIR en Pasques 1625. escompté à 10. pour $\frac{o}{o}$ que le portons debiteur au Carnet desdicts payemens f. 17. cy,	à 38.	l.	3557.	11.	8
Aoust 1626. escopté à 107. $\frac{1}{2}$ pour $\frac{o}{o}$ l. 559. 12. 1. } portez debit. au Carnet des Saincts 1625. f. 17. cy	à 42.	l.	2035.	12.	1
Roys 1627. escopté à 112. $\frac{1}{2}$ pour $\frac{o}{o}$ l. 1476. — }					
Porté debiteur au liure B, f° 4. pour soude,	à 44.	l.	15363.	2.	6
	—	l.	20956.	6.	3

1625.

AVOIR en Roys 1626. escompté à 2. $\frac{1}{2}$ l. 1418. 9. 9. } en debit au Carnet des Saincts 1625. f° 18.	à 42.	l.	8621.	19.	9
En Aoust 1626. escompté à 7. $\frac{1}{2}$ l. 7203. 10.— }					
Porté debiteur au liure B, f° 4. pour soude de ce compte,	à 44.	l.	8113.	13.	4
	—	l.	16735.	13.	1

	LE VAISSEAV LE CHEVALIER DE MER, Capitaine Chrestien Iaulcem, chargé à final pour porter en Amsterdam, & consigner à Iean Oort les marchandises cy-apres, de compte à moitié auec luy,					
612.	Sacs riz pesant ℔ 118628. acheptez à final de Maluasie à l.16. le % —— l.18980. 9.7.					
	Port, & poids l.33. port au Vaisseau l.36. peage à 6. ℥ le % l. 29.13. tout —— l. 98.13.–					
	Monnoye de final l.19079. 2.7.					
	Sont doublons d'Espagne 1300.17.9 l.14.13.4. l'vn, & à l.7.6. tournois, font en credit à Maluasie, ——	à 16.	l.	9496.	4.	—
565.	Sacs pesant net 1559. quintaux acheptez à Genes à l. 12. 12. 6. font l. 19682. 7. 6. port au Nauire l.98.17.6. poids, & marque l.27.-- tout l.19808.5. font doublons d'Italie 1817.5.6. à l.10.18, l'vn, & à l.7.2. tournois, font en credit à nostre Pierre Alamel, en ce ——	à 9.	l.	12902.	13.	—
359.	Sacs pesant Rubt 2940. à fl.6.6. le Rubt, font —— fl.19110.—					
	Port au magasin, & filet pour les faire accommoder & coudre, —— fl. 120.3.–					
	Pour 359. sacs pour mettre ledict riz à fl.2.6, l'vn, mesurage & embalage, tout —— fl. 987.6.--					
	fl.20217.9.–					
	Sont doublons d'Espagne 439.½ à fl.46. l'vn, & à l.7.6. tournois, font en credit audict Alamel, ——	à 9.	l.	3208.	7.	—
	Pour le port iusqu'a final desdictes 359. sacs à gros 42. le Rubt font fl. 10290. que à fl. 46. pour vn doublon d'Espagne valant l.14.13.4. monnoye de final font —— l.3280.18.8.					
	Pour les remballer l.8.19. port & poids l.17.19. —— l. 26.18.--					
	Port au Nauire l.17.19. peage de terre à 6. denier pour % l.15.13. -- tout —— l. 33.12.--					
	Prouision desdicts Maluasie qu'y ont faict charger, —— l. 411. 3.4.					
	Monnoye de final l.3752.12.--					
	Sont doubl. d'Espagne 255.17.2. à l.14.13.4. l'vn, & à l.7.6. tournois, font en credit esdicts Maluasie, —	à 16.	l.	1867.	15.	3
	Pour plusieurs voyages faicts à Versel final, & Genes par nostre dict Alamel, ——	à 9.	l.	181.	16.	—
	27656.13.3.					
	Pour nostre prouisiõ à 2. pour % de l.27656. que mõte l'achapt cy-dessus en credit à negoce de Piedmõt.	à 10.	l.	553.	2.	8
	Perte sur l'argent pris à Genes par Maluasie, en ce ——	à 26.	l.	82.	4.	9
	Pour l'asseurance faicte en Amsterdam de l.3900.- de gros sur ledict Vaisseau à 6. pour % font l. 234. monnoye de gros, que à l.6. tournois l'vne, valent en credit audict Oort, ——	à 14.	l.	1404.	—	—
	Pour perte sur la remise de nostre moitié de la vente, en ce, ——	à 14.	l.	625.	14.	3
	Pour nostre moitié du profit qu'il a pleu à Dieu y enuoyer, en credit à profits & pertes, ——	à 41.	l.	5322.	13.	5
1536.		—	l.	35644.	10.	4

—— 1625. ——

	IACQVES ROBIN, ET PIERRE FERRARY, de Roüan doiuent l.13493.1.9. que les portons crediteurs au Carnet des Roys 1625. f° 5. & en ce ——	à 5.	l.	13493.	1.	9

—— 1625. ——

	IEAN DES LAVIERS de Paris, doit					
	Pour Roys 1626. l'escompte à sa volonté pour aunes 142.9.7. veloux noir fonds armoisin à l.9. liuré le 8. Mars 1625. ——	à 8.	l.	1282.	6.	5
	Pasques 1626. pour aunes 375.7/12 satins de Bologne cramoisy à l.8.10. liuré à luy le 10. dudict ——	à 18.	l.	3192.	6.	4
	Aoust 1626. pour aunes 127.7/12 crespons de Naples à l.3.5. consigné à François Petit l. 414.12.11.-	à 12.	}			
	Aunes 243.18.4. Sargette de Milan noire à l.3.10.- consigné audict le 3. Auril 1625. — l. 853.14. 2.-	à 13.	} l.	6763.	5.	—
	Aunes 646. 9.2. Satin noir de Genes à l.8.10. —— l.5494.17.11.-	à 19.	}			
	Aoust 1626. pour 96. pieces crespes de Boloigne liurées à luy le 6. Iuillet 1625. montant ——	à 13.	l.	3265.	16.	6
		—	l.	14503.	14.	1

AVOIR pour la moitié de l'achapt & despens cy-contre en debit à Iean Oort	à 14.	l.	14848.	1.	4

Vente faicte en Amsterdam par ledict Oort.

302. Sacs ℔ 48302.- ris à ₰ 50.--le % l'escompte à 5.pour % — l.1207.11.--
159. Sacs ℔ 25926.-dict à ₰ 55.--le % l'escompte à 10. pour % — l. 712.19.3.
882. Sacs ℔ 193833.-dict à ₰ 57.6.le % l'escompte à 12.½ pour % — l.5572.14.--
168. Sacs ℔ 37358.-dict à diuers prix pour comptant estant gasté — l. 732.12.9.
25. Sacs iettez en Mer, la chambre ayant taxé tant pour ledict iet, que pour le dommage des susdicts 168.sacs tarez, que les asseureurs doiuent payer — l. 207. 3.--

l.8433.-- --

Frais ensuiuis sur la reception & vente desdicts riz.

Loüage dudict Vaisseau pour 3. mois qu'il a seiourné de Marseille à Amsterdam à raison de l.116.13.4. pour chacun mois,	l.350.-- --	} l.1500.17.--
Pour frais faicts à final, Genes, & Ligorne,	l. 15.17.--	
Pour descharger lesdicts riz, & droit d'entrée à ₰ 1.le %	l.103. 2.--	
Port au poids à 6.g pour bale, & droit du poids,	l. 99. 5.--	
Loüage du grenier pour vn an	l. 22.10.--	
Prouision dudict Oort à 2.pour %	l.168.13.--	
Escompte de l.1207.11.- à 5.pour %	l. 57.10.--	
Escompte de l.712.19.3.à 10.pour %, & de l.5572.14.à 12.½	l.684.-- --	

1536. Reste monnoye de gros l.6932. 3.--

Qu'est pour nostre moitié l.3466.1.6.monnoye de gros, que à l.6.-tournois l'vne, sont	à 14.	l.	20796.	9.	--
		l.	35644.	10.	4

1625.

AVOIR pour nolis, prouision, & autres frais par eux fournis à la reception de 8. bales sarges perpetuanes venuës de Londres, qu'ils nous ont renuoyé par conduicte de Benoist Valence en ce	à 11.	l.	197.	5.	--
▽ 357.10.6.que à 68.sterlins pour ▽ leur ont esté tirez pour nostre compte de Londres par Abraham Bech, debiteur en ce,	à 14.	l.	1072.	11.	6
Prouision à ⅓ pour % de ladicte traicte	à 11.	l.	3.	11.	6
Pour nolis, & autres frais par eux fournis à la reception d'vn tonneau fustaine venant d'Angleterre qu'il nous a renuoyé par conduicte de Benoist Valence, en ce,	à 11.	l.	47.	5.	--
▽ 4044.-que à 124.gros pour ▽ leur ont esté tirez de nostre ordre par Iean Oort, debiteur en ce,	à 14.	l.	12132.	--	--
Pour leur prouision à ⅓ pour % de ladicte traicte en ce,	à 15.	l.	40.	8.	9
		l.	13493.	1.	9

1625.

AVOIR

En Roys 1626. l'escompte à 107. ½ pour % l. 1282.6.3. } Pasques 1626.l'escompte à 10. l. 3192.6.4. } en debit au Carnet de Pasques 1625.f.17.cy	à 38.	l.	4474.	12.	7
Aoust 1626.l'escompte à 7. ½ l.10029.1.6. en debit au Carnet des Saincts 1625.f.17.par Guetton.	à 42.	l.	10029.	1.	6
		l.	14503.	14.	1

SATINS DE BOLOGNE, de compte à moitié auec Laurens Fiorauanty, doiuent pour les cy-apres,

370.aunes 40.10.10.br.76.— Satin rouge cramoisy
400.aunes 41.15.—br.78. 5.—dict
399.aunes 37.17. 6.br.71.— dict canelé cramoisy,
398.aunes 38.13. 4.br.72.10.— dict
389.aunes 34. 2. 6.br.64.— dict colôbin cramoisy,
390.aunes 36. 5.—br.68.— dict
395.aunes 38.— br.71. 5.— dict violet cramoisy,
401.aunes 37.17. 6.br.71.— dict prince cramoisy,
388.aunes 34. 7. 6.br.64.10.— dict incarnadin
384.aunes 36. 2. 6.br.67.15.— dict
} brasses 704.5. pour br.701. ¼ à l.5.15. —— l.4035. 1.3.

392.aunes 35. 1. 8.br.65.15.— dict minime,
393.aunes 34.18. 4.br.65.10.— dict
397.aunes 37.17. 6.br.71.— dict tristamie,
387.aunes 34.18. 4.br.65.10.— dict turquin,
411.aunes 41. 1. 3.br.77.— dict blanc,
405.aunes 37.13. 4.br.72.10.— dict
} brasses 417.5. pour br.415. ¼ à l.5. —— l.2078.15.—

Embalage, & port de ℔ 240. iusqu'à Milan, —— l. 77.13.—

Monnoye de Bologne l.6191. 9.3.
Qu'est pour nostre moitié l.3095.14.7.

Laquelle somme de l. 3095. 14. 7. a esté tirée à Plaisance en Foire de la Purification en ▽ 482.7.8. d'or de marc changés à 151.pour %, & de ce lieu se sont preualus à Lyon auec leur prouision en ▽ 604.19.8.d'or sol à 80.pour % sur Lumaga & Mascranny crediteurs au Carnet des Roys 1625. f° 5. & en ce, ——	à 5.	l. 1814.	19.	—
Port de Milan à Lyon l.25.10.- dace de Suse l.30. - doüanne de Lyon l. 234. 6. 3. change desdicts frais de Roys iusqu'en Pasques à 2.pour % l.5.15.11. Courratage du vendu à ½ pour % l.24.5.4. prouision de la vēte à 4.pour % pour demeurer du croire l.194.2.10.escompte de l.4853.11.4. (que monte la vente cy-contre) à 112.½ pour % l.539.5.8. tout en credit à despences, ——	à 4.	l. 1053.	6.	—
Pour la moitié de la vente cy-contre rabbatu ½ des frais que faisons bon audict Fiorauanty au Carnet des Roys 1625. f° 6.& en ce, ——	à 5.	l. 1900.	2.	8
Pour nostre moitié du profit qu'il a pleu à Dieu enuoyer sur ce compte, ——	à 41.	l. 85.	3.	8
	—	l. 4853.	11.	4

—— 1625. ——

ANDREA DIECEMY, ET FORTENGVERRA BENASCEY, de Messine doiuent ▽ 5000.- de reaux à ₵ 70.-pour ▽ à eux enuoyez sur vne Galere de France, que à Taris 15.& grains 15.pour ▽, sont en credit à Benoist Robert de Marseille, —— onces 2625.——	à 5.	l. 17500.	—	—
▽ 810 7.3.d'or de marc, qu'ils nous ont tiré à Noue en Roys 1625.à carlins 32.pour ▽, sur Lumaga au Carnet des Roys 1625. f° 4.& en ce —— onces 432.5.16.	à 5.	l. 3030.	—	9
onces 3057. 5.16.	—	l. 20530.	—	9

—— 1625. ——

NICOLAS HERVE, ET GVILLAVME SAVARRY, de Paris doiuent du 10.Mars 1626.pour Roys 1626.pour marchandises liurées audict Sauarry, montant en ce, ——	à 8.	l. 2443.	5.	2
Pasq. 1626.pour aunes 221.½ satins de Bologne, couleurs communes à l.7.10.liuré audict Sauarry, le 20. dudict ——	à 18.	l. 1661.	5.	—
Aoust 1626.pour 40.pieces crespes de Bologne, consignées à Blandin le 8.Iuillet 1625.en ce, ——	à 13.	l. 1601.	—	6
Aoust 1626. pour aunes 768.- tabis noir de Venise à l.5.- liuré audict Blandin le 15.dudict ——	à 22.	l. 3840.	—	—
Touss.1626.pour 3.pieces satins & damas de Lucques consignez audict le 10. Septembre 1625. ——	à 23.	l. 770.	13.	1
	—	l. 10316.	3.	9

		à	l.	s.	d.
AVOIR pour les cy-apres vendus à diuers,					
370.aunes 40.10.10.Satin rouge cramoisy					
400.aunes 41.15.—dict					
399.aunes 37.17. 6.dict canelé cramoisy,					
398.aunes 38.13. 4.dict					
389.aunes 34. 2. 6.dict colôbin cramoisy,	aunes 375. $\frac{7}{12}$ à l.8.10.				
390.aunes 36. 5.—dict	pour Iean des Lauiers le 10.Mars 1625.pour Pasq.1626.	à 17.	l. 3192.	6.	4
395.aunes 38.— —dict violet cramoisy,					
401.aunes 37.17. 6.dict prince cramoisy,					
388.aunes 34. 7. 6.dict incarnadin					
384.aunes 36. 2. 6.dict					
392.aunes 35. 1. 8.dict minime,					
393.aunes 34.18. 4.dict					
397.aunes 37.17. 6.dict tristamie,					
387.aunes 34.18. 4.dict turquin,	aunes 221.$\frac{1}{2}$ à l.7.10.				
411.aunes 41. 1. 3.dict blanc,	Pour Herue,& Sauary,le 20.Mars 1624.pour Pasq.1626.	à 18.	l. 1661.	5.	—
405.aunes 37.13. 4.dict					
		—	l. 4853.	11.	4

1625.

AVOIR pour 10.bales soye Messine qu'ils ont chargées sur vne Galere de Genes,Capitaine dom Carles de Ria,pour consigner à Tholon à Deburgues, lequel doit ensuiure l'ordre de Benoist Robert de Marseille.

			à	l.	s.	d.
bal. 8.	℔ 2200.-net soye Messine de Meso fine à tari 30. & grains 16.la ℔ sont	onces 2258.20.—				
bal. 1.	℔ 275.- dicte fine de Ramette,& la Rocque à tari 31.12.	onces 289.20.—				
bal. 1.	℔ 275.- dicte de Montagne à tari 30. 6.	onces 277.22.10.				
	Poids & courratage de ℔ 2750.- à 4.grains pour ℔	onces 18.10.—				
	Pour les 2.gabelles de Messine à 3.carlins pour ℔	onces 137.15.—				
	Pour l'embalage à tari 46.pour bale	onces 15.10.—				
	Prouision à 2. pour %	onces 59.28. 6.				
		onces 3057. 5.16.	à 3.	l. 20530.	—	9

1625.

AVOIR

	à	l.	s.	d.
En Roys 1626.l'escompte à 7.$\frac{1}{2}$ pour % l.2443.5.2. / Pasques 1626.l'escompte à 10. pour % l.1661.5.— } en debit au Carnet de Pasq. 1625.f° 17.& en ce,	à 38.	l. 4104.	10.	2
Aoust 1626.l'escompte à 7.$\frac{1}{2}$ pour % que les portons debit. au Carnet des Saincts 1625.f. 17. & en ce	à 42.	l. 5441.	—	6
Portez debiteurs au liure B,f° 4.& en ce,	à 44.	l. 770.	13.	1
	—	l. 10316.	3.	9

DRAPS DE SOYE DE GENES doiuent pour les cy-apres,

245.aunes 81. 5.--palm.390.
246.aunes 80. 2.6.palm.384. 10.
247.aunes 81. 2.6.palm.389. 10.
248.aunes 80.12.6.palm.387.
249.aunes 80.----palm.384. } palmes 3103. Satin noir à ₫ 41. ——— l. 6361. 3.–
250.aunes 81.13.4.palm.392.
251.aunes 80.16.8.palm.388.
252.aunes 80.16.8.palm.388.

81.aunes 29. 1.3.palm.139. 10.Veloux noir 3.poil à ₫ 73. ——— l. 509. 3.6.
82.aunes 29. —palm.139.
83.aunes 29. 7.6.palm.141. } palmes 422.½ dict 2. poil à ₫ 64. ——— l. 1352.–––
84.aunes 29.13.9.palm.142. 10.
85.aunes 29. 7.6.palm.141.
86.aunes 28.15.–palm.138. } palmes 417.½ dict poil ½ à ₫ 58. ——— l. 1210.15.–
87.aunes 28.17.6.palm.138. 10.
88.aunes 29. 1.3.palm.139. 10.
89.aunes 28.15.–palm.138. } palmes 413. dict renforcé à ₫ 53. ——— l. 1094. 9.–
90.aunes 28. 5.–palm.135. 10.
91.aunes 29. —palm.139.—dict demy renforcé à ₫ 46.6. ——— l. 323. 3.6.

Emb.desdictes 2.Caisses n° 1.2.prouisió à 1.pour ⅔,& autres frais, l. 263.––

Monnoye courante de Genes, l. 11113.14.–

Lesquelles l.11113.14.font doublons d'Espagne 958.1.6.à l.11.12. l'vn,& à l.7.7. tournois,sont en credit à Lumaga de Genes, ———	à 19.	l. 7041.	17.	—
Port de Genes à Lyon des satins l. 30.-- dace de Suse l. 35. & doüanne de Lyon l.252.-tout en credit à despences, ——— l.317.–– } Port des veloux l.30.dace l.41.doüanne de Lyon,l.308.9.4. tout ——— l.379.9.4. }	à 4.	l. 696.	9.	4
Pour aduance en credit, à profits & pertes ———	à 41.	l. 1828.	6.	10
	——	l. 9566.	13.	2

———1625.———

OCTAVIO, ET MARC-ANTOINE LVMAGA de Genes, doiuent que les portons crediteurs au Carnet des Roys 1625. f° 4. & en ce, ——— l.32913.14.– | à 5. | l. 21291. | 17. | —

———1625.———

PIERRE LAMY D'ALEP, doit ∇ 6000.--de reaux à ₫ 70.-- tournois l'vn,à luy enuoyez par le Vaisseau l'Ange Gabriel,Capitaine Iean Baptiste Lagorio, pour employer en achapt des soyes valans à raison d'vn escu de reaux pour 1.½ piastre, en credit à Benoist Robert de Marseille, en ce, ——— piastres 9000.–––	à 3.	l. 21000.	—	—
∇ 12166.⅔ de reaux à ₫ 69.9.l'vn à luy enuoyez, & consignez à George Boulano, Capitaine du Vaisseau S.François de Paule à 1.½ piastre pour ∇, ——— piast. 18250.–––	à 3.	l. 42431.	5.	—
Et piastres 265. aspr. 33. que à 93. aspr. ½ pour piastre luy ont esté remis de Constantinople par Iean Scaich faisant ∇ 176.⅔ de reaux à ₫ 70.l'vn,& à 1.½ piast. font piast. 265.22.–	à 20.	l. 618.	6.	8
∇ 498.- de reaux qu'il a tiré de nostre ordre à Marseille sur Benoist Robert à payer à ₫ 70.l'vn à Scipion Manfredy, Capitaine du Vaisseau S. Antoine, pour valeur receuë de luy audict Alep,en ce ——— piastr. 748.14.–	à 3.	l. 1743.	—	—
Piastres 28263.36.–	——	l. 65792.	11.	8

AVOIR pour les cy-apres vendus à diuers,

245. aunes 81. 5. — 246. aunes 80. 2.6. 247. aunes 81. 2.6. 248. aunes 80.12.6. 249. aunes 80. — 250. aunes 81.13.4. 251. aunes 80.16.8. 252. aunes 80.16.8. } Satin noir dict à l. 8.10. -- pour Iean des Lauiers debiteur en ce,	à 17	l. 5494.	17.	11
81. aunes 29. 1.3. Veloux noir 3. poil à l. 14.15. — 82. aunes 29. — 83. aunes 29. 7.6. 84. aunes 29. 13.4. } dict 2. poil à — l. 13.15. — 85. aunes 29. 7.6. 86. aunes 28.15. — 87. aunes 28.17.6. } dict poil ½ à — l. 12.15. — 88. aunes 29. 1.3. 89. aunes 28.15. — 90. aunes 28. 5. — } dict renforcé à — l. 11.15. — 91. aunes 29. — dict demy renforcé à l. 10.15. — } Pour Robert Gehenaud de Paris, debiteur en ce	à 16.	l. 4071.	15.	3
		l. 9566.	13.	2

1625.

AVOIR en Roys 1625. pour 2. Caisses satins, & veloux consignées à Gabaleon le 15. Ianuier 1625. montant auec les frais en ce,	l. 11113.14.	à 19.	l. 7041.	17.	—
1000. doublons d'Italie effectifs à l. 10.18. l'vn monnoye de Genes, qu'ils ont payé de nostre ordre a Maluasie debiteurs en ce	l. 10900. —	à 16.	l. 7100.	—	—
1000. doublons d'Italie effectifs à l. 10. 18. qu'ils ont liuré de nostre ordre à nostre Pierre Alamel debiteur en ce,	l. 10900. —	à 9.	l. 7150.	—	—
	l. 32913.14.	—	l. 21291.	17.	—

1625.

AVOIR pour le nolis desdicts ▽ 6000. de reaux qu'il a payez audict Capitaine Lagorio, piastres	15. —				
Pour nolis de ▽ 12166. ½ de reaux qu'il a payez a George Boulano. piastr.	30. —				
Bales 16. -- Rottes 719. ½ soye legis à piastres 11. & 2. medins le rotte sont, piastr.	7941.34.				
Bales 34. -- Rottes 1600. -- Soye ditte à piastres 11. -le rotte piastr.	17600. —				
Lesquelles bales 50. -- nº 1. à 50. ont esté chargées sur le Vaisseau S. Antoine Patron Scipion Manfredy, auec ordre de les consigner à Marseille à Benoist Robert, lequel doit ensuiure nostre ordre, embalage & autres frais y compris 2. pour %, pour le Consulat, piastr.	1299.36.				
Menus despens en Alexandrette, droict de Lennin, & Age d'Alexandrette, à 3. pour %, piastres 823.9. prouision dudict Lamy à 2. pour %, piastr. 554.10. tout piastr.	1377.19.				
piastres	28263.36.				
Lesquels piastres 28263. & 36. medins, calculez à raison que les piastres 27250. cy-contre rendent l. 63431.5. sont en debit à soyes de Mer,		à 3.	l. 65789.	—	—
Perte de monnoye en ce,		à 3.	l. 3.	11.	8
		—	l. 65792.	11.	8

MARCHANDISES en compagnie de Bolofon pour $\frac{1}{3}$, & nous pour les $\frac{2}{3}$ enuoyées à Conftantinople par voye de Marfeille, és mains de Iean Scaich, pour en faire la vente, & chargées fur le Vaiffeau S.Hilaire, Capitaine Boutin.

461.aunes 24. — Veloux incarnadin 2.poil } à — l.17.
1483.aunes 17.12.6.dict rouge cramoify }
1527.aunes 24.15. — Satin canelé 5.couleurs }
1300.aunes 32. 6.8.dict
683.aunes 35. 5. — dict orangé paftel, } à — l. 7.
1266.aunes 12.10. — dict
988.aunes 24. — dict vert naiffant
758.aunes 36. 2.6.dict fleurdelin Arabefque, }
1852.aunes 33. — dict canellé 4.fleurs à — l. 6.5.

Pour comptant rabbatu l'efcompte à 15.pour $\frac{0}{0}$, refte en credit à Manis au Carnet des Roys 1625. f° 6. & en ce,	à 5.	l.	1798.	15.	—

504.aunes 12.10. — Veloux fonds d'argent Turque 4. fleurs, }
59.aunes 17.12.6.dict fonds d'or } à l. 18.
419.aunes 12.10. — dict fonds bleuf,
702.aunes 17.12.6.dict fonds blanc, }
720.aunes 18. 7.6.Veloux fonds taffetas Napolitaine orangé paftel à l.9.

pour comptant en ce	à 8.	l.	1249.	17.	6
Frais d'embalage, caiffe de bois, & toile cirée par defpences,	à 4.	l.	6.	—	—
Port de Lyon à Marfeille de ladicte Caiffe l.8.12. fortie de Marfeille l.9.3. en credit à Robert,	à 5.	l.	17.	15.	—
Pour $\frac{1}{3}$ de piaftres 265.que monte la remife faicte par noftre compte par ledict Scaich en Alep à bon cõpte de la vente cy-cõtre, que faifons bõ à Bolofon au Carnet de Pafq.1525.f°6.afpres 8255.$\frac{1}{3}$	à 38.	l.	206.	2.	2
Pour $\frac{1}{3}$ de 4.bales Camelots acheptez à Conftantinople par ledict Scaich, pour foude du prouenu de la vente cy-contre en credit à Camelots en compagnie de Bolofon, — afpres 45667.$\frac{2}{3}$	à 21.	l.	975.	10.	—
53923. —					
Pour nos $\frac{2}{3}$ du profit qu'il a pleu à Dieu enuoyer en ce compte,	à 41.	l.	1377.	9.	3
	—	l.	5631.	8.	11

1625.

IEAN SCAICH de Conftantinople doit pour le net procedit de la vente par luy faicte de nos marchandifes, tant au comptant que en trocque de Camelots, — afpr.161769. —	à 20.	l.	3455.	19.	4
Pour aduance fur la remife de 265.piaftres par luy faicte en Alep, qui fe font paffées audict lieu à raifon de 1.$\frac{1}{2}$ piaftre pour vn efcu de reaux de ₰ 70.piece, en ce,	à 20.	l.	88.	17.	4
	—	l.	3544.	16.	8

AVOIR pour ½ de l'achapt & despens cy-contre, en debit à Boloson au Carnet des Roys 1625. f. 6. & en ce — à 5. l. 1024. 2. 6

461. aunes 10. — pics 18. — Veloux incarn. 2. poil
1483. aunes 9. 3. 4. pics 16. 10. dict rouge, } pics 34. ½ à 510. aspres le pic sõt aspr. 17555.
720. aunes 18. 7. 6. pics 32. 5. Veloux fonds armoisin orangé à 255. aspres le pic, — aspr. 8224.
702. aunes 17. 12. 6. pics 31. — Vel. à la Turque fõds blãc, à piast. 6. le pic, & la piast. à 90. aspr. 16740.
1483. aunes 8. 9. 2. pics 14. 10. Vel. rouge cram. à 510. aspr. le pic cõptant à Solimã Aga, aspr. 7395.
683. aunes 35. 5. — pics 62. — Satin orangé
1527. aunes 24. 15. — pics 44. 10. dict canelé
988. aunes 24. — pics 43. — dict vert, } pics 149. ½ à 190. aspr. le pic vendu à Thomas Fournety, pour payer en Alep dans 2. mois, — asp. 28405.
1266. aunes 12. 10. — pics 22. — dict orangé à 210. aspres le pic, font — aspr. 4620.
1852. aunes 33. — pics 57. 5. dict canelé à 210. asp. le pic, — asp. 12022.
59. aunes 17. 12. 6. pics 31. — Vel. à la Turque fõds d'or à piast. 7. le pic, & la piast. à 100. aspr. 21700.
461. aunes 14. — pics 25. — Veloux incarnadin 2. poil à 510. aspr. le pic, — asp. 12750.
758. aunes 36. 2. 6. pics 65. — Satin fleurdelin à piastres 2. & la piast. à 100. aspr. — aspr. 13000.
504. aunes 12. 10. — pics 22. — Vel. à la Turque fonds d'argent
419. aunes 12. 10. — pics 22. — dict fonds bleuf — } pics 44. à aspr. 816. le pic
Vendu à Cacan Elias Osiel, pour payer en Camelots 4. fil à piastres 260. la table de pieces 34. — aspr. 35900.

aspres 178311.

Frais ensuiuis tant à la reception que vente desdictes marchandises
pour Nolis de ladicte Caisse n° 1. receu par le Vaisseau S. Hilaire & payé au Capitaine Boutin, — aspres 270.
Droict de doüanne à 5. pour %, de 7. pieces satin, tirant aunes 198. font pics 356. estimées à 150. aspr. le pic font asp. 2672.
Pour le mesme droict de 7. pieces veloux aunes 110. pics 198. à 400. aspres le pic font — aspres 3960.
Pour Sarafage à 5. aspres pour mille, pour l'estimeur de doüanne à vn sequin la Caisse, & autres frais, — asp. 6160.
Prouision de la vente à 2. pour %, — asp. 3480. } aspr. 16542.

Reste aspres 161769.

Lesquels aspres 161769. font piastres 1470. ⅝ à 110. aspres la piastre, & à ₵ 47. tournois l'vn, font en debit à Iean Scaich en ce, — à 20. l. 3455. 19. 4
Pour benefice de remise faicte en Alep par ledict Scaich, — à 20. l. 88. 17. 4
Pour nos ½ du profit faict sur la vente des Camelots enuoyez de Cõstantinople, à 21. l. 803. 16. 5
1500. aunes 32. 6. 8. Satin canelé 5. couleurs à l. 8. — restans à vendre és mains dudict Scaich en debit au liure B, f° 4. & en ce, — à 44. l. 258. 13. 4

l. 5631. 8. 11

1625.

AVOIR pour 4. tables Camelots blancs 4. fil contenant 168. pieces à piastre 260. la table de 34. pieces qu'il a acheptées de Elias Osiel, & chargées sur le Vaisseau S. François, Patron Baralier, pour descharger à Marseille, & les consigner à Benoist Robert, — aspres 128470.
Menus despens à l'achapt desdicts Camelots pour les Gouuerneurs & Ianissaires, de Camp à 40. aspres la table de 34. pieces, — aspr. 204.
Port du Camp à la doüanne de Constantinople, & Ianissaires de Contrade, — aspr. 120.
Droict de doüanne à 5. pour % payé pour 5. tables estimées à mil 25. aspres la table de pieces 34. font aspres 3100. Dare Doro, & Sarafage aspr. 130. tout — aspr. 3230.
Menus droicts de ladicte doüanne aspres 176. embalage, port au Vaisseau, & autres menus frais, tout — aspr. 2410.
Prouision à 2. pour % — asp. 2569.

aspres 137003.

Lesquels aspres 137003. ont esté calculez à raison que les aspres 161769. cy-contre ont rendu l. 3455. 19. 4. font en debit à Camelots en compagnie de Boloson, — à 21. l. 2926. 10. —
Et piastres 265. & aspres 32. que à 93. aspres ½ la piastre, il a remis de nostre ordre en Alep à Pierre Lamy debiteur en ce — aspr. 24766. à 19. l. 618. 6. 8

Aspres 161769. l. 3544. 16. 8

CAMELOTS DE LEVANT en compagnie de Boloson pour $\frac{1}{3}$, & nous pour les $\frac{2}{3}$ doiuent pour les cy-apres enuoyez de Constantinople par Iean Scaich.

			l.	s.	d.
bal. 4.	Pieces 168.- Camelots greges 4.fil, montant auec les frais en ce,	à 20.	l. 2926.	10.	—
	Pour voyture & doüanne desdictes 4.bales Camelots en credit à despences -l. 72.7.4. } Prouision de la vente à 2.pour % l.86.2.courratage à $\frac{1}{3}$ pour % ..14.6. tout - l.100.8.— }	à 4.	l. 172.	15.	4
	Pour le $\frac{1}{3}$ de la vente au comptant cy-contre, abatu le $\frac{1}{3}$ des frais en credit audict Boloson au Carnet de Pasques 1625. à 6. & en ce,	à 38.	l. 222.	8.	3
	Pour le $\frac{1}{3}$ de la vente à terme, apartenant audict Boloson, en ce	à 21.	l. 1155.	—	—
	Pour nos $\frac{2}{3}$ des profits qu'il a pleu à Dieu y enuoyer, en ce	à 20.	l. 803.	16.	5
		—	l. 5280.	10.	—

—1625.—

VESPASIAN BOLOSON doit

		l.	s.	d.
En Pasques 1628. pour ℔ 5219. Soye lege à l. 10.17.6. d'accord à luy liuré le 3. Decembre 1625. en ce,	à 3.	l. 56756.	12.	6
Porté crediteur au liure B, f° 3. & en ce,	à 44.	l. 1155.	—	—
	—	l. 57911.	12.	6

—1625.—

CAMELOTS DE LEVANT de nostre compte doiuent pour les cy-apres,

				l.	s.	d.
bal. 7.	pieces 294. Camelots greges 2. fil à d. 6.16.$\frac{1}{2}$	ducats 1966. 3.				
bal. 5.	pieces 210. dict — 3. fil à d. 7.16.	d. 1610. —				
bal. 3.	pieces 126. dict — 4. fil à d.10. 6.	d. 1291.12.				
	Frais d'embalage, & prouision à 1.pour %	d. 208. 7.				
bal. 15.		ducats 5075.22.				
	Pour age desdicts ducats 5075.22. à 120. pour %, pour reduire le payement en monnoye de change,	d. 845.23.				
		Reste monnoye de change d. 4229.23.				
	Calculé à ₫ 50.- tournois pour vn ducat, sont en credit à Tasca		à 21.	l. 10574.	18.	—
	Pour port, dace, & doüanne desdictes 15. bales, reuenant à l.83.6.8. pour bale		à 4.	l. 1250.	—	—
	Pour auance en credit à profits & pertes,		à 41.	l. 4450.	2.	—
			—	l. 16275.	—	—

—1625.—

ALEXANDRE TASCA de Venise doit que le portons crediteur au Carnet des Roys

			l.	s.	d.
1625. f° 6. & en ce,	d. 4229.23.	à 5.	l. 10574.	18.	—
Porté crediteur au Carnet de Pasques 1625. f° 6. & en ce,	d. 7051.15.	à 38.	l. 17457.	15.	1
	d.11281.14.	—	l. 28032.	13.	1

—1625.—

SATINS DE FLORENCE doiuent pour les cy-apres,

				l.	s.	d.
391. aunes 46.10.—br. 95.—Satin noir, & pastel Arabesque à l.7.		▽ 88.13.4.				
514. aunes 39. 8.9. br. 80.10. dict noir & incarnadin, } 571. aunes 60.15.—br. 124. —dict à fleurs, }	à — l.8.	▽ 218. 2.8.				
396. aunes 47.—br. 96. —dict noir, & fleurdelin, 570. aunes 51.—br. 104. —dict noir, & colombin, 589. aunes 51.10.—br. 105. —dict noir, & blanc, 585. aunes 49. 7.6. br. 100.15. dict 390. aunes 60.15.—br. 123.15. dict noir, & iaune, 515. aunes 44.16.8. br. 91.10. dict noir, & pastel, 395. aunes 41.15.—br. 85. 5. dict noir, & isabelle,	à — l.7.	▽ 659. 3.4.				
385. aunes 48. 7.6. br. 98.15. } 496. aunes 75. 5.—br. 153.10. } dict à la Chine,	à — l.7.	▽ 235. 8.8.				
Embalage & gabelle ▽ 14.13.6. prouision à 2.pour % ▽ 24. tout		▽ 38.13.6.				
		▽ 1240. 1.6.				
Calculé à l.3. tournois, pour vn escu d'or de Florence, sont en credit à Daspichio,			à 25.	l. 3720.	4.	6
Port & dace l.109.10.-- doüanne de Lyon de ℔ 140. l.184.6. tout			à 4.	l. 293.	16.	8
Pour aduance en credit à profits & pertes,			à 41.	l. 673.	14.	6
			—	l. 4687.	15.	8

	AVOIR pour le $\frac{1}{3}$ de l'achapt cy-contre appartenant à Boloson, debiteur en ce,	à 20.	l.	975.	10.	—
	Et pour les cy-apres vendus à diuers,					
bal. 1.	pieces 42.--Camelots greges 4.fil à l.27.-pour Blauf, le 30. Auril 1625. pour Toussainct 1627.	à 22.	l.	1134.	—	—
bal. 1.	pieces 42.--dict à l.20. —pour comptant le 15. May 1625. à Goyet, & Decoleur,	à 5.	l.	840.	—	—
bal. 1.	pieces 42.--dict à l.27.10. pour Glotton le 15. Septembre 1625. pour Roys 1628.	à 16.	l.	1155.	—	—
bal. 1.	pieces 42.--dict à l.28. —pour Enemond Duplomb le 20. Decembre 1625. pour Pasques 1628.	à 39.	l.	1176.	—	—
bal. 4.	piec. 168.	—	l.	5280.	10.	—

1625.					
AVOIR pour le $\frac{1}{3}$ à luy appartenant de la vente de 4. bales Camelots en compagnie auec luy pour receuoir à ses risques des debiteurs, & termes cy-bas,					
Antoine & Hugues Blauf en Toussaincts 1627.—l.378. } Estienne Glotton en Roys —1628.—l.385. } Enemond Duplomb en Pasques —1628.—l.392. }	à 21.	l.	1155.	—	—
En debit au liure B, f° 3. & en ce,	à 44.	l.	56756.	12.	6
	—	l.	57911.	12.	6

	1625.					
	AVOIR pour les cy-apres vendus à diuers,					
bal. 7.	pieces 294. Camelots greges 2. fil à l.25. —pour Blauf, pour Pasques 1628.	à 22.	l.	7350.	—	—
bal. 5.	pieces 210. dict — 3. fil à l.26. —pour Raymond Orlic, pour Pasques 1628.	à 39.	l.	5460.	—	—
bal. 3.	pieces 126. dict — 4. fil à l.27.10. pour Enemond Duplomb, pour Pasques 1628.	à 39.	l.	3465.	—	—
bal. 15.	pieces 630.	—	l.	16275.	—	—

1625.					
AVOIR en Roys 1625. pour 15. bales Camelots de Leuant n° 1. à 15. qu'il nous a enuoyées par conduicte de Pons S. Pierre le 15. Ianuier 1625. montant en ce — d. 4229.23.	à 21.	l.	10574.	18.	—
Pasques 1625. pour 8. bales soye lege n° 16. à 23. qu'il nous à enuoyé par conduicte de George Schein le 17. Auril 1625. montant en ce, — d. 4635. 2.	à 3.	l.	11587.	15.	1
Pasques 1625. pour 2. Caisses tabis de Venise, par enuoy du 20. May 1625. — d. 2416.13.	à 22.	l.	5870.	—	—
ducats 11281.14.	—	l.	28032.	13.	1

	1625.					
	AVOIR pour les cy-apres,					
.	391. aunes 46.10.—Satin noir, & pastel — à l.7.5. } 514. aunes 39. 8.9. dict noir & incarnadin, } à l.8.5. } 571. aunes 60.15.—dict à fleurs, — } pour Enemond Duplomb, debiteur en ce,	à 39.	l.	1164.	—	8
.	396. aunes 47.—dict noir, & fleurdelin, 570. aunes 51.—dict noir, & colombin, 589. aunes 51.10.—dict noir, & blanc, — 585. aunes 49. 7.6. dict — 390. aunes 60.15.—dict noir, & iaune, — } à l.7.10. pour Raymond Orlic, debiteur en ce, 515. aunes 44.16.8. dict noir, & pastel, — 395. aunes 41.15.—dict noir, & isabelle, 381. aunes 48. 7.6. } 496. aunes 75. 5.— } dict à la Chine, —	à 39.	l.	3523.	15.	—
		—	l.	4687.	15.	8

SARGES ET REVERCHES de Florence doiuent pour les cy-apres,

pieces 3.½ aunes 117.19.3.br.240.¼ canes 60.& br.¼ sarge noire Florence à l.35.la cane, ▽ 280.17.6.
Embalage,gabelle,& autres frais, ▽ 8. 4.3.

▽ 289. 1.9.

Calculé à l.3.- tournois,pour vn escu de Florence,sont en credit à Daspichio, — à 25. | l. 867. | 5. | 3
Port de Florence à Lyon , & dace de Suse l.54. doüanne dudict Lyon l. 26. 13.4. tout en credit à despences, — à 39. | l. 80. | 13. | 4

pieces 3.–aunes 110. 5.--br.225.--canes 56.& br.1.reuerche rouge cramoisy à l.42.la cane ▽ 315.--
Pour l'embalage,gabelle,& autres frais ▽ 9.11.

pieces 6.½

▽ 324.11.

Calculé à l.3.tournois,pour vn escu de Florence,en credit à Daspichio, — à 25. | l. 973. | 13. | —
Pour port,dace,& doüanne de Lyon,en credit à despences, — à 39. | l. 80. | 13. | 4
Pour aduance,en credit à profits & pertes, — à 41. | l. 330. | 14. | 3

l. 2332. | 19. | 2

1625.

TABIS DE VENISE doiuent pour les cy-apres,

pieces 24.aunes 768.—br.1344.— tabis noir plein ondé à gros 22.⅓ — d. 1250.16.--
pieces 20.aunes 647. 8.4.br.1133.— dict couleurs ordinaires à gros 25.⅓ — d. 1195.22.--
pieces 4.aunes 128.17.6.br. 225.½ dict cramoisy à gros — 27.⅓ — d. 256.19.--
Embalage,dace,prouision à 1.pour %,& autres frais, — d. 172. 6.--

pieces 48.--

ducats 2875.15.--
Distrait pour age à 119. pour % — d. 459. 2.--

Monnoye de change d. 2416.13.--

Tirez à Lyon en Pasques 1625.à 123.½ pour %,sont en credit à Tasca, — à 21. | l. 5870. | — | —
Port de Venise à Lyon,& dace de Suse desdictes 2.Caisses, — l.181.16.-- } à 39. | l. 663. | 17. | 8
Doüanne de Lyon, — l.482. 1.8. }
Pour aduance en credit à profits & pertes, — à 41. | l. 1413. | 17. | 4

l. 7947. | 15. | —

1625.

FRANCOIS VERDIER, THEODE PICQVET, ET IEAN BAPT. DECOQVIEL, doiuent pour Pasq.1627.℔ 1406.-soye Messine fine à l.13.la ℔ liurée à eux le 19.Mars 1625.en ce, — à 3. | l. 18278. | — | —
Roys 1628. pour ℔ 611.-Doppion de Milan à l.6.15.-liuré à eux le 28.Nouemb.1625. en ce, à 23. | l. 4735. | 5. | —
Roys 1628. pour ℔ 2050.-soye lege à l.11.-la ℔ liurée à eux le 3.Decembre 1625.en ce — à 3. | l. 22550. | — | —
Roys 1627. pour ℔ 1886.-filage de Raconis à l.10.18.9.liuré à eux le 16.dudict en ce, — à 7. | l. 20628. | 2. | 6

l. 66191. | 7. | 6

1625.

ANTOINE, ET HVGVES BLAVF de Lyon, doiuent du 30. Auril 1625. pour
Touss.1627. pieces 42.--camelots greges à l.27. la piece liuré à eux,en ce — à 21. | l. 1134. | — | —
1626. Roys 1627.pour aun.128.--tabis de Venise canelé cramoisy à l.6.10.liuré à eux le 3.Ianuier 1626. — à 27. | l. 832. | — | —
Pasq. 1628.pour piec.294.--Camelots greges de Leuant 2.fil à l.25.liuré à eux le 15.dudict, — à 21. | l. 7350. | — | —
Roys 1627.pour aun.100.--Tapisserie de Bergame à l.6.10. hauteur aunes 2. ¾ liuré le 3. Feur. 1626. à 13. | l. 650. | — | —
Roys 1627.pour aun.110.¼ Reuerche de Florence rouge cramoisy à l.11.-liuré à eux le 3.Mars 1626. à 22. | l. 1212. | 15. | —

l. 11178. | 15. | —

	AVOIR pour les cy-apres vendues à diuers,					
pieces	3.$\frac{1}{2}$ aunes 117.19.3.. sarge noirè Florence à l.9.10.-pour Enemond Duplomb debiteur en ce	à 39.	l.	1120.	4.	2
pieces	3.—aunes 110. 5.--reuerche rouge cramoisy à l.11.-pour Antoine & Hugues Blauf debiteurs,	à 22.	l.	1212.	15.	—
pieces	6.$\frac{1}{2}$	—	l.	2332.	19.	2

1625.

	AVOIR pour les cy-apres.					
pieces	24.aunes 768.——tabis noir plein ondé à l.5.-pour Herue, & Sauarry debiteurs en ce,	à 18.	l.	3840.	—	—
pieces	20.aunes 647. 8.4.dict couleurs ordinaires à l.5.5.- pour Estienne Glotton debiteur, en ce,	à 16.	l.	3398.	18.	9
pieces	4.aunes 128.17.6.dict cramoisy à l.5.10.- pour Robert Gehenaud debiteur en ce,	à 16.	l.	708.	16.	3
pieces	48.—	—	l.	7947.	15.	—

1625.

AVOIR que les portons debiteurs au Carnet de Pasques 1625.f° 7.escompté à 20.pour %	à 38.	l.	18278.	—	—
Portez debiteurs au Carnet d'Aoust 1625.f° 7.escompté à 25. pour %	à 42.	l.	4735.	5.	—
Portez debiteurs au liure B,f° 4.pour soude,	à 44.	l.	43178.	2.	6
	—	l.	66191.	7.	6

1626.

AVOIR que les portons debiteurs au liure B,f° 4.pour soude	à 44.	l.	11178.	15.	—

SATINS, ET DAMAS DE LVCQVES doiuent pour les cy-apres,

1.aunes 31.—br.62.— —Damas blanc ℔ 9.— pour le ¼ de la couleur ℔ 2.3. } ℔ 11.3. à ducats 4.19. d.55.13.9. — ∇ 58.16.6.

2.aunes 46.10.—br. 93.—Satin incarnad.d'Espagne ℔ 11.10.
3.aunes 42. 7.6.br. 84.15.—dict gris plombé — ℔ 12. 2.
4.aunes 46.10.—br. 93.— dict noir à la Geneuoise, ℔ 14. 9.
5.aunes 55.12.6.br.111. 5.—dict — ℔ 22. 9.
6.aunes 52.10.—br.105.— dict — ℔ 22. 4.
7.aunes 53.— br.106.— dict — ℔ 22. 1. } ℔ 194.1. once en noir
8.aunes 54.16.8.br.109.13.4.dict — ℔ 21.—
9.aunes 53.10.—br.107.— dict — ℔ 22. 3.
10.aunes 57.17.6.br.115.15.—dict — ℔ 23.10. à d.4.16.la ℔ d.931.12.∇ 984. 1.8.
11.aunes 48. 2.6.br. 96. 5.—dict canellé, — ℔ 12. 1.
pour le ¼ de ℔ 36.couleur - ℔ 9.—

Pour l'auantage de ℔ 11.10.incarnadin d'Espagne à l.10.sont l.65.1.8. ∇ 8.13.7.
Pour doüanne,& embalage — ∇ 16.18.4.
Pour la prouision à 2. pour % — ∇ 21. 7.4.

En credit à Augustin Sexty au Carnet des Roys 1625.f° 6. — ∇ 1089.17.5.	à 5.	l.	3091.	11.	6
Port & dace de Suse l.105.9.doüanne de Lyon l.149.8. tout par despences, —	à 39.	l.	254.	17.	—
Pour aduance en credit à profits & pertes, —	à 41.	l.	205.	11.	8
		l.	3552.	0.	2

— 1625. —

DOPPIONS DE MILAN, en compagnie de Philippe, & Luc Seue pour ⅓, Boloson pour ⅓, & nous pour l'autre tiers, doiuent pour les cy-apres,

bal. 1.n° 1. ℔.600.-Doppion net à l.7.10. — l. 2250.— —					
Embalage l.12.dace de Milan,& nouarre l.191.4.6.tout — l. 203. 4.6.					
Prouision à 2.pour % — l. 49. 1.—					
l. 2502. 5.6.	à 24.	l.	1251.	2.	9
bal. 2.n° 2.3.℔ 300.- Doppion dict à l.7.10. — l. 4500.— —					
Embalage l.24.-dace de Milan l.382.9.prouisió à 2.pour % l.98.2. l. 504.11.—					
l. 5004.11.—	à 24.	l.	2502.	5.	6
bal. 4.n.4.à 7.℔ 1200.- Doppion dit à l.7.10. — l. 9000.— —					
Embalage,& dace l.812.18.prouision à 2.pour % l.196.4.tout — l. 1009. 2.—					
l.10009. 2.—	à 24.	l.	5004.	11.	—
bal. 2.n° 8.9.℔ 600.-Doppion dict à l.7.12.6. — l. 4575.— —					
Embalage l.24.dace l.382.9.prouision à 2.pour % l.99.12.tout — l. 506. 1.—					
l. 5081. 1.—	à 24.	l.	2540.	10.	6
bal.10.n.10.à 19.℔ 3000.-Doppion dict à l.7.12.6. — l.22875.— —					
Embalage l.120. dace l.1912.5.prouision à 2. pour % l.498. tout l. 2530. 5.—					
l.25405. 5.—	à 24.	l.	12702.	12.	6
bal. 5.n° 20.à 24.℔ 1500.- Doppion dict à l.7.12.6. — l.11437.10.—					
Embalage l.60:- dace l.956.2.6.prouision à 2.pour % l.249. tout - l. 1265. 2.6.					
l.12702.12.6.	à 24.	l.	6351.	6.	3
b.10.n° 25.à 34.℔ 3000. Doppion dict à l.7.12.6. — l.22875.— —					
Embalage l.120.-dace l.1912.5. Prouision à 2.pour % l. 498. tout l. 2530. 5.—					
bal.34. — 43055.1. — l.25405. 5.—	à 24.	l.	12702.	12.	6
Pour port,dace de Suse & doüanne de Lyon de 18.bales en credit à despences —	à 39.	l.	1155.	—	—
Pour port,dace,doüanne, & courratage de 9.bales,payé par lesdicts Seue crediteurs au Carnet de Pasques 1625.f° 9.& en ce —	à 38.	l.	607.	15.	1
Port,dace,doüanne, & courratage de 7.bales par Boloson audict Carnet f° 6. cy	à 38.	l.	595.	10.	1
Pour courratage de 18.bales,par nous venduës en credit à despences, — 2412.5.2.	à 39.	l.	54.	—	—
Pour ⅓ de la vente cy-contre appartenãt esdicts Philippe,& Luc Seue,crediteurs	à 24.	l.	18160.	18.	4
Pour ⅓ de ladicte vente appartenant audict Boloson crediteur en ce, —	à 25.	l.	18160.	18.	4
Pour nostre tiers de l.1212.17.6. que fait perdre Charles Rouier au compte des debiteurs assignez par Boloson en ce, —	à 24.	l.	404.	5.	11
Pour aduançe en credit à profits & pertes, —	à 41.	l.	2600.	16.	11
		l.	84794.	5.	8

AVOIR pour les cy-apres vendus à diuers,					
1. aunes 31.---Damas blanc, à l.6.10.- ; 2. aunes 46 10.--Satin incarnadin d'Espagne, à l.7.-- ; 3. aunes 42. 7.6. dict gris plombé à l.5.15.- } pour Herue, & Sauarry debiteurs, en ce	à 18.	l.	770.	13.	1
4. aunes 46.10.--℔ 14.9. ; 5. aunes 55.12.6. ℔ 29.9. ; 6. aunes 52.10.--℔ 22.4. ; 7. aunes 53.---℔ 22.1. ; 8. aunes 54.16.8. ℔ 21.- } ℔ 109.11. onces noir à l.18.- la ℔, pour Enemond Duplomb debiteur,—	à 39.	l.	1978.	10.	—
9. aunes 53.10.- ; 10. aunes 57.17.6. } aunes 111.7.6. dict noir à l.4.10. l'aune, pour Estienne Glotton, debiteur en ce,—	à 16.	l.	501.	3.	9
11. aunes 48. 2.6. ℔ 12.1. once dict canelé — ; ℔ 3.- pour le $\frac{1}{4}$ de la couleur } ℔ 15.1. once à l.20. pour Raymond Orlic, debiteur	à 39.	l.	301.	13.	4
	—	l.	3552.	—	2

1625.

AVOIR pour le $\frac{1}{3}$ de l.43055.1. que monte l'achapt cy-contre, en debit à Philippe, & Luc Seue, au Carnet de Pasques 1625. f° 16. & en ce,—	à 38.	l.	14351.	13.	8
Pour le $\frac{1}{3}$ dudict achapt appartenant audict Boloson debiteur audict Carnet f° 16. & en ce,—	à 38.	l.	14351.	13.	8
Pour le $\frac{1}{3}$ des frais cy-contre en debit esdicts Seue audict Carnet f° 9. & en ce,—	à 38.	l.	804.	1.	8
Pour le $\frac{1}{3}$ desdicts frais en debit audict Boloson, audict Carnet f° 6. & en ce,—	à 38.	l.	804.	1.	8
Et les cy-apres vendus à diuers.					
bal. 1. n° 1.— ℔ 205. Doppion de Milan à l.8.--pour Lantillon, pour Toussaincts 1627. debiteur	à 28.	l.	1624.	—	—
bal. 4. n° 2. à 5. ℔ 821. Doppion dict à — l.7.17.6. pour Iean de la Forest, pour Toussaincts 1627.	à 28.	l.	6465.	7.	6
bal. 2. n° 6. 7. ℔ 401. dict à — l.7.16.3. pour Estienne Chally, pour Toussaincts 1627.	à 29.	l.	3132.	16.	3
bal. 3. n° 8. à 10. ℔ 611. dict à — l.7.15.--pour Antoine Gayot, pour Touss. 1627. debit.	à 25.	l.	4735.	5.	—
bal. 4. n° 11. à 14. ℔ 808. dict à — l.7.17.6. pour Fleury Gros, pour Roys 1628. debit. en ce	à 30.	l.	6363.	—	—
bal. 1. n° 15.— ℔ 207. dict à — l.7.16.3. pour François Verthema, pour Roys 1628.—	à 36.	l.	1617.	3.	9
bal. 3. n° 16. à 18. ℔ 611. dict à — l.7.15.- pour Verdier, Picquet, & Dec. pour Roys 1628.	à 22.	l.	4735.	5.	—
bal. 9. n° 19. à 27. ℔ 1847. dict à diuers pris, vendus par Philippe, & Luc Seue, à diuers payables l.6465.7.6. en Toussainct 1627. & l.8079.15. en Roys 1628. en ce —	à 24.	l.	14545.	2.	6
bal. 7. n° 28. à 34. ℔ 1441. dict à diuers pris vendus par Boloson à diuerses personnes, payables l.1611.6.3. en Toussaincts 1627. & l.9653.8.9. en Roys 1628. en ce —	à 24.	l.	11264.	15.	—
bal. 34.—					
	—	l.	84794.	5.	8

PHILIPPE, ET LVÇ SEVE, compte des debiteurs qu'ils nous assignent prouenus de la vente des Doppions en compagnie, qu'ils ont faicte aux cy-apres,

A Theophile, & Iean Buisson, — l.1622. 5.--
Gregoire Quinet, — l.5236.12.6. } PourToussaincts 1627.
Philippe Olier, — l.1606.10.--
Iean Barry, dict Maisonnette, — l.1606.10.--
Iules, & Iean Baptiste de Belly, — l.1614. 7.6. } pour Roys 1628.
Iean François Aignes, — l.4858.17.6.

} — à 25. | l. 14545. | 2. | 6

—1625.—

VESPASIAN BOLOSON, compte des debiteurs qu'il nous assigne prouenus de la vente par luy faicte aux cy-apres des Doppions en compagnie,

A Audry, — l.1611. 6.3. pour Toussaincts 1627.
A Maisonnette, — l.1614. 7.6.
A Veissiere, & Chally, — l.3218.15.--
Failly A Charles Rouier, — l.1617. 3.9. } pour Roys 1628.
Qu'il a pris pour son compte, — l.3203. 2.6.

} — à 23. | l. 11264. | 15. | —

—1625.—

NEGOCE DE MILAN, compte de l'achapt des Doppions en compagnie, de Seue, Boloson, & nous, doit en credit au Carnet d'Aoust 1625. f. 16. & en ce, — l.86110.2. | à 42. | l. 43055. | 1. | —

—1625.—

PHILIPPE, ET LVC SEVE, compte des debiteurs que leur assignons doiuent que leur faisons bon pour les cy-apres, qui ont payé par escompte, sçauoir,

Hierosme Lantillon, — l. 541. 6.8.
Iean de la Forests, — l.2155. 2.6.
Estienne Chally, — l.1044. 5.5. } Toussaincts 1627.
Boloson, — l.2678.15.--
Antoine Gayot, — l.1578. 8.4.
François Verthema, — l. 539. 1.3.
Fleury Gros, — l.2121.---
Boloson, — l. 537. 2.1. } Roys 1628.
Verdier, Picquet, & Decoquiel, — l.1578. 8.4.

} portez crediteurs au Carnet d'Aoust 1625. f° 17. & en ce, | à 42. | l. 12773. | 9. | 7

Pour leur $\frac{1}{3}$ à compte des debit. qu'ils nous assignẽt l.2155.2.6. Touss. 1627.
A compte dict — l.2693.5.-- Roys 1628. } en credit à autre cõpte, | à 24. | l. 4848. | 7. | 6

Pour leur $\frac{1}{3}$ des $\frac{1}{4}$ de l.1212.17.10. que Rouier fait perdre à compte des debit. assignez par Boloson, | à 24. | l. 404. | 5. | 11

Pour leur $\frac{1}{2}$ du quart restant par ledict Rouier, audict Carnet d'Aoust 1625. f° 17. cy — | à 42. | l. 134. | 15. | 4

— | l. 18160. | 18. | 4

AVOIR qu'ils nous font bon pour les cy-apres, Gregoire Quinet, — l.3236.12.6. Philippe Olier, — l.1606.10.– Theophile,& Iean Buiffon, — l.1622. 5.– Iules,& Iean Baptifte de Belly, — l.1614. 7.6. Iean Barry dit Maifonnette, — l.1606.10.– Iean François Aignes, — l.4858.17.6. } Portez debiteurs pour les $\frac{2}{3}$ au Carnet d'Aouft 1625.f° 17.cy	à 42.	l.	9696.	15.	—
14545.2.6. Et Pour le $\frac{1}{3}$ à eux appartenant en debit à autre compte en ce,	à 24.	l.	4848.	7.	6
	—	l.	14545.	2.	6

—1625.—

AVOIR qu'il nous fait bon pour les cy-apres, Pour luy mefme, — l.3203. 2.6. Veiffiere,& Chally, — l.3218.15.– Maifonnette, — l.1614. 7.6. Audry, — l.1611. 6.3. } porté debiteur pour les $\frac{2}{3}$ au Carnet d'Aouft 1625.f° 17.& en ce,	à 42.	l.	6431.	14.	2
Et pour le $\frac{1}{3}$ à luy appartenant en debit à autre compte en ce,	à 25.	l.	3215.	17.	1
Pour $\frac{1}{3}$ de l.1212.17.10.que montent les $\frac{3}{4}$ de l.1617.3.9. deus par Charles Rouier, lequel a faict faillite,& accordé auec fes creanciers de ne payer que le quart de fes debtes dans vn an, faifant perdre les $\frac{3}{4}$,& a baillé pour Caution Iean Prat, ainfi qu'appert par fon contract d'accord receu Defchuyes Notaire, en datte du 15.Septembre 1625.en debit audict Bolofon à autre compte en ce,	à 25.	l.	404.	5.	11
Pour $\frac{1}{3}$ defdictes l.1212.17.10.que ledict Rouier nous fait perdre en debit à Scue,	à 24.	l.	404.	5.	11
Pour noftre tiers defdictes l.1212.17.10. En debit à Doppions,	à 23.	l.	404.	5.	11
Et pour les $\frac{2}{3}$ de l. 404. 6. que ledict Bolofon fait bon pour foude du compte dudict Rouier, au Carnet d'Aouft 1625.f° 17.& en ce,	à 42.	l.	269.	10.	8
Et pour le $\frac{1}{3}$ à luy appartenant en debit à autre compte,	à 25.	l.	134.	15.	4
	—	l.	11264.	15.	—

—1625.—

AVOIR pour les cy-apres,

bal. 1.n° 1.— ℔ 300.-Doppion de Milan configné à Pons S.Pierre le 9.Iuillet,	l. 2502. 5.6.	à 23.	l.	1251.	2.	9
bal. 2.n° 2. 3.℔ 600.-dict configné audict le 15.dudict,	l. 5004.11.–	à 23.	l.	2502.	5.	6
bal. 4.n° 4.à 7.℔ 1200.-dict configné audict le 18. dudict	l.10009. 2.–	à 23.	l.	5004.	11.	—
bal. 2.n° 8. 9.℔ 600.-dict configné audict le 24.dudict	l. 5081. 1.–	à 23.	l.	2540.	10.	6
bal.10.n° 10.à 19.℔ 3000.-dict configné audict le 27.dudict	l.25405. 5.–	à 23.	l.	12702.	12.	6
bal. 5.n° 20.à 24.℔ 1500.-dict configné à Schem le 31.dudict	l.12702.12.6.	à 23.	l.	6351.	6.	3
bal.10.n° 25.à 34.℔ 3000.-dict configné audict le 6.Aouft 1625.	l.25405. 5.–	à 23.	l.	12702.	12.	6
	l.86110. 2.–	—	l.	43055.	1.	—

—1625.—

AVOIR que leur affignons à receuoir à leurs rifques des debiteurs,& termes cy-bas pour leur $\frac{1}{3}$ de l.54482.15.que monte la vente des Doppions en compagnie auec eux, fçauoir Eftienne Chally, — l.1044. 5.5. Hierofme Lantillon, — l. 541. 6.8. Antoine Gayot, — l.1578. 8.4. Iean de la Forefts, — l.2155. 2.6. Pour le $\frac{1}{3}$ des debit.qu'ils nous affignẽt pour la vẽte par eux faicte, l.2155. 2.6. Bolofon pour le $\frac{1}{3}$ des debiteurs qu'il nous affigne, — l. 537. 2.1. } pour Touff. 1627. Fleury Gros, — l.2121.– – François Verthema, — l. 539. 1.3. Verdier, Picquet,& Decoquiel, — l.1578. 8.4. Pour le $\frac{1}{3}$ des debiteurs qu'ils nous affignent, — l.2693. 5.– Bolofon pour $\frac{1}{3}$ des debiteurs qu'ils nous affigne, — l.3217.16.3. } pour Roys 1628.	à 23.	l.	18160.	18.	4

VESPASIAN BOLOSON, compte des debiteurs que luy assignons doit que luy faisons bon pour les cy-apres qui ont payé par escompte, sçauoir

Hierosme Lantillon, —— l. 541. 6.8. } Toussainct 1627.					
Iean de la Forests, —— l.2155. 2.6. }					
Estienne Chally, —— l.1044. 5.5. }					
Philippe,& Luc Seue, —— l.2155. 2.6. }					
Antoine Gayot, —— l.1578. 8.4. }					
Fleury Gros, —— l.2121.—— } Roys 1628.					
François Verthema, —— l. 539. 1.3. }					
Philippe & Luc Seue, —— l.2693. 5.-- }					
Verdier,Picquet,& Decoquiel, —— l.1578. 8.4. }					
—— Porte cred.au Carnet d'Aoust 1625.f.17.	à 42.	l.	14406.	——	——
Pour 56 $\frac{1}{3}$ à cõpte des deb.qu'il nous assigne l.2678.15.--Touss.1627. } en credit à autre compte, ——	à 24.	l.	3215.	17.	1
A compte dict, —— l. 537. 2.1.Roys 1628. }					
Pour son $\frac{1}{3}$ des $\frac{1}{4}$ de l.1212.17.10.que Rouier fait perdre à compte des debiteurs par luy assignez, ——	à 24.	l.	404.	5.	11
Qu'il a receu pour son $\frac{1}{3}$ du quart restant par ledict Rouier, à compte dict en ce, ——	à 24.	l.	134.	15.	4
	——	l.	18160.	10.	4

——— 1625. ———

DOPPIONS OVVREZ à Lyon,doiuent pour les cy-apres,

℔ 611.Doppion de Milan à l.7.15.- donné à ouurer à Antoine Gayot de S.Chaudmond en ce, ——	à 23.	l.	4735.	5.	——
℔ 621.dict à l.5.5.donné à ouurer à diuers,appert au liure des Ouuriers, & en ce, ——	à 12.	l.	3260.	5.	——
℔ 422.dict à l.5.5.donné à ouurer à diuers,appert audict liure des ouuriers,& en ce, ——	à 12.	l.	2215.	10.	——
℔ 1654.					
℔ 300.Verõne Doppiõ à ∯ 16.la ℔ } ouurée par Gayot,cred.au Carnet d'Aoust 1625.f° 3.	à 42.	l.	540.	——	——
℔ 400.Rõdelette dicte à ∯ 15.—— }					
℔ 165.Veronne dicte à ∯ 16. —— } Fabriq.par Ieã Feuly cred.audict Carnet f° 3.& en ce	à 42.	l.	507.	——	——
℔ 500.Rõdelette dicte à ∯ 15. —— }					
℔ 272.Bourre renduë par ledict,					
℔ 17.Pour discal sur lesdictes 8.bales.					
	——	l.	11258.	——	——
℔ 1654.—					

——— 1625. ———

SOYES OVVREES à Lyon,doiuent pour les cy-apres baillées à ouurer à diuers,

℔ 2088.Filage de Raconis à l.9.10.donné à ouurer à diuers,apert au liure des ouuriers, ——	à 7.	l.	19836.	——	——
℔ 1662.Soye legis à l.7.10.-baillé à ouurer à diuers,appert audict liure, & en ce, ——	à 3.	l.	12465.	——	——
℔ 1500.-- Orgãc.de Raconis à ∯ 12.la ℔,ouuré par Vianey cred.au Carnet d'Aoust 1625.f° 3.	à 42.	l.	900.	——	——
℔ 538.— Organcin dict à ∯ 12. fabriqué par Louys Burlet, crediteur audict Carnet,f° 3.cy	à 42.	l.	322.	16.	——
℔ 50.— discal					
℔ 500.-- Organcin de legis à ∯ 25.la ℔ fabriqué par Vianey crediteur audict Carnet,f° 3.cy	à 42.	l.	625.	——	——
℔ 750.-- Veronne.& rondelet.de legis à ∯ 23.ouurée par Gayot,cred.audict Carnet f° 3.cy	à 42.	l.	862.	10.	—
℔ 210.-- Organcin de legis à ∯ 25.-fabriqué par Molandier,crediteur audict Carnet,f° 3.—	à 42.	l.	262.	10.	——
℔ 175.-- bourre					
℔ 27.-- discal					
℔ 560.Soye Messine à l.11.-- baillée à ouurer à Antoine Gayot en ce, ——	à 3.	l.	6160.	——	——
℔ 300.-- Organc.de Messine à ∯ 30. } ouuré par ledict Gayot,credit.au Carnet d'Aoust f° 3.	à 42.	l.	714.	——	——
℔ 240.-- Trame de Messine à ∯ 22. }					
℔ 20.-- discal					
—— Pour aduance en credit à profits & pertes, ——	à 41.	l.	8795.	14.	——
℔ 4310.—℔ 4310.					
	——	l.	50943.	10.	——

——— 1625. ———

FABIO D'ASPICHIO de Florence, doit

Porté crediteur au Carnet de Pasques 1625.f° 14.& en ce, —— ▽ 1529. 3.3.	à 38.	l.	4587.	9.	9
Porté crediteur au Carnet d'Aoust 1625.f° 14.& en ce, —— ▽ 324.11.--	à 42.	l.	973.	13.	--
▽ 1853.14.3.	——	l.	5561.	2.	9

AVOIR que luy assignons à receuoir à ses risques des debiteurs, & termes cy-bas pour son ½ de l. 54482.15. que monte la vente des Doppions en compagnie auec luy,				
Estienne Chally, l. 1044. 5.5. / Hierosme Lantillon, l. 541. 6.8. / Antoine Gayot, l. 1578. 8.4. / Iean de la Forests, l. 2155. 2.6. / Philippe, & Luc Seue, pour debiteurs qu'ils assignent l. 2155. 2.6. / Pour son ½ des debiteurs qu'il assigne pour vente par luy faicte, l. 537. 2.1. — pour Touss. 1627.				
Fleury Gros, l. 2121. — / François Verthema, l. 539. 1.3. / Verdier, Picquet, & Decoquiel, l. 1578. 8.4. / Philippe & Luc Seue, pour debiteurs qu'ils assignent, l. 2693. 5.— / Pour son ½ des debiteurs par luy assignez, l. 3217. 16.3. — pour Roys 1628.	à 23.	l. 18160.	18.	4

1625.

AVOIR pour les cy-apres.				
℔ 300. Veronne de Doppion à l. 8.12.6. / ℔ 400. Rondelette dicte à l. 8.10. — pour Charles Hauard de Paris, debiteur en ce,	à 31.	l. 5987.	10.	—
℔ 272. Bourre de Doppion à ₰ 27. / ℔ 165. Veronne dicte à l. 8.10. — Pour Iean de la Forests de Lyon, debiteur en ce,	à 28.	l. 1769.	14.	—
℔ 500. Rondelette dicte à l. 6.— restans en magasin au 3. Auril 1626. en debit à marchandises en general,	à 43.	l. 3000.	—	—
℔ 1637. Pour desaduance en debit à profits & pertes,	à 41.	l. 500.	16.	—
	—	l. 11258.	—	—

1625.

AVOIR pour les cy-apres,				
℔ 650.- Veronne de legis à l. 12.— enuoyée en Anuers és mains d'Hannecard, en ce	à 26.	l. 7800.	—	—
℔ 100.- Organcin de legis à l. 12.10. pour Charles Hauard, pour Touss. 1626. debiteur en ce,	à 31.	l. 1250.	—	—
℔ 538. Organcin de Raconis à l. 12.— pour Fleury gros, pour Roys 1627. en ce,	à 30.	l. 6456.	—	—
℔ 300.- Organcin de Messine à l. 15.10. pour Charles Hauard, pour Roys 1627. en ce,	à 31.	l. 4650.	—	—
℔ 240.- Trame de Messine à l. 15.— pour Cesar, & Iulien Granon, pour Roys 1627. en ce,	à 6.	l. 3600.	—	—
℔ 500.- Organcin de legis à l. 12. 5. pour Hierosme Lantillon, pour Pasques 1627.	à 28.	l. 6125.	—	—
℔ 210.- Organcin dict à l. 12.10. pour Iean de la Forests, pour Pasques 1627.	à 28.	l. 2625.	—	—
℔ 1500.- Organcin de Raconis à l. 12.— pour Hierosme Lantillon, pour Pasques 1627.	à 28.	l. 18000.	—	—
℔ 175.- Bourre de legis à ₰ 50.— pour Fleury Gros, pour Pasques 1627.	à 30.	l. 437.	10.	—
℔ 4213.—	—	l. 50943.	10.	—
℔ 97.— pour discal,				
℔ 4310.—				

1625.

AVOIR en Pasques 1625. pour vne Caisse satins n° 1. qu'il nous a enuoyé par conduicte de George Schench le 3. Mars 1625. montant auec les frais	∇ 1240. 1.6.	à 21.	l. 3720.	4.	6
Pasques 1625. vne bale sarges de Florence n° 2. cõsignée le 15. dudict à Pons S. Pierre	∇ 289. 1.9.	à 22.	l. 867.	5.	3
Aoust 1625. pour vne bale teuerche de Florence n° 3. consignée à Schen, le 6. Iuin 1625.	∇ 324. 11.—	à 22.	l. 973.	13.	—
	∇ 1853. 14.3.	—	l. 5561.	2.	9

MARCHANDISES de nostre compte enuoyées en Anuers és mains de Gilles Hannecard, pour vendre pour nostre compte doiuent pour les cy-apres,

bales 3.n° 1.à 3.℔ 650.Veronne de legis à l.12.-par enuoy du 10.Auril 1625.en ce, — — à 25. l. 7800. — —

—Pour voyture desdictes 3.bales l. 9. 4. menus frais ₰ 8. courratage de la vente cy-contre à 2.₰ pour liure l.11.2. prouision à 1.÷ l.20.tout monnoye de gros d'Anuers,en credit audict Hannecard au Carnet de Pasq.1625.f° 5.cy l.40.14. à 38. l. 244. 4. —

— l. 8044. 4. —

—1625.—

GILLES HANNECARD d'Anuers compte des debiteurs qu'il nous assigne, doit pour les cy-apres,calculé à l.6.-tournois pour vne liure de gros,

Pour Giraud Seutelles,& François Angelgrand,pour le 27.Auril 1626. — — l. 212. 3.6. à 26. l. 1273. 1. —
Ioseph Vespreet,pour le 17.May 1626.l'escompte à volonté, — — — l. 208. 9.2. à 26. l. 1250. 15. —
Herman Vanhaure pour le 25.May 1626. — — — — — l. 411. 1.6. à 26. l. 2466. 9. —
Guillaume de Decher pour le 3. Iuin 1626. — — — — — l. 504.— à 26. l. 3024. — —

l.1335.14.2. — l. 8014. 5. —

—1625.—

MARCHANDISES de nostre compte enuoyées à Paris és mains de Taranget, & Rousier, pour en faire la vente doiuent pour les cy-apres,

268.aunes 16. 2.6.Veloux noir fonds armoisin petite façon,
317.aunes 22. 2.6.dict — — — — — } à l. 9. — —
266.aunes 21.10.--dict à tail — — — —
291.aunes 17.15.—Veloux noir fonds satin ras petite façon,
281.aunes 17.11.8.dict — — — — } à l.12. — —
267.aunes 18. 2.6.dict — — — —
297.aunes 18. 8.4.dict à Vialbera — — —
307.aunes 17.13.4.Veloux fonds satin verd 4.fleurs Arabesq.
331.aunes 17. 8.4.dict — — — — } à l.16. — —
321.aunes 18.17.6.dict 3.fleurs, — — —
298.aunes 17.15.--dict celeste, — — — —
299.aunes 18. 5.—Veloux fonds satin morelin cramoisy 3. fleurs à l.19. —
136.aunes 11.10.—Veloux à la Turque fonds satin incarnad.4.fleurs à l.20. —
118.aunes 26. 2.6.
135.aunes 22. 6.8. } Veloux noir ras 3.trames à — — — l.15. —

} Par enuoy du 3.Mars 1625. dans vne Caisse n° 1.consignée à Lorrin, — à 8. l. 3851. 4. 2

311.aunes 34.13.4.
312.aunes 34.13.4.
313.aunes 35. 2.6.
314.aunes 35. 2.6.
} Gase noire de soye torte à liston à ₰ 50.-pour enuoy du 15.dudict, — — à 10. l. 348. 19. 3

266.aunes 31. 2.6.
242.aunes 28.13.4.
140.aunes 37. 2.6.
269.aunes 30.13.4.
272.aunes 31. 6.8.
} Crespon noir de Milan à l.3.- par enuoy du 8. Auril 1625. — — — à 12. l. 476. 15. —

139.aunes 60.—
163.aunes 60. 6.8.
168.aunes 60. 5.—
181.aunes 60. 5.—
} Sargette noire de Milan à l.3.-par enuoy du 16.dudict — — — à 13. l. 722. 10. —

Marcs 20. —Or filé 55.à l.26.—
Marcs 60. —dict —555.à l.27.—
Marcs 60. —dict -5555.à l.28.—
Marcs 40. —dict- 55555.à l.29.—
Marcs 20. —dict 555555.à l.30.—
} Par enuoy du 6.May 1625. — — — — à 4. l. 5580. — —

Prouision du vendu cy-contre à 2. pour ÷ l.228. voitures & autres menus frais l.97.10.- tout en credit esdicts Taranget, & Rousier, au Carnet de Pasques 1625.f° 16. & en ce — — — — — — — à 38. l. 325. 10. —

Pour aduance en credit, à profits & pertes — — — — à 41. l. 97. 8. 8

— l. 11402. —. 1

AVOIR pour les cy-apres venduës à diuers,					
℔ 103. 8.onces veronne de legis à ↁ 41.pour Seutelles,& Angelgrand le 27.Auril, terme l'an	à 26.	l.	1273.	1.	—
℔ 101.11.onces veronne dicte — à ↁ 41.pour Ioseph Vespreet,le 17.May 1625.pour l'an	à 26.	l.	1250.	15.	—
℔ 195.12.onces dicte — à ↁ 42.pour Herman Vanhaure le 25.dudict,pour l'an	à 26.	l.	2466.	9.	—
℔ 240. —dicte — à ↁ 42.pour Guillaume de Decher le 3.Iuin,.pour l'an	à 26.	l.	3024.	—	—
℔ 640.15.onces Perte sur ce compte en debit à profits & pertes,	à 41.	l.	29.	19.	—
℔ 9. 1.once difference de poids.					
	—	l.	8044.	4.	—
℔ 650.—					

— 1625. —

AVOIR que les portons debiteurs au Carnet de Pasques 1625. F° 5. escompté à 8. pour cent, — l. 212. 3.6.	à 38.	l.	1273.	1.	—
Pour l'escompte de l.1123.10.8.de gros à 5.pour $\frac{0}{0}$ qu'il a rabbatu aux debiteurs cy-contre en Toussainct 1625. — l. 53.10.—					
Et l.1070.0.8.de gros qu'il a receu des debiteurs cy-contre, & payé suiuant nostre ordre à Iean Baptiste Decoquiel d'Anuers,debiteur en ce, — l.1070.—8.	à 37.	l.	6741.	4.	—
l.1335.14.2.	—	l.	8014.	5.	—

— 1625. —

AVOIR pour les cy-apres vendus à diuers,					
268.aunes 16. 2.6. 317.aunes 22. 2.6. 266.aunes 21.10.— } aunes 59.$\frac{1}{4}$ veloux noir fonds armoisin à l.9.10.- pour Aymé le Roy, en ce —	à 27.	l.	567.	12.	6
291.aunes 7.15.—Veloux noir fonds satin à l.12.10. — 307.aunes 17.13.4. 331.aunes 17.8. 4. } aunes 35.$\frac{1}{12}$ Veloux verd fonds satin à l.16.10. } pour Robert Gehenaud, —	à 27.	l.	675.	15.	—
291.aunes 10. — 281.aunes 17.11.8. 267.aunes 18. 2.6. 297.aunes 18. 8.4. } aunes 64.$\frac{1}{4}$ Veloux noir fonds satin petite façon à l. 12. 10. pour Herue, & Sauary, —	à 27.	l.	801.	11.	3
321.aunes 18.17.6.Veloux verd fonds satin 3.fleurs, — 298.aunes 17.15.—dict celeste — } à l.16.10.pour Iean des Lauiers, —	à 27.	l.	604.	6.	8
299.aunes 18. 5.—Veloux fonds satin morelin cramoisy 3. fleurs à l.19. 10. 136.aunes 11.10.—Veloux à la Turque fonds satin incarnad. 4. fleurs à l.21. 139.aunes 61. —Sargette noire de Milan à — l. 3.15. } Pour Lindo,& Heron,	à 27.	l.	826.	2.	6
118.aunes 6. 2.6.Veloux noir ras 3.trames à l.16.- Vendu comptant —	à 27.	l.	98.	—	—
311.aunes 34.13.4. 312.aunes 34.13.4. } aunes 69.6.8.Gase noire de soye torte à l.3.pour Guillaume Freson, —	à 27.	l.	208.	—	—
135.aunes 20. —Veloux noir ras 3.trames à l.16.- pour Iean Vllard,en ce —	à 27.	l.	320.	—	—
313.aunes 35. 2.6. 314.aunes 35. 2.6. } aunes 70.$\frac{1}{4}$ Gase noire à ↁ 55.- pour Pamphile de la Cour, —	à 27.	l.	193.	3.	9
266.aunes 31. 2.6. 242.aunes 28.13.4. 140.aunes 37. 2.6. 269.aunes 30.13.4. } aunes 127.$\frac{7}{12}$ Crespon noir de Milan à l.3.5.pour Samson, & Deuilars, —	à 27.	l.	414.	12.	11
163.aunes 60. 6.8. 168.aunes 60. 5.— 181.aunes 60. 5.— } aunes 180.$\frac{5}{6}$ Sargette noire de Milan à l.3.15.pour Malepard,& Gandrion, —	à 27.	l.	678.	2.	6
Marcs 20. —Or filé 55.à l.29.— Marcs 60. —dict — 555.à l.30.— } pour Louys du Bois, en ce —	à 27.	l.	2380.	—	—
Marcs 60. —dict — 5555.à l.31.—pour Claude Bossey, —	à 27.	l.	1860.	—	—
Marcs 40. —dict 55555.à l.32.—pour Nicolas Libert, —	à 27.	l.	1280.	—	—
Marcs 15. —dict 555555.à l.33.—pour Nicolas de Lestre, —	à 27.	l.	495.	—	—
135.aunes 2. 6.8.Veloux noir ras 3.trames 272.aunes 31. 6.8.Crespon noir de Milan, } Donné esdicts Taranger,& Rousier,pour Estrennes —					
Marcs 5. —Or filé 555555. qui se sont perdus.					
	—	l.	11402.	7.	1

FRANCOIS TARANGET, ET FRANCOIS ROVSIER, Compte des debiteurs qu'ils nous assignent, doiuent pour les cy-apres,					
Aymé le Roy le 18. Mars 1625. pour Roys 1626.	à 26.	l.	567.	12.	6
Robert Gebenaud, le 20. dudict pour Roys 1626.	à 26.	l.	675.	15.	—
Herue, & Sauarry, le 20. dudict pour Roys 1626.	à 26.	l.	801.	11.	3
Iean des Lauiers le 3. Auril 1625. pour Pasques 1626.	à 26.	l.	624.	6.	8
Lindo, & Heron, le 8. dudict pour Pasques 1626.	à 26.	l.	826.	2.	6
Comptant le 10. Auril 1625.	à 26.	l.	98.	—	—
Guillaume Freson, le 18. dudict pour Pasques 1626.	à 26.	l.	208.	—	—
Iean Vllard, le 18. dudict pour Pasques 1626.	à 26.	l.	320.	—	—
Pamphile de la Cour, le 25. dudict pour Pasques 1626.	à 26.	l.	193.	3.	9
Samson, & de Vilars, le 18. May 1625. pour Pasques 1626.	à 26.	l.	414.	12.	11
Malepard, & Gaudrion, le 25. dudict pour Aoust 1626.	à 26.	l.	678.	2.	6
Louys du Bois, le 28. dudict pour Aoust 1626.	à 26.	l.	2380.	—	—
Claude Bossey, le 5. Iuin 1625. — pour Aoust 1626.	à 26.	l.	1860.	—	—
Nicolas Libert, le 28. dudict pour Aoust 1626.	à 26.	l.	1280.	—	—
Nicolas de Lestre le 15. Iuillet 1625. pour Aoust 1626.	à 26.	l.	495.	—	—
	—	l.	11402.	7.	1

1625.

DENIS BERTHON, ET OLIVIER GASPARD de Lyon, doiuent pour nostre part de l. 100000. de fonds & capital à eux remis pour le negocier en commandite durant 3. ans à commencer au 3. Ianuier 1625. Sçauoir l. 30000. - fournis pour ledict Berthon, l. 30000. — pour ledict Gaspard, & l. 40000. que nous fournissons pour participer à leur negociation pour $\frac{1}{3}$ aux profits & pertes qu'il plaira à Dieu y enuoyer, & eux pour les $\frac{2}{3}$. Appert par la Scripte de compagnie, & en ce au Carnet des Roys 1625. f° 6.	à 5.	l.	40000.	—	—
Et l. 19280. - pour nostre tiers de l. 57840. - que montent les profits qu'il a pleu à Dieu y enuoyer, ainsi qu'apert par leur liure de raison, — l. 19280. — Surquoy distrait l. 4512. - que leur faisons bon à cause qu'ils se sont chargez de tous les debiteurs, marchandises, & autres effects tant bons que mauuais restans de ladicte compagnie, laquelle demeure resoluë par ce moyen, ainsi qu'il est contenu par le contract entre nous passé, receu par Gorrel Notaire, — l. 4512. —	à 41.	l.	14768.	—	—
Reste qu'ils doiuent payer auec le principal en Pasques 1628. — l. 14768. —					
	—	l.	54768.	—	—

1625.

CLAVDE CICERY, ET FRANCOIS CERNESIO de Venise, compte des debiteurs que leur assignons, doiuent que les portons crediteurs au Carnet de Pasques 1625. f° 11.					
pour Esthienne Glotton, & en ce,	à 38.	l.	1920.	—	—
Portez crediteurs au liure B, f° 3. & en ce,	à 44.	l.	3416.	—	—
	—	l.	5336.	—	—

1625.

IEAN BAPTISTE BEREGANY de Vincense compte des debiteurs, que luy assignons doit que le portons crediteur au Carnet de Pasques 1625. f° 12. cy	à 38.	l.	217.	10.	—
Porté crediteur au Carnet d'Aoust 1625. f° 12. cy	à 42.	l.	153.	6.	8
Porté crediteur au Carnet des Saincts 1625. f° 12. escompté à 107. $\frac{1}{2}$ pour [illegible]	à 42.	l.	10199.	14.	—
	—	l.	10570.	10.	8

AVOIR pour les cy-apres qui ont payé,

Aymé le Roy escompté à 7.½ pour %	l. 567.12. 6.	Portez debiteurs au Carnet de Pasques 1625.f° 16.					
Robert Gehenaud, escompté à 7.½	l. 675.15.—						
Herue, & Sauarry, escompté à 7.½	l. 801.11. 3.						
Comptant dez le 10. Auril 1625.	l. 98.—.—						
Guillaume Freson, l'escompte à 10.pour %	l. 208.—.—						
Iean Vllard, l'escompte à 10.pour %	l. 320.—.—						
Pamphile de la Cour, escõpté à 10.pour %	l. 193. 3. 9.						
Samson, & de Vilars, escompté à 10.pour %	l. 414.12.11.		à 38.	l.	9476.	17.	11
Malepard, & Gaudrion, escõpté à 12.½	l. 678. 2. 6.						
Louys du Bois, l'escompte à 12.½	l. 2380.—.—						
Claude Boissey, l'escompte à 12.½	l. 1860.—.—						
Nicolas Libert, l'escompte à 12.½	l. 1280.—.—						
Iean des Lauiers,	l. 604. 6. 8.	En debit au liure B, f° 4. cy					
Lindo, & Heron,	l. 826.12. 6.		à 44.	l.	1925.	9.	2
Nicolas de Lestre,	l. 495.—.—						
			—	l.	11402.	7.	1

1625.

AVOIR que les portons debiteurs au liure B, f° 27. & en ce,	à 44.	l.	54768.	—	—

1625.

AVOIR pour les marchandises cy-apres venduës pour leur compte, pour receuoir à leurs risques des debiteurs, & termes cy-bas specifiez,

pieces	12. aunes 384. tabis noir de Venise ondé à l. 5. — vendu à Glotton, pour Pasques 1626.	à 28.	l.	1920.	—	—
pieces	41. Camelots de Leuant greges 4. fil à l. 28. — pour Enemond Duplomb, pour Aoust 1628.	à 39.	l.	1176.	—	—
pieces	4. aunes 128. Tabis canelé cramoisy à l. 6.10.- pour Blauf, pour Roys 1627.	à 22.	l.	832.	—	—
pieces	8. aunes 256. Tabis couleurs ordinaires à l. 5.10.- pour Raymond Orlic, pour Roys 1627.	à 39.	l.	1408.	—	—
		—	l.	5336.	—	—

1625.

AVOIR pour les marchandises cy-apres venduës pour son compte, pour receuoir à ses risques des debiteurs, & termes cy-bas,

℔ 58.- Floret, à l. 3.15.- vendu à Estienne Glotton, pour Pasques 1626.	à 28.	l.	217.	10.	—
℔ 530.- Trame de Vincense à l. 16. — vendu à Iean Iacques Manis; pour Aoust 1626.	à 31.	l.	8480.	—	—
℔ 593.- Bourre de soye à ¦ 58. — vendu à Cesar, & Iulien Granon, pour Aoust 1626.	à 6.	l.	1719.	14.	—
℔ 26.10. onces Doppion de Vincense à l. 5.15.- vendu comptant au Carnet d'Aoust 1625. f° 14.	à 28.	l.	153.	6.	8
	—	l.	10570.	10.	8

	Article	Somme	Folio		Livres	Sols	Deniers
	REPARTIMENS doiuent à veloux de Milan,	l.1141.11.8.	à 8.				
	A Gases,	l. 98.10.--	à 10.				
	A Bas de soye,	l. 180.---	à 10.	l.	3557.	11.	8
	A Beregany de Vincense,	l. 217.10.--	à 27.				
	A Cicery, & Cernesio de Venise,	l.1920.---	à 27.				
	A Veloux de Milan,	l. 237. 9.2.	à 8.				
	A Gases,	l. 109.19.4.	à 10.				
	A Bas de soye,	l. 369.---	à 10.				
	A Crespons,	l. 193. 5.-	à 12.	l.	1418.	9.	5
	A Or filé,	l. 290.---	à 4.				
	A Sargette de Milan,	l. 227.16.3.	à 13.				
	A Veloux de Milan,	l. 925. 1.8.	à 8.				
	A Gases,	l. 214.11.6.	à 10.				
	A Bas de soye,	l. 509.---	à 10.				
	A Tapisserie de Bergame,	l. 150.---	à 13.	l.	11776.	19.	10
	A Beregany,	l. 153. 6.8.	à 27.				
	A Cochenille,	l.7680.---	à 34.				
	A Muse,	l.1620.---	à 34.				
	A Souchous,	l. 525.---	à 37.				
	A Iean Bertrand, pour Pierre Richard, par Caisse au Carnet d'Aoust 1625.f° 3. cy		à 42.	l.	431.	8.	9
	A Iean & Pierre du Lac d'Vsez, par Caisse audict Carnet, f° 3.cy		à 42.	l.	237.	—	—
	A Antoine Roux de Saumieres, par Caisse audict Carnet, f° 3.& en ce,		à 42.	l.	286.	2.	6
	En Toussaincts 1625. que faisons bon à Ioachin Laurens, & Dauid Salicoffre, pour les parties cy-apres à eux transportées, sçauoir;						
	Barthelemy Mas de Seissac	l.264.18.-					
	Pierre Antoine Guy de Limoux,	l.308. 9.-	au Carnet des Saincts 1625.f° 15.cy à 42.	l.	868.	15.	—
	Iean Barrau de Castres,	l.295. 8.-					
		868.15.--					
	En Roys 1626. les parties cy-apres transportées à Galiley, & Batelly,						
	André Pirouard de Limoux,	l. 281. 1.--					
	Louys de Coudrey de Dieppe,	l. 337.18.--					
	Pierre Arnoux de Roüan,	l. 500.---					
	Pierre le Franc,	l. 217.15.--	Au Carnet des Roys 1626.f° 11.cy à 42.	l.	3171.	17.	—
	Christophle Brodrigue,	l. 621.---					
	Richard Herbert,	l.1214. 3.-					
		3171.17.--					
	Pasques 1626. les parties cy-apres transportées à Lumaga, & Mascranny,						
	Charles Seuelin,	l. 630.---					
	Iean de Compans,	l. 417. 8.--					
	Ionas Nolet de la Motte,	l. 939.18.--	au Carnet de Pasques 1626.f° 15.cy à 42.	l.	3699.	10.	6
	René Pepin de S.Iean d'Angely,	l. 685. 3.6.					
	François Ferret de la Chastaigneraye,	l.1027. 1.--					
		3699.10.6.					
			—	l.	25447.	15.	—

—1625.—

	Article	Folio		Livres	Sols	Deniers
	HIEROSME LANTILLON de Lyon doit donner du 22. Iuillet 1625.					
	Pour Touss. 1627. ℔ 203. Doppion de Milan à l. 8.— d'accord à luy liuré courratier Petit,	à 23.	l.	1624.	—	—
	Pasques — 1628. ℔ 4174. Soye lege à l. 10.15. d'accord à luy liuré le 12. Decembre 1625.	à 3.	l.	44870.	10.	—
1626.	Pasques — 1627. ℔ 500. Organcin de legis à l. 12. 5. à luy liuré le 15. Feurier 1626.	à 25.	l.	6125.	—	—
—	Pasques — 1627. ℔ 1500. Orgãc. de Raconis à l. 12.— à luy liuré le 12. Mars 1626.	à 25.	l.	18000.	—	—
		—	l.	70619.	10.	—

—1625.—

	Article	Folio		Livres	Sols	Deniers
	IEAN DE LA FORESTS de Lyon, doit du 1. Aoust 1625.					
	Pour Touss. 1627. ℔ 821.-- Doppion de Milan à l. 7.17.6. à luy liuré & d'accord, courratier Iusty,	à 23.	l.	6465.	7.	6
	Roys — 1627. ℔ 14.-- Filage de Raconis à l. 11. liuré à luy le 16. Decembre 1625.	à 7.	l.	154.	—	—
1626.	Roys — 1627. aun. 210. 5/8 Crespon noir leger de Naples à l. 3.- liuré à luy le 10. Feurier 1626.	à 12.	l.	631.	17.	6
—	Pasques — 1627. ℔ 210.-- Organcin de legis à l. 12.10. d'accord à luy liuré le 15. dudict en ce,	à 25.	l.	2625.	—	—
	Pasques — 1627. pour marchandises à luy venduës, & liurées le 3. Mars 1626. montant en ce	à 25.	l.	1769.	14.	—
		—	l.	11645.	19.	—

AVOIR pour Estienne Glotton, debiteur en ce,	à 16.	l.	3557.	11.	8
Pour Robert Gehenaud, debiteur en ce,	à 16.	l.	1418.	9.	9
Pour Claude Catillon, compte de voyages l.2104. 7.3. que de tant, il a faict cedulles ou lettres de change en nostre nom, aux ensuiuantes personnes payables à iceux ou aux porteurs d'icelles en diuers termes, sçauoir					
A Pierre Richard de Nysmes, — l.431. 8.9. } pour Aoust 1625.					
A Iean & Pierre Dulac d'Vsez, — l.237.—— } pour Aoust 1625.					
A Antoine Roux de Saumieres, — l.286. 2.6. } pour Aoust 1625.					
A Barthelemy Mas de Scissac, — l.264.18.-- } pour Toussainćts 1625.	à 5.	l.	2104.	7.	3
A Pierre Antoine Guy de Limoux, — l.308. 9.— } pour Toussainćts 1625.					
A Iean Barrau de Castres, — l.295. 8.-- } pour Toussainćts 1625.					
A André Pirouard de Limoux, — l.281. 1.— pour Roys 1626.					
Pour Claude Catillon, compte de voyage l.6590.6.6. qu'il nous assigne à payer aux crediteurs, & termes cy-apres specifiez par ces cedulles ou lettres de change qu'il a faictes en nostre nom,					
A Louys de Coudrey de Dieppe, — l. 337.18.-- } pour Roys 1626.					
A Pierre Arnoux de Roüan, — l. 500.—-- } pour Roys 1626.					
A Pierre le Franc, — l. 217.15.— } pour Roys 1626.					
A Christophle Brodrigue, — l. 621.—-- } pour Roys 1626.					
A Richard Herbert, — l.1214. 3.-- } pour Roys 1626.					
A Charles Seuelin, — l. 630.—-- } pour Pasques 1626.	à 38.	l.	6590.	6.	6
A Iean de Compans, — l. 417. 8.-- } pour Pasques 1626.					
A Ionas Nolet de la Motte, — l. 939.18.-- } pour Pasques 1626.					
A René Pepin de S.Iean d'Angely, — l. 685. 3.6. } pour Pasques 1626.					
A François Ferret de la Chastaigneraye, — l.1027. 1.-- } pour Pasques 1626.					
Pour diuerses marchandises venduës comptant au Carnet de 1625. f° 14. & en ce,	à 42.	l.	11776.	19.	10
	—	l.	25447.	15.	—

1625.

AVOIR que le portons debiteur au Carnet d'Aoust 1625. f° 18. escompté à 22.½	à 42.	l.	1624.	—	—
Porté debiteur au liure B, f° 5. pour soude de ce compte,	à 44.	l.	68995.	10.	—
	—	l.	70619.	10.	—

1625.

AVOIR que le portons debiteur au Carnet d'Aoust 1625. f° 19. escompté à 22.½ pour %	à 42.	l.	6465.	7.	6
Porté debiteur au liure B, f° 5. pour soude du present,	à 44.	l.	5180.	11.	6
	—	l.	11645.	19.	—

DRAPS DE LAINE de Dauphiné, & Languedoc, doiuent pour les cy-apres,
Achapt faict en Dauphiné, & Languedor, par Claude Catillon,
A Romans au comptant de Tassy Motet.

pieces 5.n° 1.à 5.aun.107.$\frac{1}{3}$ Drap blanc Romans à l.3.8. —— l.372. 6.–

A Valence au comptant de Claude Garnon.

pieces 2.n° 6. 7.aun. 39.$\frac{1}{2}$ Sarge blanche Valence à l.3.12. —— l.142. 4.–

Au Crest de Gabriel Chappaix comptant.

pieces 6.n° 8.à 13.aun.150.$\frac{1}{4}$ Courdellat blanc crest à ſ 32. —— l.209. 4.–

Au Montelimar d'Estienne Lauvyne comptant.

pieces 9.n° 14.à 22.aun. 90.--Sarge blanche }
pieces 5.n° 23.à 27.aun. 45.--Dicte grise —} à l.3.4. —— l.425.12.--

A Vsez de Iean, & Pierre du Luc, pour Aoust 1625.

pieces 5.n° 28.à 32.aun.131.$\frac{1}{3}$ Canes 79.–Sargette grise à l.3.la cane, —— l.237.–.--

A Nysmes de Pierre Richard pour Aoust 1625.

pieces 12.n° 33.à 44.aun.319.$\frac{7}{12}$ Canes 191.6.p.Cadis deNysmes coul.ord.à ſ 45.-la Cane l.431. 8.9.

A Saumieres d'Antoine Roux pour Aoust 1625.

pieces 6.n° 45.à 50.aun.158.$\frac{7}{8}$ Canes 95.3.pans Cadis gris cramoisy à l.3.-la cane —— l.286. 2.6.

A Couques de Iacques Audrieu, comptant.

pieces 5.n° 51.à 55.aun. 69.$\frac{1}{6}$ Canes 41.4.pans Bigearre Carcassonne à l.6.14. —— l.278. 1.–

A Seissac de Barthelemy Mas, pour Toussaincts 1625.

pieces 8.n° 56.à 63.aun. 91.--Canes 54.5.pans Bigearre Seissac, à l.4.17. —— l.264.18.--

A Lodesue de François Carriere, au comptant.

pieces 2.n° 64. 65.aun. 26.--Canes 15.5.pans Bure de Lodesue, à l.4. —— l. 62.10.--

A Carcassonne de Iean Maffre, comptant.

pieces 6.n° 66.à 71.aun. 82.$\frac{1}{2}$ Canes 49.5.pans Estamet blanc la grasse à l.5.1. —— l.250.10.--

A Chalabre de Pierre Boyer, comptant.

pieces 1.n° 72. — aun. 20.--Canes 11.7.pans Courdellats gris Chalabre à ſ 34. —— l. 25. 3.9.

A Limoux de Pierre Antoine Guy, comptant.

pieces 2.n° 73. 74.aun. 34.$\frac{1}{8}$ Canes 20.5. pans Sesceins blanc à l.5.17. —— l.120.13.--

Dudict Guy, pour Toussaincts 1625.

pieces 6.n° 75.à 80.aun. 95.$\frac{1}{8}$ Canes 57.1. pan Sarge blanche Limoux à l.5.8. —— l.308. 9.–

A Castres de Iean Barrau, pour Toussaincts 1625.

pieces 4.n° 81.à 84.aun. 93.$\frac{1}{3}$ Canes 56.–Courdell.blãc Castres lisiere rouge à ſ 43. }
pieces 6.n° 85.à 90.aun.145.$\frac{1}{6}$ Canes 87.4.pans Courdellats dict lisiere noire à ſ 40. } l.295. 8.–

A Limoux d'André Pirouard, pour Roys 1626.

pieces 8.n° 91.à 98.aun.121.$\frac{1}{2}$ Canes 73.-Estamet blanc Limoux à l.3.17. —— l.281. 1.--

Embalage, despence de bouche, & autres menus frais faicts
pieces 98. audict voyage en vn mois, —— l.103. 2.–

	à 5.	l.	4088.	13.	—
Pour aduance en credit à profits & pertes, ——	à 41.	l.	796.	5.	2
	——	l.	4884.	18.	2

—— 1625. ——

ESTIENNE CHALLY de Lyon, doit donner du 8. Aoust 1625.

Pour Touss. 1627. ℔ 401. Doppion de Milan à l.7.16.3. liuré à luy courratier Petit, en ce, ——	à 23.	l.	3132.	16.	3
Pasques — 1628. ℔ 1044. Soye lege à l.10.16.3. d'accord à luy liuré le 10. Decembre 1625. en ce, —	à 3.	l.	11288.	5.	—
Roys —— 1627. ℔ 1259. Filage de Raconis à l.11.-à luy liuré le 15. dudict, ——	à 7.	l.	13849.	—	—
	——	l.	28270.	1.	3

AVOIR pour les cy-apres vendus à diuers,

Articles	Destination	Fo.		l.	s.	d.
piec. 9.nº 14.à 22.aun. 90.— -Sarge de Montelimar coul. ordin. à l.4.—						
piec. 8.nº 56.à 63.aun. 91.— -Bigearre Seillac, à —— ——l.3.—						
piec. 5.nº 1.à 5.aun.109.— -Drap noir Romans,à—— ——l.4.—						
piec. 2.nº 6. 7.aun. 39.10.--Sarge de Valence canelé cramoisy, à l.5.—	Enuoyé à Sourzach en					
piec. 6.nº 8.à 13.aun.130.15.--Courdellats du Crest couleurs ord.à l.2.—	Foire de Pentecoste,	à 31.	l.	2012.	—	—
piec. 4.nº 81.à 84.aun. 93. 6.8.Courd. Castres coul. ordinaires à ₰ 30.—						
piec. 8.nº 91.à 98.aun.121.13.4.Estamet de Limoux couleurs ord. à l.3.10.						
piec.12.nº 33.à 44.aun.319.11.8.Cadis de Nysmes coul.ord. à ₰ 30.—	enuoyé audict Sourzach en					
piec. 5.nº 51.à 55.aun. 69. 3.4.Bigearre Carcassonne,à —— l.4.10.	Foire de S.Frenne, en ce	à 31.	l.	790.	12.	6
piec. 5.nº 28.à 32.aun.131.13.4.Sargettes de Nysmes couleurs ord.à ₰ 50.--						
piec. 6.nº 45.à 50.aun.158.17.6.Cadis gris cramoisy Nysmes, — à ₰ 35.--						
piec. 2.nº 64. 65.aun. 26.— -Bure de Lodesue, à —— ——l.3.10.						
piec. 6.nº 66.à 71.aun. 82.13.4.Estamet blanc la Grasse,à— ——l.4. --	enuoyé aux nostres de					
piec. 1.nº 72.— -aun. 20.— -Courdellat gris Chalabre, à ——₰ 26.--	Milan, — —	à 6.	l.	1931.	15.	8
piec. 2.nº 73. 74.aun. 34. 7.6.Sezcins blancs, à — — ——l.4. 5.						
piec. 6.nº 75.à 80.aun. 95. 2.6.Sarge noire Limoux,à—— ——l.5. --						
piec. 6.nº 85.à 90.aun.145.16.8.Courdellats de Castres coul.ordin. à ₰ 35.						
piec. 5.nº 23.à 27.aun. 43.— -Sarge grise Montelimar à l.3.10.restant en magasin au 3.Auril 1626.		à 43.	l.	150.	10.	—
piec.98. ——		—	l.	4884.	18.	2

1625.

Articles	Fo.		l.	s.	d.
AVOIR que le portons debiteur au Carnet d'Aoust 1625. fº 19. Escompté à 122.½ pour %, & en ce, — — — —	à 42.	l.	3132.	16.	3
Porté debiteur au liure B, fº 5.pour soude de ce compte, — — — —	à 44.	l.	25137.	5.	—
	—	l.	28270.	1.	3

DRAPS DE LAINE de France,& Poictou,doiuent pour les cy-apres,
Achapt fait en France,& Poictou par Catillon nostre homme,
A Beauuais de Pierre Marcel,pour comptant le 20.Iuin 1625.
pieces 6.n° 1.à 6.aun. 81. 5.—Sarge blanche Beauuais à l.3.14.—l.300.12.6.—
pieces 6.n° 7.à 12.aun. 84.—Sarge dicte 2.enuers à —l.4. 1.—l.340. 4.— } l. 716.16.6.
pieces 8.n° 13.à 20.aun.—Bayette Beauuais à —l.9.10.la piece l. 76.—
A Dieppe de Louys de Condrey, pour Roys 1626.
pieces 4.n° 21.à 24.aun. 55.15.—Sarge noire Dieppe à l.6.1.3.—l. 337.18.--
A Roüan de Pierre Arnoux d'Arnetal, pour payer
l.177.19.9.comptant,& l.500.- en Roys 1626.
pieces 1.n° 25.—aun. 28.15.—Sarge Arnetal à—l.4 2.6.—l.118.12.--
pieces 1.n° 26.—aun. 29. 5.—Bure brune à —l.4.—l.117.—
pieces 1.n° 27.—aun. 26.10.—Dicte More,à—l.4. 2.6.—l.109. 6.3. } l. 677.19.9.
pieces 1.n° 28.—aun. 30.15.—Dicte Perpignan ,à—l.4. 8.9.—l.136. 9.--
pieces 1.n° 29.—aun. 35.15.—Sarge blanche Limestre, à —l.5.10.—l.196.12.6.

De Pierre le Franc,pour Roys 1626.
pieces 1.n° 30.—aun. 33.10.—Sarge Sigouye blanche à l.6.10.—l. 217.15.--
De Pierre Lambert du Seau,au comptant.
pieces 1.n° 31.—aun. 20. 2.6.Drap blanc du Seau, à —l.8. 5.—l.166.—
pieces 1.n° 32.—aun. 30. 5.—Bure du Seau, à —l.7.10.—l.222.17.6. } l. 388.17.6.
De Christophle Brodigue Anglois,pour Roys 1626.
pieces 23.n° 33.à 55.aun.—Croisez blancs à l.27.la piece,—l. 621.—
De Richard Herbert,pour Roys 1626.
pieces 35.n° 56.à 90.aun.359.15.—Croisez cramoisy à l.3.7.6.—l.1214. 3.--
De Charles Seuelin Anglois,pour Pasques 1626.
pieces 7.n° 91.à 97.aun.—Bayette blanche d'Angleterre à l.90.la piece,—l. 630.—
De Iean Compans,pour Pasques 1626.
pieces 1.n° 98.—aun. 10. 5.—Escarlatte de Berry, à —l.14. 7.6.—l.147.6.9.
pieces 1.n° 99.—aun. 18.12.6.Escarlate du Seau, à —l.14.10.—l.270.1.3. } l. 417. 8.--

A Romorantin de Iean Thion , comptant
pieces 1.n° 100.—aun. 11.15.—Bure Romorantin à l.70.10.la piece—l. 70.10.—
pieces 2.n° 101.à 102.aun. 20,—-Drap blanc Romorantin,à l.68.la piece—l.136.— } l. 206.10.--

A la Motte de Ionas Nolet,pour Pasques 1626.
pieces 32.n° 103.à 134.aun.482.10.--Bure la Motte à ʃ 39.—l. 939.18.--
A S.Iean d'Angely de René Pepin,pour Pasques 1626.
pieces 25.n° 135.à 159.aun. 288.10.--Bure S.Iean,à ʃ 47.6.—l. 685. 3.6.
A la Chastaigneraye de François Ferret,pour Pasq.1626.
pieces 18.n° 160.à 177.aun. 234.—-Drap Presdeau couleurs ordinaires à ʃ 50.l.585.—
pieces 12.n° 178.à 189.aun. 153.15.--Bure blanche à ʃ 42.—l.322.17.6. } l.1027. 1.--
pieces 4.n° 190.à 193.aun. 56.15.--Drap rouge,& celeste Poictou à ʃ 42.—l.119. 3.6.
Embal.despence de bouche en 40.iours,& autres frais, l. 178. 9.--
pieces 193.— — à 38. l. 8258. 19. 3
Pour aduance en credit à profits & pertes,— à 41. l. 1683. 15. 9
l. 9942. 15. —

—1625.—
FLEVRY GROS de Lyon,doit donner du 19.Aoust 1625.
Pour Roys 1628.℔ 808.-Doppion de Milan à l.7.17.6.d'accord à luy liuré Courratier Derichy,— à 23. l. 6363. — —
Roys 1627.℔ 1049.-Filage de Raconis à l.10.17.6.à luy liuré le 16.Decembre 1625.— à 7. l. 11407. 17. 6
Roys 1627.℔ 538.-Organcin de Raconis à l.12. - liuré à luy le 20. dudict,— à 25. l. 6456. — —
Pasques 1627.℔ 175.-Bourre de legis à ʃ 50.-liuré à luy le 4.Mars 1626.— à 30. l. 437. 10. —
l. 24664. 7. 6

AVOIR pour les cy-apres vendus diuers,

pieces	2.n° 29. — aun. 35. —Sarge noire Limestre à l. 6.-	enuoyé à Sourzach en Foire de Pétec.	à 31.	l.	931.	5.	—
pieces	25.n° 135.à 159. aun.288.10.—Bure S. Iean à — ſ 50.						
pieces	32.n° 103.à 134. aun.482.10.—Bure la Motte à — ſ 42.-	enuoyé audict Sourzach en Foire de S.Frenne—	à 31.	l.	1678.	5.	—
pieces	7.n° 91.à 97. aun.—Bayette blanche d'Angleterre à l. 95.-						
pieces	6.n° 1.à 6.aun. 81.—Sargette de Beauuais coul.ord.à l. 5. —	en debit à neg.de Piedmốt	à 11.	l.	5941.	—	—
pieces	6.n° 7.à 12.aun. 84.—Dicte à 2.enuers noire à — l. 5.10.-						
pieces	4.n° 21.à 24.aun. 56.—Sarge noire Dieppe à — —l. 7. —						
pieces	1.n° 30.— —aun. 33.- —Sarge noire Sigouie à — l. 7.10.-						
pieces	1.n° 31.— —aun. 20.—Drap du Seau noir à — —l.12. —						
pieces	1.n° 32.— —aun. 30.- —Bure du Seau à — —l. 8. —						
pieces	35.n° 56.à 90.aun.359.15.—Croisez cramoisy à — l. 4. —						
pieces	1.n° 98.— —aun. 11.—Escarlate de Berry, — } à — l.16. —						
pieces	1.n° 99.— —aun. 19.—Escarlate du Seau, — }						
pieces	1.n° 100.— —aun. 12.—Bure Romorantin à— —l.10. —						
pieces	2.n° 101. 102.aun. 20.—Drap noir Romorantin à —l.12. —						
pieces	18.n° 160.à 177.aun.234.—Drap Presdeau couleurs ordin. à l.3. —						
pieces	12.n° 178.à 189.aun.153.15.—Bure blanche Poictou, — } à ſ 50. —						
pieces	4.n° 190.à 193.aun. 57.—Drap rouge,& celestePoict. }						
pieces	8.n° 13.à 20.aun.—Bayette de Beauuais à l.12.la piec.	enuoyé aux nostres de Milan, -	à 6.	l.	1392.	5.	—
pieces	4.n° 25.à 28.aun.115. 5.—Sarges d'Arnetal, à —l. 5. l'aune						
pieces	23.n° 33.à 55.aun.240.—Croisez coul.cómunes à l. 3. —						
pieces	193.—		—	l.	9942.	15.	—

1625.

AVOIR que le portons debiteur au Carnet d'Aoust 1625.f° 19. escompté à 25. pour ÷	à 42.	l.	6363.	—	—
Porté debiteur au liure B, f° 5. pour soude	à 44.	l.	18301.	7.	6
	—	l.	24664.	7.	6

MARCHANDISES de nostre compte enuoyées à Sourzach, en Foire de Pentecoste és mains de Claude Catillon nostre homme, pour illec en procurer la vente, doiuent pour les cy-apres,

pieces 2.nº 29.——aun. 35.——Sarge noire Limestre à l. 6.— pieces 25.nº 135.à 159.aun.288.10.—Bure de S.Iean à —— ₰ 50.—	à 30.	l.	931.	5.	—
pieces 9.nº 14.à 22.aun. 90.——Sarge de Montelimar couleurs ordinaires à l. 4.— pieces 8.nº 56.à 63.aun. 91.——Bigearre Seissac, à —— l. 3.— pieces 5.nº 1.à 5.aun.109.——Drap noir Romans à —— l. 4.— pieces 2.nº 6.à 7.aun. 39.10.—Sarge de Valence canellé cramoisy à —— l. 5.— pieces 6.nº 8.à 13.aun.130.15.—Courdellats du Crest couleurs ordinaires à—l. 2.— pieces 4.nº 81.à 84.aun. 93. 6.8.Courdellats de Castres diuerses couleurs à ₰ 30.— pieces 8.nº 91.à 98.aun.121.13.4.Estamet de Limoux couleurs ordinaires à—l. 3.—	à 29.	l.	2012.	—	—
Despence de bouche faicte par ledict Catillon, loüage de banc, droict de ville, & autres menus frais, ——	à 31.	l.	90.	—	—
Et les cy-apres enuoyées audict Sourzach en Foire de S.Frenne.					
pieces 12.nº 28.à 39.aun.319.11.8.Cadis de Nysmes couleurs ordinaires à ₰ 30.— pieces 5.nº 51.à 55.aun. 69. 3.4.Bigearre Carcassonne à —— l. 4.10.—	à 29.	l.	796.	12.	6
pieces 32.nº 103.à 134.aun.482.10.—Bure la Motte, à —— ₰ 42. pieces 7.nº 91.à 97.aun.——Bayette blanche d'Angleterre à — l.95.la piece.	à 30.	l.	1678.	5.	—
pieces 125. Despence de bouche, loüage de banc, droict de ville, prouision de Rodolphe Leon, pour auoir gardé les marchandises, demeurées de reste de la Foire de Pentecoste, ——	à 31.	l.	186.	13.	4
Perte de remises ou change de diuerses especes en pistolles au Carret d'Aoust 1625.fº 14.& en ce, ——	à 42.	l.	111.	9.	3
Frais d'embalage, & sortie de ville l.82.10.port de Lyon à Sourzach l.250.-tout ——	à 39.	l.	332.	10.	—
Profit qu'il a pleu à Dieu enuoyer en ce compte, ——	à 41.	l.	2029.	17.	9
	——	l.	8163.	12.	10

—— 1625. ——

CLAVDE CATILLON, compte de voyages au pays de Suisse, doit qu'il nous assigne à receuoir des debiteurs & termes cy-bas, pour ventes par luy faictes à Sourzach en Foire de Pentecoste, calculé à ₰ 33.4.pour florin, valant 15.bach,

Abrahain de Vert de Berne, pour payer en Foire de Saincte Frenne prochain, florins	158.b.10.cr.	à 31.	l.	264.	8.	10
Salomon Yerssel de Zurich, pour ledict temps, ——	fl. 330.—	à 31.	l.	550.	—	—
Michel Fennel de Lucherne, pour ledict temps ——	fl. 230. 8.—	à 31.	l.	384.	4.	5
Sebastien Hogger de S.Gal, pour ledict temps, ——	fl. 392. 6.—	à 31.	l.	654.	—	—
Comptant ——	fl. 673. 2.—	à 31.	l.	1121.	17.	6
Et en Foire de Saincte Frenne aux cy-apres,						
Salomon Yerssel de Zurich, pour Foire de Pentecoste prochain, ——	fl. 417. 13.—	à 31.	l.	696.	8.	10
Sebastien Hogger de S.Gal, pour ledict temps ——	fl. 473. 11. 2.	à 31.	l.	789.	11.	—
Vendu comptant ——	fl. 2221. 13. 2.	à 31.	l.	5703.	2.	3
	fl. 4898. 4.—	——	l.	8163.	12.	10

—— 1625. ——

IEAN IACQVES MANIS de Lyon, doit

en Aoust 1626.pour ℔ 530.trame de Vincense à l.16.-à luy vendu, & liuré le 16. Aoust 1625. ——	à 27.	l.	8480.	—	—
Roys 1627.pour 3.bales soyes ouurées d'Italie à luy venduës, & liurées le 3.Septembre 1625. ——	à 7.	l.	10774.	10.	—
	——	l.	19254.	10.	—

—— 1625. ——

CHARLES HAVARD de Paris, doit du 20.Aoust 1625.liuré à Mercier,

en Aoust 1626.pour marcs 470.-Or filé assorty à l.28.le marc la premiere sorte, en ce ——	à 4.	l.	14540.	—	—
Touss. 1626.pour ℔ 700.-Veronne, & rondel.Doppiõ, liuré audict Mercier le 3.Sept.1625.en ce	à 25.	l.	5987.	10.	—
Touss. 1626.pour ℔ 100.-Organcin de legis à l.12.10. liuré audict le 12. dudict, en ce ——	à 25.	l.	1250.	—	—
Roys 1627.pour ℔ 300.-Organcin de Messine à l.15.10.liuré audict le 25.Decemb.1625.en ce	à 25.	l.	4650.	—	—
	——	l.	26427.	10.	—

	A V O I R pour les cy-apres venduës en Foire de Pentecoste,					
pieces	2.n° 29. — aun. 35. —Sarge noire Limestre à bach 68.l'aune pour Abrahã de Vert,deb.en ce	à 31.	l.	264.	8.	10
pieces	9.n° 14.à 22.aun. 90. —Sarge Montelimar couleur ord.à bach 55.-pour Salomõ Yersel, en ce	à 31.	l.	550.	—	—
pieces	8.n° 56.à 63.aun. 91. —Bigearre Seissac à bach 38.-pour Michel Frennel,en ce	à 31.	l.	384.	4.	5
pieces	5.n° 1.à 5.aun.109. —Drap noir Romans à bach 54.- pour Sebastien Hogger,en ce	à 31.	l.	654.	—	—
pieces	25.n° 135.à 159.aun.288.10. Bure S.Iean à bach 35.- vendu comptant à diuers ,	à 31.	l.	1121.	17.	6
	Et les cy-apres venduës en Foire de Saincte Frenne.					
pieces	2.n° 6. 7.aun. 39.10.—Sarge de Valéce canelé cram.à bach 66.					
pieces	6.n° 8.à 13.aun.130.15.—Courd.du Crest,couleur ord.à bach 28. } pour Salomõ Yersel, en ce	à 31.	l.	696.	8.	10
pieces	4.n° 81.à 84.aun. 93. 6.8.Courd.de Castres diuerses coul. à B.24.					
pieces	8.n° 91.à 98.aun.121.13.4.Estamet de Limoux coul.ord. à bach 40. } pour Sebast.Hogger,en ce	à 31.	l.	789.	11.	—
pieces	12.n° 28.à 39.aun.319. —Cadis de Nysmes,couleurs cõmunes à bach 24.—					
pieces	5.n° 51.à 55.aun. 69. —Bigearre Carcassonne à — bach 50.—					
pieces	32.n° 103.à 134.aun.482.10.- Bure la Motte, — à bach 33.—					
pieces	7.n° 91.à 97.aun. —Bayettes d'Angleterre — à florins 60. - la piece } vendu comptant	à 31.	l.	3703.	2.	3
pieces	125.—	—	l.	8163.	12.	10

—1625.—

A V O I R pour despence de bouche par luy faicte en son voyage de Soursach, pour Foire de Pentecoste,loüage de banc,droict de ville,& autres frais, —fl. 54.— —	à 31.	l.	90.	—	—
Porté debiteur au Carnet de Pasques 1625.f° 14.& en ce, —fl. 619. 2.—	à 38.	l.	1031.	17.	6
Autre despence de bouche par luy faicte en Foire de Saincte Frenne audict Sourzach Loüage de banc,droict de ville,prouision de Rodolphe Leon,tout —fl. 113. 9.—	à 31.	l.	186.	13.	4
Et les parties cy-apres qu'il a receu des debiteurs,cy-contre en Foire Saincte Frenne.					
D'Abraham vert, —fl. 158.10.—					
Salomon Yersel, —fl. 330.— —					
Michel Frennel, —fl. 230. 8.—					
Sebastien Hogger, —fl. 392. 6.—					
Salomon Yersel escompté à 5. pour o/o —fl. 417.13.—					
Sebastien Hogger escompté à 5. pour o/o —fl. 473.11.2.					
De la vente au comptant rabbatu les frais , fl.2108. 4.2. } porté debiteur au Carnet d'Aoust 1625.f° 14.& en ce, fl.4111. 8.—	à 42.	l.	6855.	2.	—
fl. 4898.4.—	—	l.	8163.	12.	10

—1625.—

A V O I R					
En Aoust 1626. escompté à 7.½ l. 8480. —					
Roys 1627. escompté à 12.½ l.10774.10. — } porté debit.au Carnet des Saincts 1625.f° 6.—	à 42.	l.	19254.	10.	—

—1625.—

A V O I R que le portons debiteur au Carnet des Saincts 1625.f° 15.par Lumaga,& Mascranny, escompté à 107.½ pour o/o, & en ce —	à 42.	l.	14540.	—	—
Porté debiteur au liure B,f° 5.& en ce, —	à 44.	l.	11887.	10.	—
	—	l.	26427.	10.	—

			l.	s.	d.
	BLEDS DIVERS en participation de Picquet, & Straſſe, pour $\frac{1}{3}$, Iacques de Pures pour $\frac{1}{4}$, Leonard Berthaud pour $\frac{1}{6}$, & nous pour $\frac{1}{4}$, doiuent pour les cy-apres acheptez de diuers, ſçauoir				
10000.	Aſnées bled froumēt (de 6. bichets l'aſnée) à l. 9. l'aſnée acheptez comptant de diuers, par Caiſſe au Carnet des Roys 1625. f° 3. & en ce	à 5.	l. 90000.	—	—
846.	Aſnées pour 700. meſure de Maſcon à l. 9. l'aſnée achepté comptant audict lieu, par Caiſſe audict Carnet, f° 3. & en ce,	à 5.	l. 6300.	—	—
437.	Aſnées pour 500. bichots à payement pour 480. à l. 7. le bichot achepté comptant à Chalon, audict Carnet f° 3. & en ce,	à 5.	l. 3360.	—	—
	99660. —				
	Pour la voyture deſdictes 1283. aſnées acheptées en Bourgogne, deſpence de bouche faicte audict voyage, & port dans les greniers l. 451. 3. loüage de 7. greniers pour 6. mois l. 140. - pour noſtre prouiſion deſdictes l. 99660. à 1. pour $\frac{0}{0}$ l. 996. 12. grabelage, & paleage l. 67. 5. -- tout en credit à deſpences	à 39.	l. 1655.	—	—
	Pour ſoude de la vente faicte à Genes par Lumaga,	à 32.	l. 6679.	16.	—
	Pour ſoude de la vente faicte en Eſpagne, & Portugal, en ce	à 34.	l. 43496.	17.	6
	Pour ſoude de la vente des marchandiſes acheptées à Roüan, en ce	à 34.	l. 21657.	14.	4
	Que faiſons bon à Pierre Sauſet, pour ſes gages & ſalaires, en ce	à 33.	l. 2000.	—	—
	Pour noſtre $\frac{1}{4}$ du profit qu'il a pleu à Dieu enuoyer ſur ce compte, en ce	à 41.	l. 11422.	16.	11
		—	l. 186572.	4.	9

1625.

			l.	s.	d.
	BLEDS DIVERS en participation de Picquet, & Straſſe, pour $\frac{1}{3}$, Depures pour $\frac{1}{4}$, Berthaud pour $\frac{1}{6}$, & nous pour $\frac{1}{4}$, enuoyez en Arles és mains de Girard Pillet, pour en faire la vente par conduicte de Patron Pelot, doiuent pour les cy-apres,				
1283.	Aſnées bled à l. 8. - que à 114. pour $\frac{0}{0}$ de Lyon, font 1462. ſaumées, meſure d'Arles,	à 32.	l. 10264.	—	—
	Pour l'auoir fait charger ſur vn grand Bateau à 6. deniers pour aſnée par deſpences,	à 39.	l. 36.	11.	—
	Pour la voyture deſdictes 1283. aſnées à l. 4. - l'aſnée qu'il a payé audict Patron Pelot, y compris tous peages, frais du deſchargement, & loüage de magaſin, qu'il nous a tiré par ſa lettre payable à Verdier, Picquet, & Decoquiel, crediteurs au Carnet des Roys 1625. f° 7. cy	à 5.	l. 6107.	10.	—
	Pour $\frac{1}{3}$ de la vente cy-contre faicte en Arles, appartenant à Picquet, & Straſſe crediteurs, en ce	à 40.	l. 2114.	13.	4
	Pour $\frac{1}{4}$ de ladicte vente en credit à Iacques Depures, en ce	à 40.	l. 1586.	—	—
	Pour $\frac{1}{6}$ de ladicte vente en credit à Leonard Berthaud, en ce	à 40.	l. 1057.	6.	8
	Pour ſoude en credit à bleds de noſtre compte,	à 32.	l. 321.	19.	9
		—	l. 21488.	—	9

1625.

			l.	s.	d.
	BLEDS DIVERS en Compagnie de Picquet, & Straſſe, Depures, Berthaud, & nous, enuoyez à Genes és mains d'Octauio, & Marc-Antoine Lumaga, pour en faire la vente, doiuent pour les cy-apres,				
878.	Aſnées bled à l. 12. l'aſnée pour 1000. Saumées d'Arles, que à 150. eymines de Genes, pour cent ſaumées font 1500. eymines à luy enuoyées ſur le Galion S. Martin, Capitaine François Caſal, d'accord à ₰ 30. pour ſaumée d'Arles à Genes, en ce	à 32.	l. 10536.	—	—
	Pour $\frac{1}{3}$ de la vente cy-contre faicte à Genes, appartenant à Picquet, & Straſſe, crediteurs	à 40.	l. 5141.	12.	—
	Pour $\frac{1}{4}$ de ladicte vente en credit à Depures,	à 40.	l. 3856.	4.	—
	Pour $\frac{1}{6}$ à Berthaud, crediteur en ce,	à 40.	l. 2570.	16.	—
		—	l. 22104.	12.	—

	AVOIR pour le $\frac{1}{3}$ de l'achapt & despens cy-contre en debit à Picquet, & Strasse, en ce	à 40.	l. 33771.	13.	4
	Pour le $\frac{1}{4}$ dudict achapt en debit à Iacques de Pures, en ce,	à 40.	l. 25328.	15.	—
	Pour le $\frac{1}{6}$ dudict achapt en debit à Leonard Berthaud, en ce	à 40.	l. 16885.	16.	8
1283.	Asnées bled à l.8. -- l'asnée enuoyées en Arles és mains de Girard Pillet, pour en faire la vente par conduicte de Patron Pelot, en ce	à 32.	l. 10264.	—	—
	Pour soude du compte des bleds vendus en Arles, en ce	à 32.	l. 321.	19.	9
10000.	Asnées bled froment à l.10.-- l'asnée qu'auons mis és mains & puissance de Pierre Sauset nostre facteur, pour faire conduire à Marseille, & charger sur Mer pour faire voile és villes d'Espaigne & Portugal, qu'il entendra en auoir plus grand disette, pour vendre à nostre plus grand auantage, en ce,	à 34.	l. 100000.	—	—
		—	l. 186572.	4.	9

1625.

	AVOIR pour le $\frac{1}{3}$ des frais cy-contre faicts en Arles, en debit à Picquet, & Strasse, en ce	à 40.	l. 2048.	—	4
	Pour $\frac{1}{4}$ desdicts frais en debit à Iacques de Pures,	à 40.	l. 1536.	—	3
	Pour $\frac{1}{6}$ desdicts frais en debit à Berthaud, en ce	à 40.	l. 1024.	—	2
405.	Asnées pour 462. saumées bled à l.14.10.-la saumée venduë comptant en Arles par ledict Pillet desduit l.355.-- pour sa prouision, & frais par luy faicts au chargement de 1000. saumées qu'il a enuoyées de nostre ordre à Genes, reste qu'il a remis de nostre ordre à Marseille à Benoist Robert, debiteur en ce	à 3.	l. 6344.	—	—
878.	Asnées à l.12.-l'asnée pour 1000. saumées qu'il a fait charger sur le Galion S. Martin, pour consigner à Genes és mains d'Octauio, & Marc-Antoine Lumaga, en ce,	à 32.	l. 10536.	—	—
		—	l. 21488.	—	9

1625.

	AVOIR pour les cy-apres,				
878.	Asnées bled pour 1500. eymines, sçauoir 300. eymines à l.16. -- & 1200. à l.16.10. venduës comptant audict Genes, desduit l.2200.- pour nolis, prouision, & autres menus frais en debit esdicts Lumaga. au Carnet de Pasques 1625. f° 4. l.22400,	à 38.	l. 15424.	16.	—
	Pour soude en debit à bleds de nostre compte,	à 32.	l. 6679.	16.	—
		—	l. 22104.	12.	—

PIERRE SAVSET, compte du voyage de Mer que luy faisons faire, doit l. 50000. -- à luy comptant, pour aller faire la vente des bleds qu'auons mis entre ses mains, pour iceux faire conduire és villes d'Espagne, & Portugal, qu'il entendra en auoir plus grand disette, pour vendre à nostre plus grand auantage, au Carnet des Roys 1625. F° 3. & en ce,	à 53.	l. 50000.	—	—
6000. Fanegues bled froment mesure de Calix, qu'il a vendu comptant audict lieu à marauedis 2300. la Fanegue, calculé à marauedis 400. pour v, sont en ce — marauedis 13800000.	à 34.	l. 103500.	—	—
84000. Alquid bled froument mesure de Lisbonne à 150. raix l'alquid qu'il a vendu comptant audict lieu, calculé à raix 160. pour vne liure tournois, sont en ce, — raix 12600000.	à 34.	l. 78750.	—	—
	—	l. 232250.	—	—

— 1625. —

PIERRE SAVSET, compte des effects qu'il a chargez sur la Nauire Espagnole Capitaine Diego laynes, laquelle par la grace de Dieu est arriuée à Roüan, doit suiuant sa lettre qu'il nous a enuoyé dudict Roüan,				
220529. Reaux à ₰ 5. — l. 55132. — 10746. Pistoles d'Espagne à l. 7. 6. — l. 78445. 16. Diuerses especes, — l. 2800. —	à 33.	l. 136377.	16.	—

AVOIR qu'il a payé pour Nolis de 10000. asnées bled froment de Lyon iusqu'à Marseille, y compris les peages en ce,	à 34.	l. 39700.		
Pour nolis desdictes 10000. asnées qu'il nous a mandé auoir chargé sur 2. Galions, sçauoir sur le Galion Faulcon, Capitaine Iean Baptiste Lagorio 4000. asnées, & sur le Galion S. Michel, Patron Pierre Courtin 6000. asnées, accordé à ∯ 15. l'asnée, de Marseille à Seuille, s'estant embarqué sur S. Michel lesquels sont arriuez à sauuement, en ce,	à 34.	l. 7500.		
▽ 8000.- d'or sol, que à marauedis 398. pour ▽, nous a remis en payements de Pasques 1625. par lettre d'Antoine Spinola, sur Lumaga, & Mascranny, debiteurs au Carnet desdicts payemens de Pasques f° 15. & en ce, marauedis 3184000.-	à 38.	l. 24000.		
▽ 6795.- que à marauedis 400. pour ▽, nous à remis esdicts payemens par lettre de François Catan, sur Guetton debiteurs au Carnet de Pasques 1625. f° 8. cy m. 2718000.-	à 38.	l. 20385.		
Pour nolis de 4000. asnées de Seuille iusqu'à Lisbonne, ayant fait faire voile au Galion Faulcon, à marauedis 100. pour asnée, y compris tous peages & passages, suiuant sa lettre d'aduis escrite à son despart de Seuille, m. 400000.-	à 34.	l. 3000.		
Pour 7498000. marauedis, qu'il a changez en reaux à marauedis 34. le real, sont reaux 220529. que à ∯ 5.- tournois l'vn, valent l. 55132. m. 7498000.-	à 33.	l. 55132.		
marauedis 13800000.-				
Pour intermetteurs, faquins, paleages, & autres menus frais faicts à Lisbonne, en ce, raix 48000.-	à 34.	l. 300.		
Pour 12552000. raix changez en 10746. pistolles d'Espagne, à raix 1168. pour pistolle, que à l. 7.6. tournois l'vne, valent l. 78445.16. qu'il a chargez sur la Nauire Espagnolle auec les reaux, mis le tout dans vn Coffre pour conduire iusqu'à Roüan, & les consigner à luy-mesme, en ce, raix 12552000.-	à 33.	l. 78445.	16.	
raix 12600000.-				
Et l. 2800.- pour reste de l. 50000.- à luy baillés à son despart, desquels il n'a employé que l. 47200.- comme dessus qu'il a mis dans ledict coffre sur ladicte Nauire Espagnole, en laquelle il s'est embarqué, en ce	à 33.	l. 2800.		
Perte de remise ou change de diuerses especes en reaux & pistolles, en ce	à 34.	l. 987.	4.	
		l. 232250.		

1625.

AVOIR l. 360.- qu'il a payé à Diego Laynes, Capitaine de la Nauire Espagnole, pour nolis de luy & des effects qu'il a transportez à Roüan, en reaux & pistoles y compris sa despence de bouche, comme par sa lettre du 18. Septembre 1625. & en ce	à 34.	l. 360.		
Pour 45. tonneaux, & 3. barils Cassonnade blanche pesant ℔ 28597. net à l. 40. le cent sont l. 11438.16.- pour les frais l. 196.- tout en debit à marchandises en compagnie,	à 34.	l. 11634.	16.	
50. pieces bayettes d'Angleterre à l. 90.- la piece, sont l. 4500.- Embalage, & autres frais l. 97.2. tout	à 34.	l. 4597.	2.	
℔ 800. Cochenille Mestecque à l. 14.- la ℔, & l. 308. pour les frais, tout	à 34.	l. 11508.		
onces 90. Musc de Ponant en vessie à l. 13. l. 1170.- } onces 60. dict hors de vessie à l. 20. l. 1200.- }	à 34.	l. 2370.		
Nous a remis de Paris par lettre de Lumaga, & Mascranny, sur les leurs icy debiteurs au Carnet d'Aoust 1625. f° 15. cy	à 42.	l. 50000.		
Pour despence de bouche, & autres menus frais par luy faicts audict voyage,	à 34.	l. 720.		
Luy auons donné pour ses peines & vacations, en ce	à 32.	l. 2000.		
Et l. 53187.18.- receu de luy comptant pour soude à son retour dudict voyage par Caisse au Carnet d'Aoust 1625. f° 3. & en ce	à 42.	l. 53187.	18.	
		l. 136377.	16.	

		Folio		Livres	Sols	Deniers
	BLED FROMENT en participation de Picquet, & Strasse, pour $\frac{1}{3}$, de Pures pour $\frac{1}{4}$, Berthand pour $\frac{1}{6}$, & nous pour $\frac{1}{4}$, mis au gouuernement de Pierre Sauset nostre Facteur, pour iceux faire conduire à Marseille, & charger sur Mer pour faire voile és villes d'Espagne & Portugal, qu'il entendra en auoir plus grand disette, pour vendre à nostre plus grand auantage, doit pour les cy-apres,					
10000.	Asnées bled froment à l. 10.- l'asnée, ———	à 32.	l.	100000.	—	—
	Pour les nolis, & peages que ledict Sauset nous a mandé auoir payé de Lyon à Marseille, ——	à 33.	l.	39700.	—	—
	Pour nolis desdictes 10000. asnées de Marseille à Seuille à ₰ 15. pour asnée par ledict Sauset, —	à 33.	l.	7500.	—	—
	Pour nolis de 4000. asnées de Seuille iusqu'à Lisbonne à marauedis 100. pour asnée compris tous peages & passages par ledict Sauset, ———	à 33.	l.	3000.	—	—
	Pour frais faicts dans Lisbonne, paleages, intermetteurs, & autres menus frais, ———	à 33.	l.	300.	—	—
	Payé à Diego Laynes, Capitaine de la Nauire Espagnole, pour le nolis dudict Sauset, & des effects qu'il a transportez à Roüan, en ce ———	à 33.	l.	360.	—	—
	Pour despence de bouche, & autres frais faicts par ledict Sauset, ———	à 33.	l.	720.	—	—
	Pour $\frac{1}{3}$ de l. 44385.- que nous ont esté remis de Seuille à bon compte de la vente des bleds que faisons bon à Picquet, & Strasse, crediteurs en ce, ———	à 40.	l.	14795.	—	—
	Pour $\frac{1}{4}$ desdictes l. 44385.- que faisons bon à Iacques Depures, crediteur en ce ———	à 40.	l.	11096.	5.	—
	Pour $\frac{1}{6}$ desdictes l. 44385.- que faisons bon à Berthaud, crediteur en ce ———	à 40.	l.	7397.	10.	—
	Perte de remise ou change de diuerses especes en pistoles & reaux, en ce ———	à 33.	l.	987.	4.	—
	Pour $\frac{1}{3}$ de l. 103187.18.- qu'auons receu pour soude de la vente desdicts bleds, que faisons bon esdicts Picquet, & Strasse, en ce ———	à 40.	l.	34395.	19.	4
	A Depures, pour son $\frac{1}{4}$, ———	à 40.	l.	25796.	19.	6
	A Berthaud pour son $\frac{1}{6}$ ———	à 40.	l.	17197.	19.	8
		—	l.	263246.	17.	6

——— 1625. ———

		Folio		Livres	Sols	Deniers
	MARCHANDISES en compagnie de Picquet, & Strasse, pour $\frac{1}{3}$, Depures pour $\frac{1}{4}$, Berthaud pour $\frac{1}{6}$, & nous pour $\frac{1}{4}$, acheptées à Roüan par Pierre Sauset à son retour d'Espagne, & Portugal, doiuent pour les cy-apres,					
℔	28597. Cassonnade blanche net à l. 40. le $\frac{0}{0}$, embalage, & autres frais l. 196. tout en ce, ———	à 33.	l.	11634.	16.	—
	50. Pieces bayettes d'Angleterre blanches à l. 90. la piece, & l. 37.2. pour embalage, & autres frais	à 33.	l.	4597.	2.	—
℔	800. Cochenille Mestecque à l. 14.- & l. 308.- pour les frais, tout en ce, ———	à 33.	l.	11508.	—	—
onces onces	90. Musc de Ponant en vessie à ——— l. 13.— ——— l. 1170.— 60. Dict hors de Vessie à — ——— l. 20.— ——— l. 1200.— } ———	à 33.	l.	2370.	—	—
	Voyture de Roüan à Lyon, & Doüanne dudict Lyon, l. 1944. prouision dudict achapt à 1. pour $\frac{0}{0}$ l. 320.-- tout par despences, ———	à 39.	l.	2264.	10.	—
	Pour $\frac{1}{3}$ de la vente cy-contre, rabbatu le tiers des frais en credit à Picquet, & Strasse, ———	à 40.	l.	11269.	11.	7
	Pour $\frac{1}{4}$ de ladicte vente rabbatu le $\frac{1}{4}$ des frais en credit à Depures, ———	à 40.	l.	8452.	3.	8
	Pour $\frac{1}{6}$ de ladicte vente rabbatu le $\frac{1}{6}$ des frais en credit à Berthaud, ———	à 40.	l.	5634.	15.	10
		—	l.	57730.	19.	1

	AVOIR pour les cy-apres,				
6000.	Asnées pour 6000. Fanegues mesure de Calix à marauedis 2300. la fanegue venduës comptant audict Calix par ledict Sauset, calculé à maraued. 400. pour v, — marauedis 13800000.	à 33.	l. 103500.	—	—
4000.	Asnées pour 84000. alquid mesure de Lisbonne à 150. raix l'alquid vendu comptant audict Lisbonne, calculé à raix 160. pour vne liure tournois, — raix 12600000.	à 33.	l. 78750.	—	—
	Pour $\frac{1}{3}$ de l. 50000.- (baillés à Pierre Sauset, pour payer les peages & nolis de 10000. asnées bled) que nous font bon Picquet, & Strasse, en ce, —	à 40.	l. 16666.	13.	4
	Pour $\frac{1}{4}$ desdictes l. 50000.- que nous font bon Iacques Depures, en ce —	à 40.	l. 12500.	—	—
	Pour $\frac{1}{6}$ desdictes l. 50000.- nous font bon Leonard Berthaud, en ce —	à 40.	l. 8333.	6.	8
	Pour soude en debit à bleds de nostre compte, —	à 32.	l. 43496.	17.	6
10000.		—	l. 263246.	17.	6

1625.

	AVOIR pour les cy-apres vendues à diuers,				
℔	34316. Cassonade blanche à l. 39. le ÷ pour comptant, qu'auons pris pour nostre compte, & enuoyé aux nostres de Milan, en ce —	à 6.	l. 13383.	4.	9
	50. Pieces Bayettes d'Angleterre à l. 95. la piece, pour comptãt enuoyé aux nostres de Milan, en ce	à 6.	l. 4750.	—	—
℔	480. Cochenille Mestecque à l. 17.- la ℔, vendu comptant à Doulcet, & Yon, par Caisse au Carnet d'Aoust 1625. f° 14. & en ce —	à 28.	l. 7680.	—	—
℔	480. dicte à l. 15.- la ℔, pour comptant enuoyé aux nostres de Milan, en ce —	à 6.	l. 7200.	—	—
onces	108. Musc en Vessie à l. 15. l'once, vendu comptant à Iean Iuge, au Carnet d'Aoust 1625. f° 14. & en ce, —	à 28.	l. 1620.	—	—
onces	72. Dict hors de vessie à l. 22.- pour comptant enuoyé aux nostres de Milan, en ce —	à 6.	l. 1440.	—	—
	Pour soude en debit à bleds de nostre compte, —	à 32.	l. 21657.	14.	4
		—	l. 57730.	19.	1

MARCHANDISES DIVERSES doiuent pour les cy-apres,
Achapt faict en Flandres par André Montbel, en Mars, & Auril, Et premierement
A Paris pour comptant 4. balles bas d'Estame n° 1. à 4.

87. Douzaines bas d'estame, pour femme, à — l. 11. 10. — l. 1000. 10. —
70. Douzaines dict pour homme, à — l. 15. 10. — l. 1085. —
8. Douzaines dict pour enfans, à — l. 8. — l. 64. —
Embalage, — l. 13. 10. — } l. 2163. —

A Amyens pour comptant vne balle Sarges de Londres n° 5.

8. Pieces Sarge meslée fines Londres, à — l. 16. — l. 128. —
4. Pieces dicte, à — l. 17. — l. 68. —
4. Pieces dicte, à — l. 17. 10. — l. 70. —
5. Pieces dicte, à — l. 18. — l. 90. —
Dans laquelle balle y a 4. pieces noir en soye Guede, qui couste pour
la teinture ſ 30. la piece, apprest de 21. pieces, & embalage tout — l. 73. 12. — } l. 429. 12. —

A l'Isle en Flandres de Giles Cardon, pour payer dans 6. mois.

200. pieces Camelots de l'Isle ordinaires — à ſ 21. la piece l. 210. —
10. pieces Camelots $\frac{1}{4}$ — à ſ 50. — l. 25. —
10. pieces dict — à ſ 60. — l. 30. —
10. pieces dict — à ſ 70. — l. 35. —
10. pieces dict — à ſ 90. — l. 45. —
10. pieces dict — à ſ 100. — l. 50. —

Monnoye de gros l. 395. —

Calculé à l. 6. tournois, pour vne liure de gros, sont — l. 2370. —

Comptant audict l'Isle, de diuerses personnes,

100. pieces sarge de Honscot blanche 3. fers — à ſ 98. — l. 490. —
20. pieces dicte noire, — à ſ 93. — l. 93. —
50. pieces Camelots $\frac{2}{3}$ noirs, & couleurs à ſ 70. la piece l'vne pour l'autre — l. 175. —

l. 758.

Laquelle somme de l. 758. a esté payée en 631. $\frac{2}{3}$ doublons d'Espagne à ſ 24. l'vn monnoye de gros, & à l. 7. 7. tournois, sont en ce — l. 4643. —

A Cambray de Charles Franqueuille, pour payer dans 9. mois,

47. pieces toiles Baptiste à l. 14. la piece la premiere sorte, & les autres en augmentant de ſ 20. chacune iusqu'à la derniere qui couste l. 60. en tout — l. 1739. —
20. pieces toile Cambray à l. 30. la premiere, & les autres augmentant de ſ 20. iusqu'à l. 49. la derniere, — l. 790. —

l. 2529. — l. 15174. —

A Valancienne de Henry Henin, pour payer dans 9. mois,

10. pieces toiles Baptistes à l. 50. la premiere, & les autres augmentant de ſ 20. chacune iusqu'à l. 59. la derniere piece, sont — l. 545. —
10. pieces toile Cambray à l. 60. la premiere, & les autres augmentant de ſ 20. chacune, — l. 645. —

l. 1190. — l. 7140. —

A Tourney de Giles le Veau, pour payer dans 6. mois,

27. Demy pieces tripe de Veloux despuis 3. cordes iusques à 9. à ſ 27. la premiere demy piece, & les autres augmentant de ſ 2. 6. chacune iusqu'à la derniere, que monte ſ 92. en tout — l. 80. 6. 6. — l. 481. 19. —

A Gam de Iean Vamberge, pour payer dans 6. mois.

100. ℔ fil d'Espine à gros 25. la ℔ — l. 10. 8. 4. —
200. ℔ dict — à ſ 3. la ℔ — l. 30. —
150. ℔ dict — à ſ 4. la ℔ — l. 30. —
50. pieces tenant aunes 1500. toille de Gam à diuers pris assorties, reuenant l'vne pour l'autre à 30. gros l'aune de Flandres, — l. 187. 10. —

l. 257. 18. 4. — l. 1547. 10. —

Rapporté le mesme debit en ce à 36. — l. 33949. 1. —

AVOIR pour les cy-apres venduës à diuers,

8.pieces Sarges de Londres meslées à l.18.la piece l. 144.
4.pieces dictes à l.19. l. 76.
5.pieces dictes à l.20. l. 100.
4.pieces dictes noires, à l.21. l. 84.
200.pieces Camelots de l'Isle ordinaires à l.10. l. 2000.
100.pieces sarges de Honscot, coul. 3. fers à l.40. l. 4000.
47.pieces Toiles Baptistes à diuers prix, l.10600.
20.pieces Toile Cambray à diuers prix l. 5150.
100.pieces Toile d'Holande à ſ 40. l'aune, l. 2916.

→ en debit à negoce de Milan, à 6. l. 25070.

A Estienne Glotton le 16.Mars 1626.pour Pasques 1627.

87.douzaines bas d'estame, pour femme à l.14. la douzaine l.1218.
70.douzaines dict pour homme à l.18. l.1260.
8.douzaines dict pour enfans, à l.10. l. 80.
10. pieces Camelots ⅘ à l.20. l. 200.
10.pieces dict à l.25. l. 250.
10.pieces dict à l.30. l. 300.
10.pieces dict à l.35. l. 350.
10.pieces dict à l.40. l. 400.
20. pieces Sarge de Honscot noire à l.40. l. 800.
50.pieces Camelots ⅘ noire, & couleurs à l.30.la piece l'vne pour l'autre l.1500.
10.pieces Toiles Baptistes à l.350.- la premiere,& les autres augmentant de l.10. chacune,iusqu'à l.440. l.3950.

→ à 16. l. 10308.

A Enemond Duplomb le 18.Mars 1626.pour Pasques 1627.

10.pieces toile Cambray à l.400. la premiere, & les autres augmentant de l.10. chacune, l.4450.
7. demy pieces Tripe de veloux à l.10. l. 70.
100.℔ fil d'Espine à ſ 20.la ℔ l. 100.
50.pieces aunes 625.-toile de Gam a l.3.l'aune l'vne pour l'autre assorties, l.1875.

→ à 39. l. 6495.

A Raymond Orlic de Bourdeaux le 18.dudict pour Pasques 1627.

20.demy-pieces tripe de Veloux de 3. cordes iusqu'à 9.à l.25. - la demy - piece, l'vne pour l'autre, l.500.
100.℔ fil d'Espine à ſ 25.- l.250.
150.℔ fil dict fin à ſ 30. l.225. } l.475.
200.℔ Cheueliere de Bouldruc à l.3. - la ℔ l.600.
12.pieces toiles houppées blanches à l.12.la piece, l.144.

→ à 39. l. 1719.

Rapporté le mesme credit en ce, à 36. l. 43592.

MARCHANDISES DIVERSES doiuent pour les parties du debit de leur compte precedent, en suitte de l'achapt fait en Flandres par Montbel, — — — à 35. — l. 33949. 1. —

En Anuers de Gilles Hannecard, pour payer dans 6. mois,

50. pieces Croisez de Flandres à ₰ 50. la pluspart, & les autres augmentant de ₰ 20. en tout — — — — — — — l. 372. 10. —

200. ℔ Cheueliere de Bouldruc, à gros 80. la ℔ — — — — l. 66. 13. 4. -

15. pieces aunes 70. pour aun. 280. carrées Tapisseries de Flandres hauteur aunes 3. $\frac{1}{4}$ à ₰ 6. l'aune carrée font — — — l. 84. — —

8. pieces aunes 34. pour aunes 170. carrées Tapisseries dicte hauteur aunes 3. $\frac{3}{4}$ à ₰ 8. — — — — — — — l. 68. — —

l. 591. 3. 4. - l. 3547. —

A Amsterdam de Iean Vangroch, pour 6. mois,

20. pieces aunes 564. -- toiles naturelles à diuers pris, reuenant l'vne pour l'autre à gros 44. l'aune — — — — — — l. 103. 8. —

12. pieces toiles houpées blanches à ₰ 25. la piece, — — — l. 15. —

l. 118. 8. — l. 710. 8. —

Acheρté par Michel Pic de Midelbourg és lieux cy-bas, pour comptant suiuant l'ordre à luy donné pour se preualoir de la valeur à Paris au pair.

A Atlem.

100. pieces aunes 2500. - toile d'Holande à diuers prix, reuenant l'vne pour l'autre à vn florin l'aune, font — — — — — — fl. 2500. —

A Leydem.

10. pieces Sarge de Leydem à vn plomb — — à fl. 47. la piece — — fl. 470. —
30. pieces dicte 2. plombs — — — à fl. 51. — — fl. 1530. —
50. pieces dicte 3. plombs, — — — à fl. 56. — — fl. 2800. —
20. pieces Sarge de Seigneur au grand plomb doré à fl. 98. — — fl. 1960. —

Calculé à ₰ 20. - tournois pour florin, font — fl. 9260. — l. 9260. —

Pour plusieurs frais ensuiuis à l'achapt desdictes marchandises, tant pour embalage despence de bouche en 2. mois, que autres menus frais, ainsi qu'appert par le menu au compte qu'il a rendu — — — — — — l. 2711. —

l. 50177. 9. —	à 36.	l.	50177.	9.	—
Pour aduance en credit à profits & pertes, — — —	à 41.	l.	6209.	14.	4
	—	l.	56387.	3.	4

— 1625. —

ANDRE' MONTBEL compte de voyages doit du 28. Mars 1625. l. 11025. - à luy comptant en 1500. - doublons d'Espagne pour faire l'emplette & achapt des marchandises à luy par nous commises au voyage de Flandres, que luy faisons faire au Carnet des Roys 1625. f. 3. & en ce, — —	à 5.	l.	11025.	—	—
Et l. 30970. 17. - pour l. 5161. 16. 2. monnoye de gros qu'il a tiré en Anuers sur Iean Baptiste Decoquiel, pour payer aux debiteurs & termes specifiez en son compte, en ce, — —	à 37.	l.	30970.	17.	—
Et l. 9260. - pour florins 9260. - que Michel Pic de Midelbourg a tiré de son ordre à Paris au pair sur Lumaga, & Mascranny, crediteurs au Carnet de Pasques 1625. f. 15. & en ce, — — —	à 38.	l.	9260.	—	—
	—	l.	51255.	17.	—

— 1625. —

FRANCOIS VERTHEMA de Lyon doit du 4. Nouembre 1625. Courratier Iusty,

Pour Roys 1628. ℔ 207. - Doppion de Milan à l. 7. 16. 3. d'accord à luy liuré, en ce — —	à 23.	l.	1617.	3.	9
Roys — 1627. ℔ 210. Filage de Raconis à l. 11. - liuré à luy le 16. Decembre 1625. — —	à 7.	l.	2310.	—	—
Toussaincts 1626. ℔ 208. Bourre de Soye à l. 3. 2. 6. à luy liuré le 20. dudict — —	à 12.	l.	650.	—	—
	—	l.	4577.	3.	9

AVOIR pour les parties du credit en leur compte precedent	à 35.	l.	43592.	—	—
Et les cy-apres restans en magasin au 3. Auril 1626. En debit à marchandises en general.					
50.pieces Croisez de Flandres à l.60. - l'vne pour l'autre, l.3000.					
15.piec.aun. 40.$\frac{5}{8}$ pour aun.163.$\frac{1}{7}$ carrées tapisserie de Flãdres hauteur aun.1.$\frac{11}{12}$ à l.4.l. 653. 6.8.					
8.piec.aun. 19.$\frac{1}{6}$ pour aun. 99.$\frac{1}{6}$ carrées tapiss.dicte haut.aun.2.$\frac{1}{6}$ à l.5.l'aun.carrée,l. 495.16.8.					
2.piec.aun.564.—toiles naturelles à diuers pris reuenant l'vne pour l'autre à ₰ 30.—l. 846. —	à 43.	l.	12795.	3	4
10.pieces Sarge de Leydem à vn plomb à l.55. la piece l. 550.-					
30.pieces dicte 2.plombs à l.60. l.1800. -					
50.pieces dicte 3.plombs à l.65. l.3250.-					
20.pieces Sarge de Seigneur au grand plomb doré à l. 110. la piece l.2200.-					
	—	l.	56387.	3.	4

1625.

AVOIR du 27.May 1625.l.50177.9.à quoy montent l'achapt, & despens de diuerses marchandises par luy fait en Flandres,dont l.9946.12.ont esté payez comptant,& l.40230.17.-à payer en diuers termes ainsi qu'appert par son compte,en ce	à 36.	l.	50177.	9.	—
Pour 145.pistoles d'Espagne qu'il a remis à Iean Baptiste Decoquiel d'Anuers à ₰ 24. l'vne monnoye de gros,& à l.7.7.tournois, sont en ce	à 37.	l.	1065.	15.	—
Receu de luy comptant à son retour dudict voyage,au Carnet des Pasques 1625.f.3. & en ce,	à 38.	l.	12.	13.	—
	—	l.	51255.	17.	—

1625.

AVOIR que le portons debiteur au Carnet d'Aoust 1625.f.19.escompté à 25.pour $\frac{0}{0}$	à 42.	l.	1617.	3.	9
Porté debiteur au liure B,f.5. pour soude,	à 44.	l.	2960.	—	—
	—	l.	4577.	3.	9

	IEAN BAPTISTE DECOQVIEL d'Anuers doit pour 145. pistoles d'Espagne à ₰ 24.-l'vne, monnoye de gros, & à l.7.7. tournois à luy remises par André Montbel, en ce l. 174. —	à 36.	l.	1065.	15.	—
	En Toussaincts 1625. qu'il a receu suiuant nostre ordre de Gilles Hanneeard, — l.1070. 0.8.	à 26.	l.	6741.	4.	—
	Porté crediteur au Carnet des Saincts 1625.f.12.& en ce, — l.3934.19.7.	à 42.	l.	23163.	18.	—
	l.5179.—3.	—	l.	30970.	17.	—

— 1625. —

	ANDRE' MONTBEL demeurant à nostre seruice, compte du voyage de Bourgogne, Franche-Comté, & Lorraine, que luy faisons faire, pour illec faire achapt de fer doux & rompant doit l.7300. à luy comptant en 1000. doublons d'Espagne au Carnet de Pasques 1625.f.3.& en ce, —	à 38.	l.	7300.	—	—
	Et l.5868.8. payé suiuant sa lettre à Claude Rambaud, pour valeur qu'il a receu à Dijon en marchandises de Iean Boudronnet par Caisse au Carnet de Pasques 1625.f.3.& en ce —	à 38.	l.	5868.	8.	—
	Nous a tiré par sa lettre payable à Picquet, & Strasse, pour valeur receuë à Dijon, de Benigne de Mouby audict Carnet de Pasques 1625. f.14. & en ce, —	à 38.	l.	3500.	—	—
		—	l.	16668.	8.	—

— 1625. —

	FER doux & rompant doit par les cy-apres,					
bandes 6578. ℔	283140. Fer doux achepté en Bourgogne par André Montbel, en ce, —	à 37.	l.	12584.	—	—
bandes 1815. ℔	79880. Fer rompant achepté en Lorraine par ledict Montbel, —	à 37.	l.	2870.	12.	—
1000. ℔	8750. Souchons acheptez audict lieu par ledict —	à 37.	l.	373.	4.	—
bandes 457. ℔	21380. Fer rompant de l'achapt dudict Montbel, —	à 37.	l.	768.	4.	—
—	Despence de bouche, & autres frais ensuiuis audict achapt, —	à 37.	l.	72.	8.	—
bandes 9850.-	Voyture de 6578. bandes fer doux à l.5.- pour 40. bandes de S.Iean de Laune à Lyon l.822. 5. doüanne de Lyon à ₰ 26.8. pour cent bandes l.87.14. aux gagnedeniers pour le descharger du Bateau au magasin à ₰ 8. pour cent bandes l.26.6. tout —	à 39.	l.	936.	5.	—
	Pour voyture de ℔ 110010. à l.7.10. pour milier pris à Grey l.825. Doüanne de Lyon à ₰ 43. pour cent bandes l.70.7.3. port du Bateau au magasin l.13.- tout —	à 39.	l.	908.	7.	3
	Profit qu'il a pleu à Dieu enuoyer sur ce compte —	à 41.	l.	1857.	9.	9
		—	l.	20370.	10.	—

— 1625. —

	FER doux & rompant de compte à $\frac{1}{2}$ auec Iean, & François du Soleil, remis entre leurs mains pour en faire la vente, doit pour les cy-apres,					
bandes 5578. ℔ bandes 1815. ℔	240000. fer doux — 79880. fer rompant } à l.5.- pour comptant, —	à 37.	l.	15994.	—	—
—	Prouision desdicts du Soleil à 2. pour %, pour nostre $\frac{1}{2}$ de la vente cy-contre crediteurs au Carnet d'Aoust 1625.f.16.& en ce, —	à 42.	l.	175.	10.	—
bandes 7393.-	Pour nostre $\frac{1}{2}$ du profit, en ce —	à 37.	l.	604.	2.	6
—		—	l.	16773.	12.	6

AVOIR que luy a esté assigné à payer aux debiteurs, & termes cy-apres specifiez par André Montbel, sçauoir

A Giles Cardon de l'Isle, pour le 3. Octobre 1625. — l. 395.-—
A Iacques Lauau de Tourney, pour le 20. dudict — l. 80. 6.6.
A Iean Vanberge de Gam, pour le 25. dudict — l. 257.18.4.
A Gilles Hanneeard d'Anuers, pour le 30. dudict — l. 591. 3.4.
A Iean Vangroch d'Amsterdam, pour le 3. Nouembre 1625. — l. 118. 8.—
A Charles Franqueuille de Canbray, pour le 10. Ianuier 1626. — l. 2529.-—
A Henry Henin de Valancienne, pour le 10. dudict — l. 1190.-—

 à 36. l. 30970. 17. —

Calculé à l.6.- tournois, pour vne liure de gros, — l. 5161.16.2.
Pour sa prouision à $\frac{1}{3}$ pour $\frac{0}{0}$ — l. 17. 4.1.

l. 5179.—3.

1625.

AVOIR pour le fer cy-apres achepté de diuers,

6578. Bandes fer doux achepté à Dijon, pour comptant pesant audict lieu ℔ 242000. à l.52. le milier rendu à S. Iean de Laune, — à 37. l. 12584. — —
1815. Bandes fer rompant pesant poids de Bourgogne ℔ 68270.- à l.48. le milier rendu à Grey, sont monnoye de Compté l.3276.19. à l.8. 6. 8. la pistole, & à l.7.6. tournois, qu'il a achepté comptant de Claude Odet, Maistre des Forges de Fontanois en Lorraine, & enuoyé par conduicte de Samson Gonichon, en ce — à 37. l. 2870. 12. —
1000. Souchons pesant ℔ 7475.- à l.57.- le milier rendu à Grey, sont monnoye de compte l.426.1. à l.8.6.8. la pistolle, & à l.7.6.- tournois, sont en ce, — à 37. l. 373. 4. —
457. Bandes fer rompant pesant ℔ 18270. à l.48. le milier, sont l.876.19. monnoye de compte, qu'il a payé comptant en 105. pistoles d'Espagne, & ₰ 52. monnoye en ce, — à 37. l. 768. 4. —
Pour despence de bouche, & autres menus frais par luy faicts en Bourgogne, Franche-Comté, & Lorraine en 28. iours en ce — à 37. l. 72. 8. —

l. 16668. 8. —

1625.

AVOIR pour les cy-apres vendus à diuers,

bandes 1000. ℔ 43140.- fer doux à l.5. la ℔ } pour comptant à Iean, & François du Soleil, au Carnet de Pasques 1625. f.16. — à 38. l. 3247. 7. 6
bandes 457. ℔ 21380.- fer rompãt à l.5.2. }
bandes 5578. ℔ 240000.- fer doux — } à l.5. le $\frac{0}{0}$, l'vn pour l'autre remis és mains desdicts du Soleil, pour en faire la vente de compte à $\frac{1}{2}$ auec eux en ce — à 37. l. 15994. — —
bandes 1815. ℔ 79880.- fer rompant }
1000. ℔ 8750.- Souchons à l.6. le $\frac{0}{0}$, vendu comptãt à diuers, au Carnet d'Aoust 1625. f.14. & en ce à 28. l. 525. — —
Pour profit sur le fer, de compte à $\frac{1}{2}$ auec lesdicts du Soleil, en ce — à 37. l. 604. 2. 6

bandes 9850.

l. 20370. 10. —

1625.

AVOIR pour $\frac{1}{2}$ de l'achapt cy-contre en debit esdicts du Soleil au Carnet d'Aoust 1625. f.16. — à 42. l. 7997. — —
bandes 2789. ℔ 120000. fer doux à l.5.10. le $\frac{0}{0}$, pour Michel de la Veue qu'est pour nostre moitié en ce — à 38. l. 3300. — —
bandes 2789. ℔ 120000. fer dict à l.5.8. le $\frac{0}{0}$, pour Gabriel Lardier, qu'est pour nostre $\frac{1}{2}$ en ce — à 38. l. 3240. — —
bandes 1815. ℔ 79880. fer rompant à l.5.12. le $\frac{0}{0}$, pour Pierre Girard, pour nostre $\frac{1}{2}$ en ce — à 38. l. 2236. 12. 6

bandes 7393.

l. 16773. 12. 6

IEAN ET FRANCOIS DV SOLEIL de Lyon, doiuent pour nostre moitié de la vente par eux faicte du fer doux, & rompant, en compagnie auec eux, pour receuoir à nos risques des debiteurs, & termes cy-bas,

Michel de la Veuë de S. Estienne, pour Aoust 1625.—l.6600.—qu'est pour nostre $\frac{1}{2}$, en ce—	à 37.	l.	3300.	—	—
Gabriel Lardier de S. Estienne, pour Toussaincts 1625.—l.6480.—pour nostre $\frac{1}{2}$, en ce ——	à 37.	l.	3240.	—	—
Pierre Girard de S. Chaudmond, pour Toussaincts 1625.—l.4473.5.—pour nostre $\frac{1}{2}$, en ce ——	à 37.	l.	2236.	12.	6
	—	l.	8776.	12.	6

—1625.—

CARNET des payemens de Pasques 1625. doit

Pour Verdier, Picquet, & Decoquiel, ——	f° 7.	à 14.	l.	14848.	1.	4
Pour Lumaga, & Mascranny, ——	f. 15.	à 14.	l.	18766.	14.	9
Pour Claude Catillon, compte de voyages, ——	f. 14.	à 31.	l.	1031.	17.	6
Pour Philippe, & Luc Seue, ——	f. 16.	à 25.	l.	14351.	13.	8
Pour Vespasian Boloson, ——	f. 16.	à 23.	l.	14351.	13.	8
Pour Tarangect, & Rousier, ——	f. 16.	à 27.	l.	9476.	17.	11
Pour Claude Catillon, compte de voyages, ——	f. 7.	à 28.	l.	6590.	6.	6
Pour Octauio, & Mar-Antoine Lumaga de Genes, ——	f. 4.	à 32.	l.	15424.	16.	—
Pour Lumaga, & Mascranny de Lyon, ——	f. 15.	à 33.	l.	24000.	—	—
Pour André, & Philippe Guerron, ——	f. 8.	à 33.	l.	20385.	—	—
Pour Iean, & François du Soleil, ——	f. 16.	à 37.	l.	3247.	7.	6
Pour Gilles Hannecard, ——	f. 5.	à 26.	l.	1273.	1.	—
Pour Philippe, & Luc Seue, ——	f. 9.	à 25.	l.	804.	1.	8
Pour Vespasian Boloson, ——	f. 6.	à 23.	l.	804.	1.	8
Pour André Montbel, compte de voyages, ——	f. 3.	à 36.	l.	12.	13.	—
Pour Estienne Glotton de Tholouse, ——	f. 17.	à 16.	l.	3557.	11.	8
Pour Iean des Lauiers de Paris, ——	f. 17.	à 17.	l.	4474.	12.	7
Pour Herue, & Sauarry, ——	f. 17.	à 18.	l.	4104.	10.	2
Pour Verdier, Picquet, & Decoquiel, ——	f. 7.	à 22.	l.	1827-8.	—	—
Porté crediteur en payement d'Aoust, pour soude ——	f. 18.	à 42.	l.	68081.	19.	2
		—	l.	243864.	19.	9

—1625.—

EFFECTS ET FACVLTEZ de Milan, doiuent

Pour les marchandises restantes à vendre audict lieu, —— l.30500.—							
Pour l'argent comptant trouué en Caisse, —— l.20000.—							
Pour Hierosme Riua de Milan, au 10. Mars 1626. —— l.15500.—	l. 130500.—	à 40.	l.	65250.	—	—	
Iacques Saba de Milan, pour le 3. Auril 1626. —— l.34500.—							
Pietro Paulo Bascapé de Milan, pour le 15. dudict —— l.30000.—							
▽ 677.19.3. d'or sol, que à ₰ 118. pour ▽, nous ont esté tirez de Milan par Sebastien Carcano, à payer à Picquet, & Strasse, crediteurs au Carnet des Roys 1626. F° 18. cy ——	l. 4000.—	à 42.	l.	2033.	17.	9	
▽ 2500.-d'or sol, que à 80. pour $\frac{1}{c}$, valent ▽ 2000. d'or de marc, nous ont esté tirez de Plaisance, en Payement des Roys 1626. par Hierosme Turcon à payer esdicts Picquet, & Strasse, crediteurs au Carnet desdicts payemens f° 18. & en ce ——	l. 15000.—	à 42.	l.	7500.	—	—	
▽ 1008.8. d'or sol, que à ₰ 119. pour ▽, nous ont esté tirez de Milan, en payements de Pasques 1626. par Emilio Homodeo à payer à Lumaga, & Mascranny, crediteurs au Carnet desdicts payements f° 15. & en ce, ——	l. 6000.—	à 42.	l.	3025.	4.	—	
Auance sur ce compte, ——	l. 100.—	à 39.	l.	184.	8.	6	
	l. 155600.—	—	l.	77993.	10.	3	

AVOIR qu'ils ont receu des debiteurs cy-contre,					
De Michel de la veuë en Aoust 1625. portez debiteurs audict Carnet f°. 16. & en ce,	à 42.	l.	3300.	—	—
De Gabriel Lardier, l. 3240.- / De Pierre Girard, l. 2236.12.6. } portez debiteurs au Carnet des Saincts 1625. f°. 16.	à 42.	l.	5476.	12.	6
	—	l.	8776.	12.	6

1625.

AVOIR pour soude des payemens des Roys en ce,		à 5.	l.	128119.	3.	7
Pour Lumaga, & Mascranny,	f°. 15.	à 36.	l.	9260.	—	—
Pour André Montbel, compte de voyages,	f. 3.	à 37.	l.	7300.	—	—
Pour Vespasian Boloson,	f. 6.	à 20.	l.	206.	2.	2
Pour Alexandre Tasca de Venise,	f. 6.	à 21.	l.	17457.	15.	1
Pour Fabio d'Aspichio de Florence,	f. 14.	à 25.	l.	4587.	9.	9
Pour Picquet, & Strasse,	f. 14.	à 37.	l.	3500.	—	—
Pour Vespasian Boloson,	f. 6.	à 21.	l.	222.	8.	3
Pour Philippe, & Luc Seue,	f. 9.	à 23.	l.	607.	15.	1
Pour Gilles Hannecard,	f. 5.	à 26.	l.	244.	4.	—
Pour André Montbel, compte de voyages,	f. 3.	à 37.	l.	5868.	8.	—
Pour Vespasian Boloson,	f. 6.	à 23.	l.	595.	10.	1
Pour Taranget, & Rousier,	f. 16.	à 26.	l.	325.	10.	—
Pour Claude Catillon, compte de voyages,	f. 7.	à 30.	l.	8258.	19.	3
Pour Picquet, & Strasse,	f. 14.	à 40.	l.	19936.	12.	—
Pour Iacques Depures,	f. 4.	à 40.	l.	14952.	9.	—
Pour Leonard Berthaud,	f. 4.	à 40.	l.	9968.	6.	—
Pour Claude Catillon compte de voyages,	f. 7.	à 11.	l.	10316.	17.	6
Pour Cicery, & Cernesio,	f. 11.	à 27.	l.	1920.	—	—
Pour Beregany,	f. 12.	à 27.	l.	217.	10.	—
		—	l.	243864.	19.	9

1625.

AVOIR que deuons payer aux crediteurs, & termes cy-bas specifiez,						
A Sebastien Careno de Milan au 3. Auril 1626.	l. 4000.-					
A Hierosme Turcon de Plaisance ▽ 2000. d'or de marc, en foire de S. Marc 1626. faisant à ʃ 150. pour ▽,	l. 15000.-	à 40.	l.	12500.	—	—
A Emilio Homodeo, pour le 3. May 1626.	l. 6000.-					
	25000.-					
Et pour les marchandises cy-contre restantes audict Milan, lesquelles ont esté venduës à Picquet, & Strasse, d'accord à l. 30600. monnoye imperiale payables à Lyon par les leurs en payemens des Roys 1626. à ʃ 120. pour ▽, en debit au Carnet desdicts payemens f. 18. & en ce	l. 30600.	à 42.	l.	15300.	—	—
▽ 3305.14.9. d'or sol, que à ʃ 121. pour ▽, nous ont esté remis dudict Milan, par les nostres pour soude de l'argent comptant sur Galiley, & Barelly, debiteurs au Carnet des Roys 1626. f. 11. & en ce,	l. 20000.	à 42.	l.	9917.	4.	3
▽ 2627.2.4. d'or sol, que à ʃ 118. pour ▽, nous ont esté remis dudict Milan, par Hierosme Rina, sur Bonuisy debiteur au Carnet des Roys 1626. f. 11. & en ce,	l. 15500.	à 42.	l.	7881.	7.	—
▽ 5798.6.4. d'or sol, que à ʃ 119. auons tiré par nostre lettre sur Iacques Saba, payable au 3. Auril 1626. à Picquet, & Strasse, valeur icy des leurs, au Carnet des Roys 1626. f. 18. & en ce,	l. 34500.	à 42.	l.	17394.	19.	—
▽ 5000.- d'or sol, que à ʃ 120.- auons tiré par autre lettre sur Bascape, payable au 15. Auril 1626. à Frãçois Arbona, valeur de Cesar Osio au Carnet des Roys 1626. f. 9. & en ce	l. 30000.	à 42.	l.	15000.	—	—
	l. 155600.	—	l.	77993.	10.	3

ENEMOND DVPLOMB doit du 20.Decembre 1625.pour					
Pasques 1628.pour 42.pieces Camelots greges à l.28.la piece d'accord à luy liuré en ce	à 21.	l.	1176.	—	—
1626. Aoust 1628.pour 42.pieces Camelots dict a l.28.-liuré à luy le 3.Ianuier 1626.en ce	à 27.	l.	1176.	—	—
Pasques 1628.pour 126.pieces Camelots dict 4. fil à l. 27. 10. liuré à luy le 15.dudict	à 21.	l.	3465.	—	—
Aoust 1627.pour 3.pieces Satins de Florence à luy liurez le 4.Feurier 1626.montant en ce	à 21.	l.	1164.	—	8
Roys 1627.pour aunes $66.\frac{1}{4}$ Crespon de Naples Morelin cramoisy à l.3.10. l.231.17.6.	à 12.	l.	811.	17.	6
Pieces 2. toiles d'or & argent 1.& 2.fil liurez à luy le 10.Feurier 1626.montant en ce l.580.-	à 13.				
Pasques 1627.pour aunes $117.\frac{11}{12}$ Sarge noire Florence à l.9.10.d'accord à luy liuré le 15.dudict	à 22.	l.	1120.	4.	2
Pasques 1627.pour ℔ 109.11.onces Satin noir Lucques à l.18. la ℔ liuré à luy le 20. dudict	à 23.	l.	1978.	10.	—
Pasques 1627.pour diuerses marchandises à luy venduës,& liurées le 18.Mars 1626.montant en ce,	à 35.	l.	6495.	—	—
	—	l.	17386.	12.	4

— 1626. —

RAYMOND ORLIC de Bourdeaux doit du 4.Ianuier 1626.					
Pour Roys 1627.aunes 256.tabis de Venise couleurs à l.5.10.consigné à François Chapuis,	à 27.	l.	1408.	—	—
Pasques — 1628.pour 210.pieces Camelots greges 3.fil à l.26.consigné audict le 15. dudict	à 21.	l.	5460.	—	—
Aoust — 1627.pour aunes $469.\frac{5}{6}$ Satins de Florence à l.7.10.consignez audict le 4.Feurier 1626.	à 21.	l.	3523.	15.	—
Roys — 1627.Pour aun.100.- Tapisserie de Bergame rouge à l.6.10.hauteur aunes $2.\frac{1}{4}$ liuré audict le 15.dudict	à 13.	l.	650.	—	—
Pasques — 1627.pour ℔ 15.1.once satin canelé Lucques à l.20.la ℔ consigné audict le 20.dudict	à 23.	l.	301.	13.	4
Pasques — 1627.pour diuerses marchandises à luy venduës,& liurées le 18.Mars 1626.montant en ce	à 35.	l.	1719.	—	—
	—	l.	13062.	8.	4

— 1626. —

DESPENCES GENERALES doiuent pour le monter de toutes les voytures,doüannes,courratages,changes,loüage de maison,boutique,& magasins, despence de bouche, gage des seruiteurs,& autres despences generalement quelconques, ainsi qu'apert à vn liure particulier de menuë despence,& au.Carnet des payemens de l'année 1625.f.8.& en ce	à 42.	l.	42709.	15.	9

	Folio		Livres	Sols	Deniers
AVOIR que le portons debiteur au liure B,f.5. pour soude du present,	à 44.	l.	17386.	12.	4
1626.					
AVOIR que le portons debiteur au liure B, f.5.pour soude,	à 44.	l.	13062.	8.	4
1626.					
AVOIR					
l. 10304.13.4.En debit à pareil compte,pour soude d'iceluy,	à 4.	l.	10304.	13.	4
l. 80.13.4.En debit à Sarges de Florence, pour frais ensuiuis sur n° 2.	à 22.	l.	80.	13.	4
l. 80.13.4.En debit à Reuerche de Florence,pour frais ensuiuis sur n° 3.	à 22.	l.	80.	13.	4
l. 663.17.8.En debit à Tabis de Venise,pour frais ensuiuis sur 2.Caisses,	à 22.	l.	663.	17.	8
l. 254.17.—En debit à Satins de Lucques,pour frais ensuiuis sur vne Caisse,	à 23.	l.	254.	17.	—
l. 1155.——En debit à Doppions en Compagnie,pour frais ensuiuis sur 18.bales,	à 23.	l.	1155.	—	—
l. 54.——En debit esdicts Doppions pour courratage du vendu,	à 23.	l.	54.	—	—
l. 332.10.—En debit à marchandises enuoyées à Sourlach,pour frais y ensuiuis,	à 31.	l.	332.	10.	—
l. 1655.——En debit à Bleds diuers,pour frais ensuiuis sur 11283.asnées,	à 32.	l.	1655.	—	—
l. 36.11.—En debit à Bleds enuoyez en Arles,	à 32.	l.	36.	11.	—
l. 2264.10.—En debit à Marchandises en participation acheptées à Roüan par Pierre Sauset,	à 34.	l.	2264.	10.	—
l. 936. 5.—En debit à Fer doux,pour frais ensuiuis sur 6578.bandes,	à 37.	l.	936.	5.	—
l. 908. 7.3.En debit à Fer rompant,pour frais ensuiuis sur 110010.℔ fer rompant,	à 37.	l.	908.	7.	3
l. 184. 8.6.En debit à effects & facultez de Milan,pour benefice de monnoye,	à 38.	l.	184.	8.	6
l. 23798. 9.4.En debit à profits & pertes,pour soude,	à 41.	l.	23798.	9.	4
		l.	42709.	15.	9

		l.	s.	d.
PICQVET, ET STRASSE de Lyon, doiuent pour leur $\frac{1}{3}$ de l'achapt, & despens de 11283. asnées bled, en ce	à 32.	l. 33771.	13.	4
Pour le $\frac{1}{3}$ des frais faicts en Arles sur les bleds y enuoyez, en ce	à 32.	l. 2048.	—	4
Pour le $\frac{1}{3}$ de l. 50000. qu'ont esté baillés à Pierre Sauset, pour payer les peages & nolis de 10000. asnées bled, en ce	à 34.	l. 16666.	13.	4
Portez crediteurs au Carnet des Roys 1625. f° 2. & en ce,	à 5.	l. 2114.	13.	4
Portez crediteurs au Carnet de Pasques 1625. f° 14. & en ce	à 38.	l. 19936.	12.	—
Portez crediteurs au Carnet d'Aoust 1625. f° 18. & en ce	à 42.	l. 45665.	10.	11
	—	l. 120203.	3.	3

— 1625. —

		l.	s.	d.
IACQVES DEPVRES de Lyon, doit pour son $\frac{1}{4}$ de l'achapt, & despens de 11283. asnées bled, en ce	à 32.	l. 25328.	15.	—
Pour le $\frac{1}{4}$ des frais faicts en Arles sur les bleds y enuoyez en ce	à 32.	l. 1536.	—	5
Pour le $\frac{1}{4}$ de l. 50000.-baillés à Sauset, pour faire conduire 10000. asnées bled, en ce	à 34.	l. 12500.	—	—
Porté crediteur au Carnet des Roys 1625. f° 4. & en ce	à 5.	l. 1586.	—	—
Porté crediteur au Carnet de Pasques 1625. f° 4. & en ce	à 38.	l. 14952.	9.	—
Porté crediteur au Carnet d'Aoust 1625. f° 4. & en ce	à 42.	l. 34249.	3.	2
	—	l. 90152.	7.	5

— 1625. —

		l.	s.	d.
LEONARD BERTHAVD de Lyon, doit pour son $\frac{1}{6}$ de l'achapt, & despens de 11283. asnées bled, en ce	à 32.	l. 16885.	16.	8
Pour le $\frac{1}{6}$ des frais faicts en Arles sur les bleds y enuoyez en ce,	à 32.	l. 1024.	—	2
Pour $\frac{1}{6}$ de l. 50000. baillés à Sauset, pour faire conduire 10000. asnées bled en Espagne,	à 34.	l. 8333.	6.	8
Porté crediteur au Carnet des Roys 1625. f° 4. & en ce	à 5.	l. 1057.	6.	8
Porté crediteur au Carnet de Pasques 1625. f° 4. & en ce	à 38.	l. 9968.	6.	—
Porté crediteur au Carnet d'Aoust 1625. f° 4. & en ce	à 42.	l. 22832.	15.	6
	—	l. 60101.	11.	8

— 1626. —

			l.	s.	d.
NEGOCE DE MILAN, Compte general doit pour le monter de toutes les marchandises y enuoyées de Lyon en ce,	l. 160706. 0. 10.	à 6.	l. 80353.	—	5
Pour soude du compte courant tenu au Carnet de 1625. f° 10. & en ce,	l. 25881. — 4.	à 42.	l. 12403.	2.	7
Et pour les crediteurs que ledict negoce nous assigne à payer en diuers termes specifiez en ce a compte des effects dudict Milan,	l. 25000.	à 38.	l. 12500.	—	—
Profits qu'il a pleu à Dieu enuoyer en ce negoce,	l. 39669. 16.	à 41.	l. 20372.	5.	6
	l. 251256. 17. 2.	—	l. 125628.	8.	6

AVOIR que les portons debiteurs au Carnet des Roys 1625.f.2.& en ce,	à 5.	l. 52486.	7.	—
En Roys 1625.leur faisons bon pour le $\frac{1}{3}$ de l.6344.- que monte la vente de 405.asnées bled faicte en Arles, en ce	à 32.	l. 2114.	13.	4
Pasques 1625.pour $\frac{1}{3}$ de l.15424.16.- que monte la vente de 878.asnées bled faicte à Genes, en ce,	à 32.	l. 5141.	12.	—
Pour $\frac{1}{3}$ de l.44385. Que nous ont esté remis de Seuille à bon compte de la vente des bleds faicte à Calix par Pierre Sauset, en ce	à 34.	l. 14795.	—	—
Aoust 1625.pour $\frac{1}{3}$ de l.33808. 14. 9. que monte la vente des marchandises acheptées à Roüan, rabbatu les frais en ce	à 34.	l. 11269.	11.	7
Pour $\frac{1}{3}$ de l.103187.18.qu'auons receu de comptant, pour soude de la vente desdicts bleds,	à 34.	l. 34395.	19.	4
		l. 120203.	3.	3

1625.

AVOIR que le portons debiteur au Carnet des Roys 1625.f.4.& en ce,	à 5.	l. 39364.	15.	3
En Roys 1625.pour $\frac{1}{4}$ de l.6344.que monte la vente faicte en Arles de 405.asnées bled	à 32.	l. 1586.	—	—
Pasques 1625.pour $\frac{1}{4}$ de l.15424.16.que monte la vente de 878.asnées bled faicte à Genes,	à 32.	l. 3856.	4.	—
Pour $\frac{1}{4}$ de l.44385.que nous ont esté remis de Seuille à cõpte de la vente des bleds faicte à Calix,	à 34.	l. 11096.	5.	—
Aoust 1625.pour $\frac{1}{4}$ de l.33808.14.9.que monte la vente des marchãdises acheptées à Roüan, en ce	à 34.	l. 8452.	3.	8
Pour $\frac{1}{4}$ de l.103187.18.- qu'auons receu de comptant, pour soude de la vente desdicts bleds, en ce	à 34.	l. 25796.	19.	6
		l. 90152.	7.	5

1625.

AVOIR que le portons debiteur au Carnet des Roys 1625.f.4.& en ce	à 5.	l. 26243.	3.	6
En Roys 1625.pour $\frac{1}{6}$ de l.6344.que monte la vente faicte en Arles de 405.asnées bled	à 32.	l. 1057.	6.	8
Pasques 1625.pour $\frac{1}{6}$ de l.15424.16.que monte la vente de 878.asnées bled faicte à Genes,	à 32.	l. 2570.	16.	—
Pour $\frac{1}{6}$ de l.44385.que nous ont esté remis de Seuille à cõpte de la vente des bleds faicte à Calix,	à 34.	l. 7397.	10.	—
Aoust 1625.pour $\frac{1}{6}$ de l.33808.14.9.que monte la vente des marchãdises acheptées à Roüan, en ce	à 34.	l. 5634.	15.	10
Pour $\frac{1}{6}$ de l.103187.18.qu'auons receu de comptant, pour soude de la vente desdicts bleds, en ce	à 34.	l. 17197.	19.	8
		l. 60101.	11.	8

1626.

AVOIR pour le monter de toutes les marchandises à nous enuoyées dudict Milan, en ce	l.120756.17.2.	à 6.	l. 60378.	8.	6
Et l.130500.- monnoye imperiale à quoy se montent generalement tous les effects & facultez restans audict Milan, suiuant l'inuentaire qu'en a esté fait le 3.Mars 1626.par nous signé, clos, & arresté ainsi qu'il est contenu amplement au liure cotté A, tenu audict lieu, & en ce debiteurs effects de Milan,	l.130500.	à 38.	l. 65250.	—	—
	l.251256.17.2.		l. 125628.	8.	6

PROFITS ET PERTES doiuent pour le Vaisseau S. Pierre qui s'est perdu,	à 14.	l. 5493.	1.	—
Pour Doppions ouurez,	à 25.	l. 500.	16.	—
Pour marchandises enuoyées en Anuers,	à 26.	l. 29.	19.	—
Pour soude du compte des despenses generales,	à 39.	l. 23798.	9.	4
En credit au liure B, f. 3. pour soude,	à 44.	l. 162713.	15.	4
	—	l. 192536.	—	8

AVOIR pour le Vaisseau le Cheualier de Mer, debiteur en ce,	à 17.	l.	5322.	13.	5
Pour Satins de Bologne, de compte à ½ auec Fiorauanty,	à 18.	l.	85.	3.	8
Pour Berthon, & Gaspard,	à 27.	l.	14768.	—	—
Pour marchandises venduës à Soursach,	à 31.	l.	2029.	17.	9
Pour bleds diuers en Compagnie,	à 32.	l.	11422.	16.	11
Pour fer doux, & rompant,	à 37.	l.	1857.	9.	9
Pour Negoce de Milan, compte general,	à 40.	l.	20372.	5.	6
Pour Soyes de Mer,	à 3.	l.	53428.	13.	4
Pour or filé de Milan,	à 4.	l.	2378.	13.	—
Pour Soyes d'Italie,	à 7.	l.	13400.	6.	10
Pour Veloux de Milan,	à 8.	l.	1641.	15.	2
Pour Gases,	à 10.	l.	294.	8.	8
Pour Bas de soye,	à 10.	l.	41.	10.	—
Pour Crespons,	à 12.	l.	731.	—	9
Pour Bourre de soye,	à 12.	l.	207.	7.	8
Pour Doppion de Milan,	à 12.	l.	337.	8.	4
Pour Sargettes de Milan,	à 13.	l.	150.	14.	7
Pour Tapisserie de Bergame,	à 13.	l.	341.	12.	—
Pour Toiles d'or & argent,	à 13.	l.	905.	5.	—
Pour Crespes de Bologne,	à 13.	l.	2206.	8.	3
Pour le Vaisseau le Cheualier de Mer,	à 15.	l.	16397.	6.	3
Pour Draps de soye de Genes,	à 19.	l.	1828.	6.	10
Pour Marchandises enuoyées à Constantinople en participation de Bolofon,	à 20.	l.	1377.	9.	3
Pour Camelots de Leuant,	à 21.	l.	4450.	2.	—
Pour Satins de Florence,	à 21.	l.	673.	14.	6
Pour Sarges, & Reuerches de Florence,	à 22.	l.	330.	14.	3
Pour Tabis de Venise,	à 22.	l.	1413.	17.	4
Pour Satins, & Damas de Lucques,	à 23.	l.	205.	11.	8
Pour Doppions de Milan,	à 23.	l.	2600.	16.	11
Pour soyes ouurées,	à 25.	l.	8795.	14.	—
Pour Marchandises és mains de Taranget, & Rousier,	à 26.	l.	97.	8.	8
Pour Draps de laine de Dauphiné, & Languedoc,	à 29.	l.	796.	5.	2
Pour Draps de laine de France, & Poictou,	à 30.	l.	1683.	15.	9
Pour Marchandises diuerses,	à 36.	l.	6209.	14.	4
Pour le Negoce de Piedmont,	à 10.	l.	13751.	13.	2
	—	l.	192536.	—	8

CARNET des payemens d'Aoust, & Toussaincts doit,

Pour Philippe, & Luc Seue,	f. 17.	à 24.	l.	9696.	15.	—
Pour Vespasian Boloson,	f. 17.	à 24.	l.	6431.	14.	2
Pour Claude Catillon, compte de voyages,	f. 14.	à 31.	l.	6855.	1.	—
Pour Pierre Sauset, compte de voyages,	f. 3. par Caisse,	à 33.	l.	53187.	18.	—
Pour Lumaga, & Mascranny,	f. 15.	à 33.	l.	50000.	—	—
Pour Vespasian Boloson,	f. 17.	à 24.	l.	269.	10.	8
Pour marchandises venduës comptant,	f. 14.	à 28.	l.	11776.	19.	10
Pour Iean, & François du Soleil,	f. 16.	à 37.	l.	7997.	—	—
Pour Hierosine Lantillon,	f. 18.	à 28.	l.	1624.	—	—
Pour Iean de la Forests,	f. 19.	à 28.	l.	6465.	7.	6
Pour Estienne Chally,	f. 19.	à 29.	l.	3132.	16.	3
Pour Fleury Gros,	f. 19.	à 30.	l.	6363.	—	—
Pour François Verthema,	f. 19.	à 36.	l.	1617.	3.	9
Pour Verdier Picquet, & Decoquiel,	f. 7.	à 22.	l.	4735.	5.	—
Pour Iean, & François du Soleil,	f. 16.	à 38.	l.	3300.	—	—
Pour Octauio, & Marc-Antoine Lumaga,	f. 19.	à 9.	l.	12483.	6.	—
Pour Cesar, & Iulien Granon,	f. 11.	à 6.	l.	24519.	14.	—
Pour Estienne Glotton,	f. 17.	à 16.	l.	2035.	12.	1
Pour Robert Gehenaud,	f. 18. par Picquet, & Strasse,	à 16.	l.	8621.	19.	9
Pour Iean des Lauiers,	f. 17.	à 17.	l.	10029.	1.	6
Pour Herue, & Sauarry,	f. 17.	à 18.	l.	5441.	—	6
Pour Iean Iacques Manis,	f. 6.	à 31.	l.	19254.	10.	—
Pour Charles Hauard,	f. 15. par Lumaga, & Mascranny,	à 31.	l.	14540.	—	—
Pour Iean & François du Soleil,	f. 16.	à 38.	l.	5476.	12.	6
Pour effects de Milan,	f. 18. par Picquet, & Strasse,	à 38.	l.	15300.	—	—
Pour effects dicts	f. 11. par Galiley, & Barelly,	à 38.	l.	9917.	4.	3
Pour effects dicts	f. 11. par Bonuisy,	à 38.	l.	7881.	7.	—
Pour effects dicts	f. 9. par Cesar Osio,	à 38.	l.	15000.	—	—
Pour effects dicts par Picquet, & Strasse,	f. 18.	à 38.	l.	17394.	19.	—
Pour Pierre Alamel, compte de Piedmont,	f. 5.	à 9.	l.	5813.	17.	—
Pour Gabriel Alamel,	f. 2.	à 43.	l.	12946.	19.	7
Pour Iean Seue Sr de S. André,	f. 5.	à 43.	l.	20630.	7.	6
Pour Lumaga, & Mascranny,	f. 15.	à 43.	l.	3070.	11.	6
Pour Claude Catillon,	f. 17.	à 43.	l.	268.	12.	9
		—	l.	384078.	7.	1

AVOIR pour soude des payemens de Pasques, en ce,		à 38.	l.	68081.	19.	2
Pour Negoce de Milan,	f.16.	à 24.	l.	43055.	1.	—
Pour Philippe, & Luc Seue,	f.17.	à 24.	l.	12773.	9.	7
Pour Vespasian Bolofon,	f.17.	à 25.	l.	14406.	—	—
Pour Guillaume Viancy,	f. 3. par Caisse,	à 25.	l.	900.	—	—
Pour Seue,	f.17.	à 24.	l.	134.	15.	4
Pour Louys Burlet,	f. 3. par Caisse,	à 25.	l.	322.	16.	—
Pour Guillaume Viancy,	f. 3. par Caisse,	à 25.	l.	625.	—	—
Pour Antoine Gayot,	f. 3. par Caisse,	à 25.	l.	862.	10.	—
Pour Molandier,	f. 3. par Caisse,	à 25.	l.	262.	10.	—
Pour Antoine Gayot,	f. 3. par Caisse,	à 25.	l.	714.	—	—
Pour Fabio Daspichio,	f.14.	à 25.	l.	973.	13.	—
Pour Iean Feuly,	f. 3. par Caisse,	à 25.	l.	507.	—	—
Pour Antoine Gayot,	f. 3. par Caisse,	à 25.	l.	540.	—	—
Pour Iean Baptiste Beregany,	f.12.	à 27.	l.	153.	6.	8
Pour Claude Catillon compte de voyages,	f.14.	à 31.	l.	112.	9.	3
Pour Picquet, & Strasse,	f.18.	à 40.	l.	45665.	10.	11
Pour Iacques Depures,	f. 4.	à 40.	l.	34249.	3.	2
Pour Leonard Berthaud,	f. 4.	à 40.	l.	22832.	15.	6
Pour Iean, & François du Soleil,	f.16.	à 37.	l.	175.	10.	—
Pour Pierre Richard de Nysmes,	f. 3.	à 28.	l.	431.	8.	9
Pour Iean, & Pierre Dulac, d'Vsez,	f. 3.	à 28.	l.	237.	—	—
Pour Antoine Roux de Saumieres,	f. 3.	à 28.	l.	286.	2.	6.
Pour les Deputez des creanciers de Laurens Iaquin,	f. 3. par René Bais par Caisse,	à 9.	l.	7500.	—	—
Pour Iean Baptiste Beregany,	f.12.	à 27.	l.	10199.	14.	—
Pour Iean Baptiste Decoquiel d'Anuers,	f.12.	à 37.	l.	23263.	18.	—
Pour Negoce de Milan, compte de comptant,	f.10.	à 40.	l.	12403.	2.	7
Effects de Milan,	f.18. par Picquet, & Strasse,	à 38.	l.	2033.	17.	9
Effects dicts	f.18. par lesdicts,	à 38.	l.	7500.	—	—
Effects dicts	f.15. par Lumaga & Mascranny,	à 38.	l.	3025.	4.	—
Caisse,	f.20.	à 43.	l.	19500.	11.	8
Despences generales,	f. 8.	à 39.	l.	42709.	15.	9
Repartimens,	f.15. par I.L.& D'Salicoffre,	à 28.	l.	868.	15.	—
Repartimens,	f. 11. par Galiley, & Barelly,	à 28.	l.	3271.	17.	—
Repartimens,	f.15. par Lumaga, & Mascranny,	à 28.	l.	3699.	10.	6
		—	l.	384078.	7.	1

GABRIEL ALAMEL compte courant doit, que le portons crediteur au liure B, f. 3. pour soude du present,	à 44.	l.	12946.	19.	7
1626.					
IEAN SEVES Sr de S. André compte courant doit, que le portons crediteur au liure B, f. 3. pour soude,	à 44.	l.	20630.	7.	6
1626.					
LVMAGA, ET MASCRANNY, de Lyon compte courant, doiuent que les portons crediteurs au liure B, f. 3. pour soude de ce compte,	à 44.	l.	3070.	11.	6
1626.					
CLAVDE CATILLON, demeurant à nostre seruice doit, que le portons crediteur au liure B, f. 3. pour soude,	à 44.	l.	268.	12.	9
1626.					
CAISSE D'ARGENT comptant és mains de Iean Pontier, doit au Carnet de 1625. f. 20. & en ce,	à 42.	l.	19500.	11.	8
1626.					
MARCHANDISES en general restans à vendre dans la Boutique & Magasins de ce negoce, suiuant l'inuentaire qu'en a esté faict ce iourd'huy 3. Auril 1626. sçauoir,					
Soyes d'Italie, creditrices en ce,	à 7.	l.	9284.	10.	—
Veloux de Milan, crediteurs en ce,	à 8.	l.	759.	18.	4
Bas de soye,	à 10.	l.	1534.	—	—
Toiles d'or & argent,	à 13.	l.	1790.	5.	—
Doppions ouurez à Lyon,	à 25.	l.	3000.	—	—
Draps de laine de Dauphiné,	à 29.	l.	150.	10.	—
Marchandises de Flandres,	à 36.	l.	12795.	3.	4
	—	l.	29314.	6.	8
1626.					
PIERRE ALAMEL, compte propre doit, que le portons crediteur au liure B, f. 3.	à 44.	l.	4583.	17.	9

AVOIR en Pasques 1626. pour soude de son compte courant tenu au Carnet de 1625. f.2.	à 42.	l.	12946.	19.	7
1626.					
AVOIR en Pasques 1626. par cedulle, au Carnet de 1625. f.5. & en ce,	à 42.	l.	10630.	7.	6
1626.					
AVOIR en Aoust 1626. par cedulle, au Carnet de 1625. f.15. & en ce,	à 42.	l.	3070.	11.	6
1626.					
AVOIR pour reste de ses gages, fins au 3. Ianuier 1626. au Carnet de 1625. f.17.	à 42.	l.	268.	12.	9
1626.					
AVOIR que la portons debitrice au liure B, f.6. pour soude,	à 44.	l.	19500.	11.	8
1626.					
AVOIR que les portons debitrices au liure B, f.6. pour soude,	à 44.	l.	29314.	6.	8
1626.					
AVOIR l.4583.17.9. que luy faisons bon pour le ¼ de l.18335.10.11. que monte le profit qu'il a pleu à Dieu enuoyer au negoce de Piedmont,	à 10.	l.	4583.	17.	9

NOSTRE GRAND LIVRE cotté B, doit les parties cy-apres, pour les debiteurs, ſuiuans extraicts de ce liure A, & rapportez audict liure B, ſçauoir

Ceſar, & Iulien Granon,	f° 4.	à 6.	l. 4746.	—	—
Eſtienne Glotton,	f. 4.	à 16.	l. 15363.	2.	6
Robert Gehenaud,	f. 4.	à 16.	l. 8113.	13.	4
Herue, & Sauarry,	f. 4.	à 18.	l. 770.	13.	1
Marchandiſes enuoyées à Conſtantinople,	f. 4.	à 20.	l. 258.	13.	4
Veſpaſian Boloſon,	f. 3.	à 21.	l. 56756.	12.	6
Verdier, Picquet, & Decoquiel,	f. 4.	à 22.	l. 43178.	2.	6
Antoine, & Hugues Blauf,	f. 4.	à 22.	l. 11178.	15.	—
Taranget, & Rouſier, compte des debiteurs qu'ils nous aſſignent,	f. 4.	à 27.	l. 1925.	9.	2
Berthon, & Gaſpard,	f. 6.	à 27.	l. 54768.	—	—
Hieroſme Lantillon,	f. 5.	à 28.	l. 68995.	10.	—
Iean de la Foreſts,	f. 5.	à 28.	l. 5180.	11.	6
Eſtienne Chally,	f. 5.	à 29.	l. 25137.	5.	—
Fleury Gros,	f. 5.	à 30.	l. 18301.	7.	6
Charles Hauard,	f. 5.	à 31.	l. 11887.	10.	—
François Verthema,	f. 5.	à 36.	l. 2960.	—	—
Enemond Duplomb,	f. 5.	à 39.	l. 17386.	12.	4
Raymond Orlic,	f. 5.	à 39.	l. 13062.	8.	4
Caiſſe d'argent comptant,	f. 6.	à 43.	l. 19500.	11.	8
Marchandiſes en general,	f. 6.	à 43.	l. 29314.	6.	8
		—	l. 408785.	4.	5

AVOIR les parties cy-apres, pour les crediteurs suiuants, extraicts de ce liure, & rapportez audict liure B, sçauoir

Gabriel Alamel, compte de fonds,	f° 2.	à 2.	l. 100000.	—	—
Iean Fontaine, compte dict	f. 2.	à 2.	l. 70000.	—	—
Iean Pontier,	f. 2.	à 2.	l. 30000.	—	—
Vespasian Beloson,	f. 3.	à 21.	l. 1155.	—	—
Cicery, & Cernesio,	f. 3.	à 27.	l. 3416.	—	—
Profits & pertes,	f. 3.	à 41.	l. 162713.	15.	4
Gabriel Alamel, compte courant,	f. 3.	à 43.	l. 12946.	19.	7
Iean Seue,	f. 3.	à 43.	l. 20630.	7.	6
Lumaga, & Mascranny,	f. 3.	à 43.	l. 3070.	11.	6
Claude Catillon,	f. 3.	à 43.	l. 268.	12.	9
Pierre Alamel,	f. 3.	à 43.	l. 4583.	17.	9
			l.s 408785.	4.	5

GRAND LIVRE DE RAISON COTTE' B,

Commencé au nom de Dieu le 3. Auril 1626. Auquel ſont contenus les progrez de nos Negoces, que Dieu par ſa grace vueille fauoriſer, & donner tel ſuccez que n'encourions telles pertes, qui nous puiſſent garder de le ſeruir de pensée & d'œuure en ce monde, pour auoir la gloire en l'autre,

Ainſi ſoit-il.

1626.

ORA ET LABORA.

Apprenons à rendre le droict à vn chacun, & ayons touſiours Dieu deuant les yeux.

Iesus Maria ✠ 1626.

NOSTRE GRAND LIVRE cotté A, doit l.408785.4.5. tournois, qu'il nous assigne à payer aux cy-apres nos creanciers.

Et premierement,

	Folio		Livres	Sols	Deniers
A Gabriel Alamel, compte de fonds,	f° 2.	à 2.	l. 100000.	—	—
A Iean Fontaine, compte dict	f. 2.	à 2.	l. 70000.	—	—
A Iean Pontier, compte dict	f. 2.	à 2.	l. 30000.	—	—
A Vespasian Boloson,	f. 21.	à 3.	l. 1155.	—	—
A Cicery, & Cernesio,	f. 27.	à 3.	l. 3416.	—	—
A Profits & pertes,	f. 41.	à 3.	l. 162713.	15.	4
A Gabriel Alamel, compte courant,	f. 43.	à 3.	l. 12946.	19.	7
A Iean Seue,	f. 43.	à 3.	l. 20630.	7.	6
A Lumaga, & Mascranny,	f. 43.	à 3.	l. 3070.	11.	6
A Claude Catillon,	f. 43.	à 3.	l. 268.	12.	9
A Pierre Alamel,	f. 43.	à 3.	l. 4583.	17.	9
			l. 408785.	4.	5

AVOIR l.408785.4.5. tournois, pour tant qu'il nous aſſigne à receuoir de nos debiteurs cy-apres,

Et premierement,

De Ceſar, & Iulien Granon,	f° 6.	à 4.	l. 4746.	—	—
d'Eſtienne Glotton,	f. 16.	à 4.	l. 15363.	2.	6
De Robert Gehenaud,	f. 16.	à 4.	l. 8113.	13.	4
De Herue, & Sauarry,	f. 18.	à 4.	l. 770.	13.	1
De Marchandiſes enuoyées à Conſtantinople,	f. 20.	à 4.	l. 258.	13.	4
De Veſpaſian Boloſon,	f. 21.	à 3.	l. 56756.	12.	6
De Verdier, Picquet, & Decoquiel,	f. 22.	à 4.	l. 43178.	2.	6
De Antoine, & Hugues Blauf,	f. 22.	à 4.	l. 11178.	15.	—
De Taranget, & Rouſier, compte des debiteurs qu'ils nous aſſignent,	f. 27.	à 4.	l. 1925.	9.	2
De Berthon, & Gaſpard,	f. 27.	à 6.	l. 54768.	—	—
De Hieroſme Lantillon,	f. 28.	à 5.	l. 68995.	10.	—
De Iean de la Foreſts,	f. 28.	à 5.	l. 5180.	11.	6
De Eſtienne Chally,	f. 29.	à 5.	l. 25137.	5.	—
De Fleury Gros,	f. 30.	à 5.	l. 18301.	7.	6
De Charles Hauard,	f. 31.	à 5.	l. 11887.	10.	—
De François Verthema,	f. 36.	à 5.	l. 2960.	—	—
De Enemond Duplomb,	f. 39.	à 5.	l. 17386.	12.	4
De Raymond Orlic,	f. 39.	à 5.	l. 13062.	8.	4
De la Caiſſe,	f. 43.	à 6.	l. 19500.	11.	8
Des Marchandiſes en general,	f. 43.	à 6.	l. 29314.	6.	8
			l. 408785.	4.	5

GABRIEL ALAMEL, compte de fonds, doit l. 14657. 3. 4. pour sa part & portion des marchandises treuuées en nature dans la Boutique & Magasins de ce negoce, suiuant l'inuentaire qu'en a esté fait ce iourd'huy 3. Auril 1626. en ce,	à 6.	l.	14657.	3.	4
Luy assignons à receuoir à ses risques les parties cy-apres.					
De Vespasian Boloson, crediteur en ce,	à 3.	l.	56756.	12.	6
De Verdier, Picquet, & Decoquiel, crediteur en ce,	à 4.	l.	43178.	2.	6
De Hierosme Lantillon, crediteur en ce,	à 5.	l.	68995.	10.	—
De Raymond Orlic de Bourdeaux, crediteur en ce,	à 5.	l.	13062.	8.	4
A luy comptant, pour sa part & portion de l'argent comptant treuué en Caisse,	à 6.	l.	9879.	9.	10
	—	l.	206529.	6.	6

——— 1626. ———

IEAN FONTAINE, compte de fonds doit l. 10259. 18. - pour sa part & portion des marchandises restantes à vendre en ce negoce, suiuant l'inuentaire qu'en a esté fait ce iourd'huy 3. Auril 1626. en ce,	à 6.	l.	10259.	18.	—
Luy assignons à receuoir à ses risques les parties cy-apres, pour sa part & portion des debiteurs restans en ce negoce, sçauoir,					
d'Estienne Glotton, crediteur en ce,	à 4.	l.	15363.	2.	6
d'Antoine, & Hugues Blauf, crediteur en ce,	à 4.	l.	11178.	15.	—
d'Estienne Chally,	à 5.	l.	25137.	5.	—
De Fleury Gros,	à 5.	l.	18301.	7.	6
De Iean de la Forests,	à 5.	l.	5180.	11.	6
De Berthon, & Gaspard,	à 6.	l.	54768.	—	—
A luy comptant pour sa part & portion de l'argent comptant treuué en Caisse,	à 6.	l.	7391.	4.	4
	—	l.	147580.	3.	10

——— 1626. ———

IEAN PONTIER, compte de fonds doit l. 4397. 5. 4. pour sa part & portion des marchandises restantes à vendre en ce negoce, suiuant l'inuentaire qu'en a esté fait ce iourd'huy 3. Auril 1626. en ce,	à 6.	l.	4397.	5.	4
Luy assignons à receuoir à ses risques les parties cy-apres, pour sa part & portion des debiteurs, restans en ce negoce, sçauoir,					
De Cesar, & Iulien Granon, crediteur en ce,	à 4.	l.	4746.	—	—
d'Herue, & Sauarry,	à 4.	l.	770.	13.	1
Des marchandises restantes à vendre à Constantinople en participation de Boloson,	à 4.	l.	258.	13.	4
De Taranget, & Rousier, compte des debiteurs qu'ils assignent,	à 4.	l.	1925.	9.	2
De Charles Hauard de Paris,	à 5.	l.	11887.	10.	—
De François Verthema de Lyon,	à 5.	l.	2960.	—	—
De Enemond Duplomb de Lyon,	à 5.	l.	17386.	12.	4
De Robert Gehenaud,	à 4.	l.	8113.	13.	4
A luy comptant pour sa part & portion de l'argent comptant treuué en Caisse,	à 6.	l.	2229.	17.	6
	—	l.	54675.	14.	1

			l.	s.	d.
A V O I R pour fonds & capital par luy fourny en ce Negoce, sous la participation de ₰ 10. pour liure, aux profits ou pertes qu'il plaira à Dieu y mander, au liure A, f. 2. & en ce,	à	1.	l. 100000.		
Et l. 81356.17.8. pour sa $\frac{1}{2}$ de l. 162713.15.4. que montent tous les profits qu'il a pleu à Dieu enuoyer en ce Negoce,	à	3.	l. 81356.	17.	8
Et les parties cy-apres que luy assignons à payer pour sa part & portion des crediteurs de nostre Compagnie, sçauoir					
A Vespasian Boloson de Lyon, debiteur en ce,	à	3.	l. 1155.		
A Cicery, & Cernesio de Venise,	à	3.	l. 3416.		
A luy-mesme, pour soude de son compte courant,	à	3.	l. 12946.	19.	7
A Lumaga, & Mascranny de Lyon,	à	3.	l. 3070.	11.	6
A Pierre Alamel,	à	3.	l. 4583.	17.	9
			l. 206529.	6.	6

1626.

			l.	s.	d.
A V O I R pour fonds & capital qu'il a fourny en ce Negoce, pour participer aux profits ou pertes qu'il plaira à Dieu y enuoyer à raison de ₰ 7. pour liure, au liure A, f. 2. & en ce,	à	1.	l. 70000.		
Et l. 56949.16.4. pour les $\frac{7}{20}$ à luy appartenant de l. 162713.15.4. que montent tous les profits qu'il a pleu à Dieu enuoyer en ce Negoce,	à	3.	l. 56949.	16.	4
Luy assignons à payer à Iean Seue Seue Sr de S. André, pour sa part & portion des crediteurs restans à payer en ce Negoce,	à	3.	l. 20630.	7.	6
			l. 147580.	3.	10

1626.

			l.	s.	d.
A V O I R pour fonds & capital, par luy fourny en ce Negoce, sous la participation de ₰ 3. pour liure de profit ou perte, au liure A, f. 2. cy	à	1.	l. 30000.		
Et l. 24407.1.4. pour les $\frac{3}{20}$ à luy appartenants de l. 162713.15.4. que montent tous les profits qu'il a pleu à Dieu enuoyer en ce Negoce,	à	3.	l. 24407.	1.	4
Luy assignons à payer à Claude Catillon, pour sa part des crediteurs restans,	à	3.	l. 268.	12.	9
			l. 54675.	14.	1

VESPASIAN BOLOSON de Lyon, doit au liure A, f. 21.					
En Pasques 1628.	à 1.	l.	56756.	12.	6
Luy assignons à receuoir de nostre Gabriel Alamel, crediteur en ce,	à 2.	l.	1155.	—	—
		l.	57911.	12.	6
— 1626. —					
CLAVDE CICERY, ET FRANCOIS CERNESIO de Venise, doiuent que leur auons ordonné receuoir de nostre Gabriel Alamel, en ce,	à 2.	l.	3416.	—	—
— 1626. —					
PROFITS ET PERTES, doiuent					
Pour la $\frac{1}{2}$ de l. 162713.15.4. cy-contre appartenant à Gabriel Alamel, en ce,	à 2.	l.	81356.	17.	8
Pour les $\frac{7}{20}$ de ladicte partie appartenant à Iean Fdntaine,	à 2.	l.	56949.	16.	4
Pour les $\frac{3}{20}$ appartenant à Iean Pontier,	à 2.	l.	24407.	1.	4
		l.	162713.	15.	4
— 1626. —					
GABRIEL ALAMEL, compte courant doit porté crediteur à son compte de fonds, en ce	à 2.	l.	12946.	19.	7
— 1626. —					
IEAN SEVE Sr de S. André compte courant, doit que luy assignons à receuoir de nostre Iean Fontaine, en ce,	à 2.	l.	20630.	7.	6
— 1626. —					
LVMAGA, ET MASCRANNY de Lyon, doiuent à compte courant, que leur ordonnons receuoir de nostre Gabriel Alamel, crediteur en ce,	à 2.	l.	3070.	11.	6
— 1626. —					
CLAVDE CATILLON, demeurant à nostre seruice doit, que luy auons ordonné receuoir de nostre Iean Pontier, crediteur en ce,	à 2.	l.	268.	12.	9
— 1626. —					
PIERRE ALAMEL, demeurant à nostre seruice, doit que luy auons ordonné receuoir de nostre Gabriel Alamel, en ce,	à 2.	l.	4583.	17.	9

AVOIR au liure A,f.21.pour debiteurs qu'il nous assigne, sçauoir Antoine, & Hugues Blauf, en Touss. 1627. — l.378. } Estienne Glotton, — en Roys 1628. — l.385. } Enemond Duplomb, — Pasques 1628. — l.392. }	à 1.	l. 1155.	—	—
Luy auons ordonné payer à nostre Gabriel Alamel, debiteur en ce,	à 2.	l. 56756.	12.	6
		l. 57911.	12.	6

1626.

AVOIR que leur assignons à receuoir des debiteurs, & termes cy-bas, Enemond Duplomb, — Aoust 1628. — l.1176. } Antoine, & Hugues Blauf, — Roys 1627. — l. 832. } Au liure A, f.27. Raymond Orlic, — Roys 1627. — l.1408. }	à 1.	l. 3416.	—	—

1626.

AVOIR pour tous les profits qu'il a pleu à Dieu enuoyer en ce Negoce, fins à ce iourd'huy 3. Auril 1626. au liure A, f.41. & en ce,	à 1.	l. 162713.	15.	4

1626.

AVOIR en Pasques 1626. au liure A, f.43. & en ce,	à 1.	l. 12946.	19.	7

1626.

AVOIR en Pasques 1626. au liure A, f.43. & en ce,	à 1.	l. 20630.	7.	6

1626.

AVOIR en Aoust 1626. Au liure A, f.43. & en ce,	à 1.	l. 3070.	11.	6

1626.

AVOIR pour reste de ses gages fins au 3. Ianuier 1626. au liure A, f.43. & en ce,	à 1.	l. 268.	12.	9

1626.

AVOIR que luy faisons bon pour son quart du profit fait en Piedmont, au liure A, f.43. & en ce	à 1.	l. 4583.	17.	9

CESAR, ET IVLIEN GRANON de Tours, doiuent au liure A, f.6. En Touss. 1626. — l. 1146. } En Roys 1627. — l. 3600. }	à 1.	l. 4746.	—	—
1626. ROBERT GEHENAVD de Paris, doit En Roys 1627. — l.3333. 1.10. } Pasques 1627. — l.4780.11. 6. } Au liure A, f.16.& en ce,	à 1.	l. 8113.	13.	4
1626. ESTIENNE GLOTTON de Thoulouse, doit au liure A f.16. Pasques 1627. — l.14208. 2.6. } Roys 1628. — l. 1155. — }	à 1.	l. 15363.	2.	6
1626. NICOLAS HERVE, ET GVILLAVME SAVARRY de Paris, doiuent En Toussaincts 1626. au liure A, f.18. & en ce,	à 1.	l. 770.	13.	1
1626. MARCHANDISES en compagnie de Bolofon, pour $\frac{1}{3}$, & nous pour les $\frac{2}{3}$ restantes à vendre à Constantinople, és mains de Iean Scaich, doiuent N° 1300. aunes 32.6.8. Satin canellé 5. couleurs à l.8. — Au liure A, f. 20.	à 1.	l. 258.	13.	4
1626. VERDIER, PICQVET, ET DECOQVIEL, doiuent En Roys 1627. — l.20628.2.6. } En Roys 1628. — l.22550. — } Au liure A, f.22.	à 1.	l. 43178.	2.	6
1626. ANTOINE, ET HVGVES BLAVF de Lyon, doiuent En Roys 1627. — l.2694.15. — } Touss. 1627. — l.1134. — } Au liure A, f.22.& en ce, Pasques 1628. — l.7350. — }	à 1.	l. 11178.	15.	—
1626. FRANCOIS TARANGET, ET FRANCOIS ROVSIER de Paris, compte des debiteurs, qu'ils nous assignent, doiuent Pour Iean des Lauiers, pour Pasques 1626. — l.604.6.8. } Lindo, & Heron, — pour Pasques 1626. — l.826.2.6. } Au liure A, f.27. cy Nicolas de Lestre, — pour Aoust 1626. — l.495. — }	à 1.	l. 1925.	9.	2

AVOIR que leur ordonnons de payer à nostre Iean Pontier, debiteur en ce,	à 2.	l.	4746.	—	—
1626.					
AVOIR que luy auons ordonné payer à nostre Iean Pontier,	à 2.	l.	8113.	13.	4
1626.					
AVOIR que luy auons ordonné payer à nostre Iean Fontaine,	à 2.	l.	15363.	2.	6
1626.					
AVOIR que leur ordonnons payer à nostre Iean Pontier, en ce,	à 2.	l.	770.	13.	1
1626.					
AVOIR qu'auons remis à Iean Pontier, en ce,	à 2.	l.	258.	13.	4
1626.					
AVOIR que leur auons ordonné payer à nostre Gabriel Alamel,	à 2.	l.	43178.	2.	6
1626.					
AVOIR que leur assignons à payer à nostre Iean Fontaine,	à 2.	l.	11178.	15.	—
1626.					
AVOIR que leur assignons à payer à nostre Iean Pontier, en ce,	à 2.	l.	1925.	9.	2

HIEROSME LANTILLON de Lyon, doit au liure A, f.28.

en Pasques 1627. —— l.24125. — —
Pasques 1628. —— l.44870.10.— } ——— à 1. | l. 68995. | 10. | —

——— 1626. ———

IEAN DE LA FORESTS de Lyon, doit

En Roys 1627. —— l. 785.17.6.
Pasques 1627. —— l.4394.14.— } Au liure A, f.28. ——— à 1. | l. 5180. | 11. | 6

——— 1626. ———

ESTIENNE CHALLY de Lyon, doit

En Roys 1627. —— l.13849. — —
Pasques 1628. —— l.11288. 5.— } Au liure A, f.29. ——— à 1. | l. 25137. | 5. | —

——— 1626. ———

FLEVRY GROS de Lyon, doit

En Roys 1627. —— l.17863.17.6.
Pasques 1627. —— l. 437.10.— } Au liure A, f.30. ——— à 1. | l. 18301. | 7. | 6

——— 1626. ———

CHARLES HAVARD de Paris, doit

En Touss.1626. —— l.7237.10.—
Roys 1627. —— l.4650.— — } Au liure A, f.31. ——— à 1. | l. 11887. | 10. | —

——— 1626. ———

FRANCOIS VERTHEMA de Lyon, doit

En Touss.1626. —— l. 650. ——
Roys 1627. —— l.2310. —— } Au liure A, f.36. ——— à 1. | l. 2960. | — | —

——— 1626. ———

ENEMOND DVPLOMB de Lyon, doit

En Roys 1627. —— l. 811.17.6.
Pasques 1627. —— l.9593.14.2.
Aoust 1627. —— l.1164.— 8. } Au liure A, f.39. ——— à 1. | l. 17386. | 12. | 4
Pasques 1628. —— l.3465.— —
Aoust 1628. —— l.2352.— —

——— 1626. ———

RAYMOND ORLIC de Bourdeaux, doit

En Roys 1627. —— l.2058.— —
Pasques 1627. —— l.2020.13.4.
Aoust 1627. —— l.3523.15.— } Au liure A, f.39. ——— à 1. | l. 13062. | 8. | 4
Pasques 1628. —— l.5460.— —

AVOIR que luy ordonnons payer à nostre Gabriel Alamel, en ce,	à 2.	l.	68995.	10.	—
1626.					
AVOIR que luy ordonnons payer à nostre Iean Fontaine, en ce,	à 2.	l.	5180.	11.	6
1626.					
AVOIR que luy ordonnons payer à nostre Iean Fontaine, en ce,	à 2.	l.	25137.	5.	—
1626.					
AVOIR que luy ordonnons payer à nostre Iean Fontaine, en ce,	à 2.	l.	18501.	7.	6
1626.					
AVOIR que luy ordonnons payer à nostre Iean Pontier, en ce,	à 2.	l.	11887.	10.	—
1626.					
AVOIR que luy ordonnons payer à nostre Iean Pontier, en ce,	à 2.	l.	2960.	—	—
1626.					
AVOIR que luy ordonnons payer à nostre Iean Pontier, en ce,	à 2.	l.	17386.	12.	4
1626.					
AVOIR que luy ordonnons payer à nostre Gabriel Alamel, en ce,	à 2.	l.	13062.	8.	4

CAISSE D'ARGENT comptant és mains de Iean Pontier doit au liure A, f.43.& en ce,—	à 1.	l. 19500.	11.	8

1626.

MARCHANDISES en general de nostre compte doiuent l.29314.6.8. pour le monter de toutes les marchandises treuuées en nature dans la Boutique,& Magasins de ce negoce, suyuant l'inuentaire qu'en a esté fait ce iourd'huy 3.Auril 1626.au liure A,f.43.& en ce,—	à 1.	l. 29314.	6.	8

1626.

DENIS BERTHON, ET OLIVIER GASPARD de Lyon, doiuent En Pasques 1628. au liure A, f.27.& en ce,—	à 1.	l. 54768.	—	—

AVOIR.

l.9879. 9.10. En debit à Gabriel Alamel, pour sa part & portion,	à 2.	l. 9879.	9.	10
l.7391. 4. 4. En debit à Iean Fontaine, pour sa part & portion,	à 2.	l. 7391.	4.	4
l.2229.17. 6. En debit à Iean Pontier, pour sa part & portion,	à 2.	l. 2229.	17.	6
		l. 19500.	11.	8

1626.

AVOIR.

l.14657. 3.4. En debit à Gabriel Alamel, pour sa part & portion,	à 2.	l. 14657.	3.	4
l.10259.18.— En debit à Iean Fontaine, pour sa part & portion,	à 2.	l. 10259.	18.	—
l. 4397. 5.4. En debit à Iean Pontier, pour sa part & portion, en ce,	à 2.	l. 4397.	5.	4
		l. 29314.	6.	8

1626.

AVOIR que leur ordonnons payer à nostre Iean Fontaine, en ce,	à 2.	l. 54768.	—	—

CARNET DES PAYEMENS
DES ROYS, PASQVES, AOVST, ET TOVSSAINCTS.

1625.

LE GRAND LIVRE, A, doit les parties cy-apres pour les crediteurs suiuants extraicts d'iceluy, & rapportez en ce Carnet, sçauoir,

Negoce de Milan, pour Iean Hugonin de Lyon, par Caisse,	f. 6.	à 3.	l.	1260.	—	—
Pierre Alamel, par Caisse,	f. 9.	à 3.	l.	7300.	—	—
Negoce de Milan, pour Gabriel Chabre, par Caisse,	f. 6.	à 3.	l.	750.	—	—
Negoce de Milan, par Michel Cotte, par Caisse,	f. 6.	à 3.	l.	2340.	—	—
Negoce dict pour Marchandises au comptant, par Caisse,	f. 6.	à 3.	l.	3923.	8.	—
Picquet, & Strasse,	f. 9.	à 2.	l.	7500.	—	—
Eustache Rouiere,	f. 9.	à 4.	l.	3087.	19.	3
Octauio, & Marc-Antoine Lumaga de Noue,	f. 10.	à 4.	l.	8918.	10.	3
Louys Boillet, par Caisse,	f. 9.	à 3.	l.	2143.	19.	7
Antoine, & Isaac Poncet de Lyon, par Caisse,	f. 10.	à 3.	l.	1726.	19.	2
Franchotty, & Burlamaquy,	f. 14.	à 5.	l.	6436.	10.	—
Gilles Hannecard d'Anuers,	f. 14.	à 5.	l.	14103.	9.	—
Octauio, & Marc-Antoine Lumaga de Genes,	f. 19.	à 4.	l.	21291.	17.	—
Robin, & Ferrary de Roüan,	f. 17.	à 5.	l.	13493.	1.	9
Lumaga, & Mascranny de Lyon,	f. 18.	à 5.	l.	1814.	19.	—
Octauio, & Marc-Antoine Lumaga, de Noue,	f. 18.	à 4.	l.	3030.	—	9
Iean Iacques Manis de Lyon,	f. 20.	à 6.	l.	1798.	15.	—
Alexandre Tasca de Venise,	f. 21.	à 6.	l.	10574.	18.	—
Augustin Sexty de Lucques,	f. 23.	à 6.	l.	3091.	11.	6
Denis Berthon, & Oliuier Gaspard,	f. 27.	à 6.	l.	40000.	—	—
Laurens Fiorauanty de Bologne,	f. 18.	à 6.	l.	1900.	2.	8
Claude Catillon, compte de voyages,	f. 29.	à 7.	l.	4088.	13.	—
Bleds diuers acheptez comptant,	f. 32.	à 3.	l.	99660.	—	—
Verdier, Picquet, & Decoquiel,	f. 32.	à 7.	l.	6107.	10.	—
Picquet, & Strasse,	f. 40.	à 2.	l.	2114.	13.	4
Iacques Depures,	f. 40.	à 4.	l.	1586.	—	—
Leonard Berthaud,	f. 40.	à 4.	l.	1057.	6.	8
Pierre Sauset, par Caisse,	f. 33.	à 3.	l.	50000.	—	—
André Montbel, par Caisse,	f. 36.	à 3.	l.	11025.	—	—
Benoist Robert de Marseille,	f. 3.	à 12.	l.	78086.	15.	2
		—	l.	410211.	19.	1

A V O I R les parties cy-apres pour les debiteurs suiuants, extraicts d'iceluy, & rapportez en ce Bilan, sçauoir,

Gabriel Alamel, pour soude de son fonds,	f. 1.	à 2.	l. 44100.	—	—
Iean Fontaine compte de fonds,	f. 1.	à 2.	l. 70000.	—	—
Iean Pontier, compte dict,	f. 1.	à 2.	l. 16610.	—	—
Geoffroy des Champs,	f. 3.	à 2.	l. 7282.	10.	—
Claude Catillon, compte de voyages,	f. 28.	à 7.	l. 2104.	7.	3
Clemence Goyet, & Compagnie, par Caisse,	f. 21.	à 3.	l. 840.	—	—
Vespasian Boloson,	f. 20.	à 6.	l. 1024.	2.	6
Picquet, & Strasse,	f. 40.	à 2.	l. 52486.	7.	—
Iacques Depures,	f. 40.	à 4.	l. 39364.	15.	3
Leonard Berthaud,	f. 40.	à 4.	l. 26243.	3.	6
Cesar, & Iulien Granon de Tours,	f. 6.	à 11.	l. 22037.	10.	—
Porté debiteur en payemens de Pasques, pour soude,	f. 38.	à 15.	l. 128119.	3.	7
		—	l. 410211.	19.	1

GABRIEL ALAMEL, doit pour ſoude de ſon fonds capital, au liure A, f.1.& en ce	à 1.	l.	44100.		
8.Septembre 1625.pour Picquet,& Straſſe,pour Chabre,pour Fleury Gros,crediteur en ce,	à 19.	l.	5090.	8.	
4. Octobre 1625.à luy comptant par Caiſſe,	à 3.	l.	4909.	12.	
7. Decembre 1625.pour Picquet,& Straſſe,pour Manis,crediteur en ce	à 6.	l.	17465.	14.	2
— Dudict pour Lumaga,& Maſcranny,pour Philippe,& Luc Seue,pour Granon,crediteur	à 11.	l.	12534.	5.	10
Porté crediteur au liure A, f.43.pour ſoude,	à 20.	l.	12946.	19.	7
		l.	97046.	19.	7

IEAN FONTAINE, doit pour compte de ſon fonds & capital, au liure A, f.1. cy	à 1.	l.	70000.		

IEAN PONTIER, doit à compte de fonds, au liure A, f.1.& en ce	à 1.	l.	16610.		
Change de l.2610.- que luy prolongeons,iuſqu'en Paſques prochain à 2.½ pour %,	à 8.	l.	652.	10.	
		l.	17262.	10.	

GEOFFROY DESCHAMPS de Lyon,doit au liure A, f.3. & en ce,	à 1.	l.	7282.	10.	

PICQVETS, ET STRASSE de Lyon,doiuent au liure A, f.40.& en ce,	à 1.	l.	52486.	7.	
Par lettre de Paris,de Nicolas Herue,& Sauarry,crediteurs en ce,	à 7.	l.	4360.	12.	
▽ 2000.par lettre de Veniſe de Retano,& Vanaxelle,valeur d'Alexandre Taſca,	à 6.	l.	6000.		
6.Mars pour Gabriel Alamel,crediteur en ce,	à 2.	l.	10000.		
6.Dudict pour Laſare Coſte,pour Gueniſy,& Maſſey,pour Iean Fontaine, crediteur en ce	à 2.	l.	15200.		
10.Dudict pour Gueniſy,& Maſſey,pour Goyer,Decoleur,& Debeauſſe,pour Doulcet, & Yon,	à 12.	l.	11512.	10.	
Dudict pour Garnier,pour Ferrus,pour Doſſaris,crediteur en ce	à 12.	l.	5000.		
11.Dudict pour Salicoffre,pour Heruard,pour Laurens Payer,pour Iean Fontaine,crediteur en ce,	à 2.	l.	4800.		
12.Dudict pour Boloſon,crediteur en ce,	à 6.	l.	1298.	14.	9
28.Dudict à eux comptant par Caiſſe,	à 3.	l.	1303.	15.	10
		l.	111961.	19.	7

AVOIR du 6. Mars 1625. l. 30000. — Receu de luy comptant par Caisse,	à 3.	l.	30000.	—	—
6. Mars pour Picquet, & Strasse, debiteurs en ce,	à 2.	l.	10000.	—	—
11. Dudict pour Ioué, pour Galiley, & Barelly, par Lumaga, & Mascranny, debiteurs en ce,	à 5.	l.	25000.	—	—
13. Dudict pour Boloson, pour Cesar Osio, pour Bonuisy, pour Verdier, Picquet, & Decoquiel, debiteurs	à 7.	l.	7729.	19.	6
20. Dudict receu de luy comptant, par Caisse,	à 3.	l.	1370.	—	6
Change de l. 30000. — à 2. pour %, iusqu'en Pasques prochain	à 8.	l.	600.	—	—
9. Iuin 1625. pour Ioué, pour Berthaud, debiteur en ce	à 4.	l.	9968.	6.	—
11. Dudict pour Bonuisy, pour Neret, pour Cardon debiteur, en ce	à 11.	l.	10031.	14.	—
Change de l. 50600. — à 2. pour %, iusqu'en Aoust prochain,	à 8.	l.	1012.	—	—
Change de l. 41612. — à 2. pour %, iusqu'en Toussaincts prochain,	à 8.	l.	832.	4.	9
Change de l. 12444. 4. 9. à 2. pour %, iusqu'en Roys 1626. en ce	à 8.	l.	248.	17.	8
Change de l. 12693. 2. 5. à 2. pour % iusqu'en Pasques 1626. en ce,	à 8.	l.	253.	17.	2
	—	l.	97046.	19.	7

AVOIR du 6. Mars l. 50000. — receu de luy comptant par Caisse,	à 3.	l.	50000.	—	—
6. Mars pour Guenisy, & Massey, pour Lasare Coste, pour Picquet, & Strasse, debiteurs en ce,	à 2.	l.	15200.	—	—
11. Dudict pour Laurens Payer, pour Heruard, pour Salicoffre, pour Picquet, & Strasse,	à 2.	l.	4800.	—	—
	—	l.	70000.	—	—

AVOIR du 6. Mars l. 6000. — Receu de luy comptant par Caisse,	à 3.	l.	6000.	—	—
7. Mars pour Blauf, pour Nauergnon, pour Vanelle, pour Berthon, & Gaspard, en ce,	à 6.	l.	8000.	—	—
3. Iuillet 1625. receu de luy comptant pour soude,	à 3.	l.	3262.	10.	—
	—	l.	17262.	10.	—

AVOIR du 10. Mars, pour Caboud, pour Millottet, pour Masuyer, & Violette, pour Theuenet, pour Guetton, debiteurs en ce,	à 8.	l.	7282.	10.	—

AVOIR du 3. Mars l. 50000. — qu'ils ont fourny pour leur part de l. 150000. pour employer en bleds sur lesquels ils participent pour $\frac{1}{3}$,	à 3.	l.	50000.	—	—
Leur faisons bon pour les deputez des creanciers de Laurens Iaquin, au liure A, f. 9. & en ce,	à 1.	l.	7500.	—	—
▽ 4691. 15. 10. d'or sol, par lettre d'Anuers de Gilles Hannecard, debiteur en ce,	à 5.	l.	14075.	7.	6
Par lettre de Robin, & Ferrary de Roüan, debiteurs en ce	à 5.	l.	3493.	1.	9
Au liure A, f. 40. & en ce,	à 1.	l.	2114.	13.	4
▽ 3552. 8. 3. d'or sol, par lettre des nostres de Milan, en ce	à 10.	l.	10657.	4.	9
▽ 1010. — 3. d'or sol, par lettre d'Octauio, & Marc-Antoine Lumaga de Noué, debiteurs	à 4.	l.	3030.	—	9
▽ 1030. 10. 6. d'or sol, par lettre de Hierosme Turcon de Plaisance, debiteur en ce	à 9.	l.	3091.	11.	6
Par lettre de Marseille de Benoist Robert, debiteur en ce,	à 12.	l.	15000.	—	—
▽ 1000. — d'or sol, que à ducats 127. $\frac{1}{2}$, nous ont fait lettre pour Venise sur Bernardin Bensio, payable au 3. Auril à Alexandre Tasca, debiteur en ce,	à 6.	l.	3000.	—	—
	—	l.	111961.	19.	7

CAISSE D'ARGENT COMPTANT, au gouuernement de Iean Pontier, doit					
3. Mars, receu de Picquet, & Straſſe, crediteurs en ce,	à 2.	l.	50000.	—	—
3. Dudict de Iacques Depures, crediteur en ce,	à 4.	l.	37500.	—	—
4. Dudict de Leonard Berthaud, crediteur en ce,	à 4.	l.	25000.	—	—
6. Dudict de Gabriel Alamel, crediteur en ce,	à 1.	l.	30000.	—	—
— Dudict de Iean Fontaine, crediteur en ce,	à 2.	l.	50000.	—	—
— Dudict de Iean Pontier, crediteur en ce,	à 2.	l.	6000.	—	—
10. Dudict de Goyet, de Coleur, & Debeauſſe,	à 1.	l.	840.	—	—
12. Dudict de Iacques Depures,	à 4.	l.	1864.	15.	3
— Dudict de Leonard Berthaud,	à 4.	l.	1243.	3.	6
— Dudict de Iean Seue Sr de S. André,	à 5.	l.	50000.	—	—
20. Dudict de marchandiſes venduës comptant,	à 14.	l.	209.	—	—
— Dudict de Gabriel Alamel,	à 2.	l.	1370.	—	6
25. Dudict de marchandiſes venduës comptant,	à 14.	l.	148.	—	—
27. Dudict de marchandiſes venduës comptant,	à 14.	l.	102.	12.	9
28. Dudict de Claude Laure,	à 9.	l.	911.	8.	6
29. Dudict de Philippe, & Luc Sene,	à 9.	l.	2292.	17.	10
30. Dudict de Horace Cardon,	à 11.	l.	9997.	1.	9
3. Auril de Doulcet, & Yon,	à 12.	l.	2413.	19.	4
— Dudict de vente faicte au comptant,	à 14.	l.	394.	—	—
— Dudict de Barthelemy Ferrus,	à 13.	l.	3851.	8.	9
6. Dudict de vente au comptant,	à 14.	l.	150.	—	—
— Dudict de Euſtache Rouiere,	à 4.	l.	912.	—	9
18. Dudict de vente faicte au comptant,	à 14.	l.	580.	10.	3
30. Dudict de Claude Catillon,	à 7.	l.	15.	14.	3
10. May de vente faicte au comptant,	à 14.	l.	214.	10.	—
15. Iuin de Claude Catillon,	à 14.	l.	13.	7.	6
20. Dudict de Boloſon,	à 6.	l.	1967.	12.	5
27. Dudict de Iean, & François du Soleil,	à 16.	l.	3247.	7.	6
3. Iuillet de Euſtache Rouiere,	à 4.	l.	3071.	16.	9
— Dudict de Iean Glotton, pour Eſtienne Glotton,	à 17.	l.	3234.	3.	4
— Dudict de Lorrin, pour Tarauget, & Rouſier,	à 16.	l.	218.	15.	7
— Dudict de Iean Pontier,	à 2.	l.	3262.	10.	—
4. Dudict de Bonuiſy,	à 11.	l.	2228.	15.	5
27. Dudict de André Monthel, compte de voyages,	à 13.	l.	12.	15.	—
— Dudict pour marchandiſes venduës comptant, de compte de Beregany,	à 14.	l.	153.	6.	8
6. Aouſt de Claude Catillon,	à 7.	l.	20.	18.	6
3. Septembre de Doulcet, & Yon, pour marchandiſes à eux venduës comptant,	à 14.	l.	7680.	—	—
6. Dudict de Iean Iuge, pour marchandiſes venduës comptant,	à 14.	l.	1620.	—	—
8. Dudict de la vente au comptant	à 14.	l.	525.	—	—
20. Dudict de Iean, & François du Soleil,	à 16.	l.	5500.	—	—
3. Octobre de Pierre Sauſet, pour ſoude de ſon voyage de Mer, au liure A, f. 33.	à 18.	l.	53187.	18.	—
4. Dudict de Verdier, Picquet, & Decoquiel,	à 7.	l.	232.	5.	10
— Dudict de Ioachin Salicoffre,	à 15.	l.	1607.	2.	9
8. Dudict de Claude Catillon,	à 14.	l.	5154.	—	—
— Dudict de Hieroſme Lantillon,	à 18.	l.	1325.	14.	3
— Dudict d'Eſtienne Chally,	à 19.	l.	2557.	8.	—
10. Dudict de François Verthema,	à 19.	l.	1293.	15.	—
25. Decembre de Ceſar Oſio,	à 9.	l.	3000.	—	—
— Dudict de Philippe, & Luc Seue, pour Ceſar, & Iulien Granon,	à 11.	l.	8469.	13.	9
28. Dudict de Iean Glotton, pour Eſtienne Glotton,	à 17.	l.	488.	12.	4
— Dudict de Picquet, & Straſſe,	à 18.	l.	1090.	19.	—
— Dudict de Euſtache Rouiere,	à 4.	l.	1500.	—	—
1626. 3. Feurier de Ceſar Oſio,	à 9.	l.	15000.	—	—
4. Dudict de Galiley, & Barelly,	à 11.	l.	9917.	4.	3
— Dudict de Bonuiſy,	à 11.	l.	7881.	7.	—
4. Auril 1626. de Picquet, & Straſſe,	à 18.	l.	23161.	1.	3
10. May de Pierre Alamel, pour ſoude du Negoce de Piedmont, au liure A, f. 9. cy	à 20.	l.	5813.	17.	—
	—	l.	448248.	6.	1

AVOIR à Marchandises de Cicery,& Cernesio,pour voitures,& Doüannes,	à 11.	l.	414.	6.	8
3.Mars à marchandises de Beregany, pour voitures,& doüannes,	à 12.	l.	450.	11.	—
6.Dudict comptant à Iean Hugonin,par negoce de Milan,au liure A, f.6.	à 1.	l.	1260.	—	—
—Dudict à Pierre Alamel, au liure A, f.9.	à 1.	l.	7300.	—	—
8.Dudict à Gabriel Chabre,par Negoce de Milan,	à 1.	l.	750.	—	—
—Dudict à Michel Cotte,par Negoce de Milan,	à 1.	l.	2340.	—	—
—Dudict à diuers,pour marchandises acheptées comptant,pour ledict negoce,	à 1.	l.	3923.	8.	—
9.Dudict à Louys Boillet,pour Pierre Alamel,	à 1.	l.	2143.	19.	7
—Dudict à Iean Lanet,pour faire tenir à Marseille à Benoist Robert,	à 12.	l.	20000.	—	—
28.Dudict à diuers pour bled froment acheptè comptant au liure A, f.32.	à 1.	l.	99660.	—	—
—Dudict à Pierre Sauset,compte de voyages au liure A, f. 33.	à 1.	l.	50000.	—	—
—Dudict à André Montbel,compte de voyages,au liure A, f.36.	à 1.	l.	11025.	—	—
—Dudict à Picquet,& Strasse,	à 2.	l.	1303.	15.	10
—Dudict à Claude Catillon,compte de voyages,	à 7.	l.	1000.	—	—
—Dudict à Iean Mandine,pour Benoist Robert,	à 12.	l.	3200.	—	—
—Dudict à Girard Viguier, pour ledict Carillon,	à 7.	l.	500.	—	—
—Dudict à Antoine,& Isaac Poncet,pour les leurs de Velance, au liure A, f.10. & en ce,	à 1.	l.	1726.	19.	2.
29.Dudict à Pons S.Pierre,pour les nostres de Milan,	à 10.	l.	14700.	—	—
30.Dudict à Pinedon, pour Tabourer,& Deculan,	à 9.	l.	3000.	—	—
—Dudict à Patron Pelot, pour Benoist Robert,	à 12.	l.	27886.	15.	2
—Dudict à Iean Baptiste Decoquiel, pour enuoyer à son pere en Anuers,	à 12.	l.	11406.	—	—
—Dudict à Iean Iacques Manis,	à 6.	l.	100.	15.	3
2.Auril à Pierre Gaschet voiturier,pour voiture de 5.bales filage de Raconis,	à 10.	l.	89.	10.	—
3.Dudict pour voiture de 2.bales soye Messine,	à 10.	l.	31.	5.	—
—Dudict pour voiture d'vne bale filage de Raconis,	à 10.	l.	19.	12.	6
5.Auril à Iean Baptiste Decoquiel,pour enuoyer à son Pere en Anuers,	à 12.	l.	3675.	—	—
8.Dudict à Nicolas Bocquet, pour Claude Catillon,	à 7.	l.	500.	—	—
10.Dudict pour voyture de 10.bales soye Messine,	à 10.	l.	98.	16.	—
—Dudict par voiture de 3.bales filage de Raconis,	à 10.	l.	60.	—	—
3.Iuin à André Montbel,compte de voyages,au liure A, f.37.	à 15.	l.	7300.	—	—
12.Dudict à Lumaga,& Mascranny,par Claude Catillon,compte de voyages	à 7.	l.	1000.	—	—
—Dudict à Claude Catillon,compte de voyages,	à 7.	l.	500.	—	—
—Dudict à Claude Rambaud,pour André Montbel,compte de voyages au liure A,f.37.	à 15.	l.	5868.	8.	—
20.Dudict à Marin Dossaris,	à 12.	l.	1293.	13.	5
25.Dudict à Horace Cardon,	à 11.	l.	8910.	11.	1
—Dudict à Philippe, & Luc Seue,	à 9.	l.	200.	—	—
3.Iuillet à Galiley,& Barelly,	à 11.	l.	1195.	17.	—
20.Dudict à Claude Catillon,compte de voyages,	à 7.	l.	7350.	—	—
10.Septembre à Guillaume Viancy,pour soyes par luy ouurées,au liure A, f.25.	à 18.	l.	900.	—	—
—Dudict à Louys Burlet,pour soyes par luy ouurées,audict liure A, f.25.	à 18.	l.	322.	16.	—
13.Dudict à Iean Fournier embaleur,pour frais d'embalage,	à 10.	l.	37.	10.	—
—Dudict à Viancy,pour soyes par luy ouurées,au liure A, f.25.	à 18.	l.	625.	—	—
15.Dudict à Antoine Gayot, pour soyes par luy ouurées au liure A, f.25.	à 18.	l.	862.	10.	—
—Dudict à Molandier,pour soyes par luy ouurées,au liure A, f.25.	à 18.	l.	262.	10.	—
—Dudict à Picquet,& Strasse,	à 18.	l.	10000.	—	—
—Dudict aux Receueurs de la doüanne,	à 10.	l.	4152.	3.	4
20.Dudict à Antoine Gayot,pour soyes par luy ouurées,au liure A, f.25.	à 18.	l.	714.	—	—
25.Dudict à Iean Feuly,pour Doppions par luy ouurez,au liure A, f.25.	à 18.	l.	507.	—	—
—Dudict à Antoine Gayot,pour Doppions,par luy ouurez,au liure A,f.25.	à 18.	l.	540.	—	—
3.Octobre à Iacques Depures, debiteur en ce,	à 4.	l.	28971.	6.	—
—Dudict à Leonard Berthaud,	à 4.	l.	15011.	5.	6
4.Dudict à Gabriel Alamel,	à 2.	l.	4909.	12.	—
—Dudict à Bolosson,	à 17.	l.	3536.	11.	11
—Dudict à Iean Dulac,	à 19.	l.	2987.	16.	—
—Dudict à Iean Bertrand,pour Pierre Richard de Nysmes,au liure A, f.18.	à 18.	l.	431.	8.	9
5.Dudict à Iean,& Pierre Dulac d'Vsez,debiteurs au liure A, f.28.	à 18.	l.	237.	—	—
—Dudict à Antoine Roux de Saumieres,debiteur en ce,	à 18.	l.	286.	2.	6
—Dudict à René Bais,pour les creanciers de Laurens Iaquin, au liure A, f.9.	à 18.	l.	7500.	—	—
3.Decembre à Picquet,& Strasse,pour Virer,	à 18.	l.	20000.	—	—
20.Dudict à André,& Philippe Guerron,	à 8.	l.	1723.	1.	6
25.Dudict à Doulcet,& Yon,	à 12.	l.	1829.	14.	9
1626. 3.Ianuier 1626.à Pons S.Pierre, pour diuerses voitures de marchandises,	à 10.	l.	477.	2.	—
—Dudict à Schem, pour diuerses voitures de marchandises,	à 10.	l.	516.	9.	—
—Dudict pour le louage de la maison où nous residons,	à 10.	l.	1000.	—	—
—Dudict pour plusieurs frais,& despens faicts en l'an 1625.	à 10.	l.	5712.	10.	—
—Dudict à Claude Boyer,pour ses Gages d'vne année,	à 10.	l.	1000.	—	—
—Dudict pour teinture & aprests de marchandises,	à 10.	l.	847.	9.	—
—Dudict aux receueurs de la doüanne,pour diuerses marchandises acquitées,	à 10.	l.	1712.	—	—
—Dudict à diuers couratiers,pour couratage de diuerses marchandises,	à 10.	l.	1210.	10.	—
—En debit à autre compte, pour soude du present,	à 20.	l.	27240.	14.	2
	—	l.	448248.	6.	1

OCTAVIO, ET. MARC-ANTOINE LVMAGA de Genes, doiuent ∇ 5809.11.–d'or de marc, qu'ils ont tiré de nostre ordre aux leurs de Noué à ₫ 67.-- pour ∇, sont l.19462.-valant ∇ 5724.2.5.d'or de ₫ 68.piece, que à ₫ 115.de mõnoye courante sont l.32913.14.-		à 4.	l. 21291.	17.	—
En Pasques 1625.pour le net procedit de la vente de 1500.Eymines bled par eux vendu comptant, rabatu les frais & prouision, au liure A, f.32.cy ——	l.22400.——	à 15.	l. 15424.	16.	—
	l.55313.14.-	—	l. 36716.	13.	—

IACQVES DEPVRES de Lyon doit, au liure A, f.40.& en ce, ——	à 1.	l. 39364.	15.	3
15. Mars pour Enemond Duplomb, pour Beraud, & Desargues, pour Bonuisy, pour Cardon, ——	à 11.	l. 1586.	—	—
8. Iuin pour Boloson, crediteur en ce, ——	à 6.	l. 14952.	9.	—
8. Septembre pour Bonuisy, pour Franchotty, & Burlamaquy, pour Iean de la Forests, crediteur ——	à 19.	l. 5277.	17.	2
3. Octobre à luy comptant par Caisse, ——	à 3.	l. 28971.	6.	—
	—	l. 90152.	7.	5

LEONARD BERTHAVD de Lyon, doit au liure A, f.40.& en ce, ——	à 1.	l. 26243.	3.	6
15. Mars pour Hierosme Payelle, pour René Bays, pour Philippe, & Luc Seue, ——	à 9.	l. 1057.	6.	8
9. Iuin pour Ioué, pour Gabriel Alamel, crediteur en ce, ——	à 2.	l. 9968.	6.	—
8. Septembre, pour Boillet, pour Iean, & François du Soleil, crediteur en ce, ——	à 16.	l. 7821.	10.	—
3. Octobre à luy comptant par Caisse. ——	à 3.	l. 15011.	5.	6
	—	l. 60101.	11.	8

EVSTACHE ROVIERE de Lyon, doit par lettre de François Sauarry, valeur de Nicolas Herue, & Guillaume Sauarry, en ce, ——	à 7.	l. 7000.	—	—
En Pasques 1625.pour la lettre cy-contre de ∇ 813.- d'or de marc protestée, montant auec la prouision & protest ∇ 816.12.retournez en ∇ 1023.18.3.d'or sol, à 79.$\frac{1}{4}$ pour cent, par Hierosme Turcon, crediteur en ce, ——	à 13.	l. 3071.	16.	9
En Toussaincts 1625. ∇ 500.- d'or sol, que à ₫ 120.pour ∇, luy auons fait lettre pour Milan, payable au 28.Decembre 1625.à Iacques Saba, par les nostres, en ce, ——	à 10.	l. 1500.	—	—
	—	l. 11571.	16.	9

OCTAVIO, ET MARC-ANTOINE LVMAGA de Noué, doiuent ∇ 2972.16.9.d'or sol, que à 81. pour °/°, nous ont tiré par leur lettre à payer à Lumaga, & Mascranny, en ce, ——	∇ 2408.——	à 5.	l. 8918.	10.	3
∇ 1010.0.3. d'or sol, que à 80.$\frac{1}{2}$ pour °/°, nous ont tiré à payer à Picquet, & Strasse, crediteurs en ce, ——	∇ 813. 1. 3.	à 2.	l. 3030.	—	9
∇ 7108.8.8.d'or sol, que à 82. pour °/°, nous ont tiré à payer à Lumaga, & Mascranny, crediteurs en ce ——	∇ 5828.18. 4.	à 5.	l. 21325.	6.	—
En Pasques 1625.∇ 4075.8.11.d'or de marc, que à ₫ 65.pour ∇, leur ont esté remis par les leurs de Genes, en ce, ——	∇ 4075. 8.11.	à 4.	l. 15424.	16.	—
	∇ 13125. 8. 6.	—	l. 48698.	13.	—

AVOIR au liure A, f. 19. & en ce,	l.32913.14.—	à 1.	l. 21291.	17.	—
En Pasques 1625. pour ▽ 4075.8.11. d'or de marc, qu'ils ont remis de nostre ordre aux leurs de Noué, en Foire de Pasques à ♁ 65. pour ▽, sont l.13245.4.2. (monnoye d'or de ♁ 68. pour ▽,) valant ▽ 3895.13. Destampe à l.5.15. piece, sont	l.22400.— —	à 4.	l. 15424.	16.	—
	l.55313.14.—	—	l. 36716.	13.	—

AVOIR du 3. Mars l.37500. — Qu'il a fourny pour le quart de l.150000. pour employer en bleds sur lesquels il participe pour $\frac{1}{4}$ par Caisse,	à 3.	l. 37500.	—	—
12. Marcs receu de luy comptant pour soude,	à 3.	l. 1864.	15.	3
Au liure A, f.40.	à 1.	l. 1586.	—	—
En Pasques 1625. Au liure A, f.40.	à 15.	l. 14952.	9.	—
En Aoust 1625. au liure A, f.40.	à 18.	l. 34249.	3.	2
	—	l. 90152.	7.	5

AVOIR du 4. Mars l.25000. — qu'il a fourny pour sa part de l. 150000. pour employer en bleds sur lesquels il participe pour $\frac{1}{6}$ par Caisse,	à 3.	l. 25000.	—	—
12. Dudict receu de luy comptant pour soude,	à 3.	l. 1243.	3.	6
Au liure A, f.40. & en ce,	à 1.	l. 1057.	6.	8
En Pasques 1625. au liure A, f.40. & en ce,	à 15.	l. 9968.	6.	—
En Aoust 1625. audict liure A, f.40.	à 18.	l. 22832.	15.	6
	—	l. 60101.	11.	8

AVOIR par lettre de Pierre Alamel, valeur de Gentil, au liure A, f.9. & en ce,	à 1.	l. 3087.	19.	3
▽ 1000.— d'or sol, que à 123. pour %, valent ▽ 813. d'or de marc, qu'il nous a fait lettre pour Plaisance sur Iean Baptiste Paulin, payable en Foire de S. Marc à Hierosme Turcon, debiteur	à 13.	l. 3000.	—	—
6. Auril receu de luy comptant par Caisse,	à 3.	l. 912.	—	9
3. Iuillet receu de luy comptant pour soude,	à 3.	l. 3071.	16.	9
28. Decembre receu de luy comptant,	à 3.	l. 1500.	—	—
	—	l. 11571.	16.	9

AVOIR pour ▽ 2400.— d'or de marc, que à ♁ 26. pour ▽, leur ont esté tirez de nostre ordre de Valence, en Foire des Roys 1625. par Antoine, & Isac Poncet, debiteurs au liure A, f. 10. & en ce, ▽	2400.— —	à 1.	l. 8918.	10.	3
Prouision à $\frac{1}{3}$ pour %, ▽	8.— —				
▽ 810.7.3. d'or de marc, que à Carlins 32. pour ▽, leur ont esté tirez de Messine, pour nostre compte par Diecemy, & Benascey, au liure A, f.18. ▽	810. 7.3.	à 1.	l. 3030.	—	9
Pour leur prouision à $\frac{1}{3}$ pour % ▽	2.14.—				
▽ 5809.11. d'or de marc, que les leurs de Genes, leur ont tiré pour nostre compte en Foire des Roys, en ce ▽	5809.11.—	à 4.	l. 21291.	17.	—
Prouision à $\frac{1}{3}$ pour % ▽	19. 7.4.				
Perte sur ladicte traicte, ▽	—	à 8.	l. 33.	9.	—
En Pasques 1625. ▽ 5141.12. d'or sol, que à 79. pour %, nous ont remis sur Lumaga, & Mascranny, debiteurs en ce, ▽	4061.17.3.	à 15.	l. 15424.	16.	—
Pour leur prouision à $\frac{1}{3}$ pour % ▽	13.11.8.				
	▽ 13125. 8.6.	—	l. 48698.	13.	—

IEAN SEVE Sr de S.André, doit du 6. Decembre, pour Philippe, & Luc Seue, pour Lumaga, & Mascranny, crediteur en ce,	à 15.	l. 16763.	10.	4
9. Dudict pour Philippe, & Luc Seue, pour Carcauy, crediteur en ce,	à 7.	l. 14390.	15.	11
10. Dudict pour Philippe, & Luc Seue, pour Manis, pour Picquet, & Strasse, pour Iean Glotton, pour Estienne Glotton crediteur en ce,	à 17.	l. 1343.	18.	11
Porté crediteur au liure A, f.43. pour soude de ce compte,	à 20.	l. 20630.	7.	6
	—	l. 53128.	12.	8

FRANCHOTTY, ET BVRLAMAQVY de Lyon, doiuent ∇ 286.4.9. par lettre de Venise d'Odescalco, & Cernesio, valeur d'Alexandre Tasca, crediteurs en ce,	à 6.	l. 858.	14.	3
6. Mars pour Vidaud Laisné, pour Philippe, & Luc Seue, crediteurs en ce,	à 9.	l. 12000.	—	—
13. Dudict par Garbusat, pour Noël Costar, pour Marin Dossaris, crediteur en ce,	à 12.	l. 2974.	5.	1
14. Dudict pour Nicolas Bocquet, pour Perrin, pour Charles Baile, pour Doulcet, & Yon, credit. en ce,	à 12.	l. 3073.	10.	8
Pasques 1625. ∇ 1000. par lettre d'Amiens, de Paul Bustance, valeur de Iean Baptiste Decoquiel,	à 12.	l. 3000.	—	—
	—	l. 21906.	10.	—

GILLES HANNECARD d'Anuers, doit ∇ 4691.15.10. que à 116. gros pour ∇, il nous a tiré par sa lettre payable à Picquet, & Strasse, en ce,	l. 2267.14.—	à 2.	l. 14075.	7.	6
Pour benefice sur ladicte traicte,	l. ——	à 8.	l. 28.	1.	6
En Pasques 1625. au liure A, f.26. payable au 27. Auril 1626. l'escompte à 8. pour ÷	l. 212. 3.6.	à 15.	l. 1273.	1.	—
	l. 2479.17.6.	—	l. 15376.	10.	—

ROBIN, ET FERRARY de Roüan, doiuent qu'ils ont tiré de nostre ordre à Paris, sur Tabouret, & Deculan, crediteurs en ce,	à 9.	l. 10000.	—	—
Nous ont tiré par leur lettre payable à Picquet, & Strasse crediteurs en ce,	à 2.	l. 3493.	1.	9
	—	l. 13493.	1.	9

LVMAGA ET MASCRANNY de Lyon, doiuent du 7. Mars, pour Guenisy, & Massey, pour Garnier, pour Ioué, pour Horace Cardon, crediteur en ce,	à 11.	l. 30000.	—	—
11. Mars pour Galiley, & Barelly, pour Ioué, pour Gabriel Alamel, crediteur en ce,	à 2.	l. 25000.	—	—
12. Dudict pour Vidaud Laisné, pour Becarie, pour Salmatory, & Pradel, pour Ioué, pour Seue,	à 9.	l. 4000.	—	—
14. Dudict pour Verdier, Picquet, & Decoquiel, pour Bolofon, pour Horace Cardon, crediteur	à 11.	l. 3657.	3.	6
	—	l. 62657.	3.	6

AVOIR du 3.Mars 1625.receu de luy comptant à 1.$\frac{1}{4}$ pour $\frac{0}{0}$,iusqu'en prochains, — —	à 3.	l.	50000.	—	—
Change de ladicte partie à 1.$\frac{1}{4}$ pour $\frac{0}{0}$, iusqu'en Pasques prochain en ce, — — —	à 8.	l.	875.	—	—
Change desdictes l.50875.—cy-dessus à 1.$\frac{1}{2}$ pour $\frac{0}{0}$,iusqu'en Aoust 1625.par cedulle, — —	à 8.	l.	763.	2.	6
Change desdictes l.51638.2.6.cy-dessus à 1.$\frac{2}{3}$ pour $\frac{0}{0}$,iusqu'en Toussaincts prochain par cedulle, —	à 8.	l.	860.	12.	8
Change de —— l.20000.—à 1.$\frac{1}{2}$ pour $\frac{0}{0}$, iusqu'en Roys 1626.par cedulle— — —	à 8.	l.	300.	—	—
Change de ——l.20300.—à 1.$\frac{5}{8}$ pour $\frac{0}{0}$,iusqu'en Pasques 1626.par cedulle, — — —	à 8.	l.	329.	17.	6
	—	l.	53128.	12.	8

AVOIR ▽ 2145.10.–d'or sol par lettre de Londres d'Abraham Bech,au liure A,f.14. & en ce,	à 1.	l.	6436.	10.	—
Par lettre de Nicolas Herue,& Sauarry de Paris,à eux transportée par Thomas Ricquetty,en ce,–	à 7.	l.	6470.	—	—
▽ 2000.– que à ₵ 122.– nous ont fait lettre pour Milan, sur Homodeo,payable au 4.Auril 1625. aux nostres en ce, — — — — — — — — —	à 10.	l.	6000.	—	—
Du 12.Iuin,pour Garnier,pour Bonuisy,pour Cardon,debiteur en ce — — — —	à 11.	l.	3000.	—	—
	—	l.	21906.	10.	—

AVOIR l.2260.3.4.de gros,que à 4.pour $\frac{0}{0}$ d'auance, luy ont esté tirez de nostre ordre d'Amsterdam par Iean Oort,au liure A, f.14.& en ce— — — — —	l.2260. 3.4.	à 1.	l.	14103.	9.	—
Prouision à $\frac{1}{3}$ pour $\frac{0}{0}$ — — — — — — —	l. 7.10.8.					
En Pasques 1625.pour plusieurs frais,& despens par luy faicts à la reception & vente de 5.bales soyes ouurées,au liure A, f.26.& en ce— — — —	l. 40.14.–	à 15.	l.	244.	4.	—
Pour l'escompte de l.212.3.6.monnoye de gros cy-contre à 8.pour $\frac{0}{0}$, — —	l. 15.14.3.					
▽ 325.0.10.que à gros 115.pour ▽, nous a remis,par sa lettre,sur Picquet, & Strasse, debiteurs en ce, — — — — — — — —	l. 155.15.3.	à 14.	l.	975.	2.	6
Pour soude en debit à profits & pertes, — — — — — — —	l.— —	à 8.	l.	53.	14.	6
	l.2479.17.6.	—	l.	15376.	10.	—

AVOIR au liure A, f.17.& en ce, — — — — — — — —	à 1.	l.	13493.	1.	9

AVOIR ▽ 604.19.8.d'or sol,par lettre de Plaisance de Hierosme Turcon,pour compte de Laurens Fiorauanty de Bologne,au liure A, f.18.& en ce, — — — — — —	à 1.	l.	1814.	19.	—
▽ 2972.16.9.d'or sol,par lettre de Noué,d'Octauio, & Marc-Antoine Lumaga, — —	à 4.	l.	8918.	10.	3
▽ 1283. 5.9.d'or sol,par lettre des nostres de Milan,en ce — — — — —	à 10.	l.	3849.	17.	3
▽ 7108. 8.8.d'or sol,par lettre d'Octauio,& Marc-Antoine Lumaga de Noué, — — —	à 4.	l.	21325.	6.	—
l. 6000.— –par lettre de Paris,de Laurens Vanelly à nous tirée par Herue,& Sauarry , — —	à 7.	l.	6000.	—	—
▽ 2856. 3.8. que à ₵ 121.$\frac{1}{4}$ nous ont fait lettre pour Milan sur Roger Stampe , payable au 28. Mars aux nostres, en ce — — — — — — — — —	à 10.	l.	8568.	11.	—
▽ 2660.17.3.d'or de marc,que à 115.pour $\frac{0}{0}$,nous ont fait lettre pour Noué,sur Octauio,& Marc-Antoine Lumaga,payable en Foire de Pasques prochaine à Alexandre Tasca , où à son ordre, en ce–	à 6.	l.	9180.	—	—
▽ 840.6.8. d'or d'Estampe , que à 84.$\frac{1}{3}$ pour $\frac{0}{0}$ nous ont fait lettre pour Rome sur Iean Baptiste Gasquetty,& Louys Altonity,payable au 15.Auril prochain,à Thomas,& Fortune Baucilly, debiteur en ce, — — — — — — — — — —	à 13.	l.	3000.	—	—
	—	l.	62657.	3.	6

DENIS BERTHON, ET OLIVIER GASPARD de Lyon, doiuent du 7. Mars pour Vanelle, pour Nauergnon, pour Blauf, pour Iean Pontier, crediteur en ce, ——	à 2.	l.	8000.	—	—
10. Mars pour Tyffy, pour Hierosme de Cotton, pour Antoine Duchamp, pour Noël Costar, pour Marin Dossaris, crediteur en ce, ——	à 12.	l.	21000.	—	—
11. Dudict pour Antoine, & Hugues Blauf, pour Iean Iuge, pour Ferrux, pour Horace Cardon, ——	à 11.	l.	11000.	—	—
	—	l.	40000.	—	—
IEAN IACQVES MANIS de Lyon, doit du 12. Mars pour Bonuisy, pour Cesar Osio, crediteur en ce, ——	à 9.	l.	1697.	19.	9
30. Mars à luy comptant par Caisse, ——	à 3.	l.	100.	15.	3
En Toussaincts 1625. l'escompte à 7. $\frac{1}{2}$ —— l. 8480. — } L'escompte —— à 12. $\frac{1}{2}$ —— l. 10774.10. — } Au liure A, f. 31. & en ce, ——	à 20.	l.	19254.	10.	—
	—	l.	21053.	5.	—
ALEXANDRE TASCA de Venise, doit ▽ 1000. — que à ducats 127. $\frac{1}{3}$ pour % luy auons remis pour le 3. Auril sur Bernadin Bencio, par lettre de Picquet, & Strasse, crediteurs en ce, —— ducats 1273. 8. —	à 2.	l.	3000.	—	—
▽ 2000. — que à d. 126. pour %, nous a tiré à payer à Bonuisy, crediteur en ce, —— d. 2520. —	à 11.	l.	6000.	—	—
▽ 346.10.6. que à d. 126. pour %, nous a tiré par sa lettre payable à Seue, crediteur —— d. 436.15. —	à 9.	l.	1059.	11.	6
4229.23.					
Benefice sur les traictes & remises cy-dessus, en credit à profits —— d. ——	à 8.	l.	535.	6.	6
▽ 2660.17.3. d'or de marc, que à 115. pour %, luy auons remis pour son compte à Noué, en Foire de Pasques prochaine sur Lumaga, par lettre de Lumaga, & Mascranny, ——	à 5.	l.	9180.	—	—
Pour nostre prouision à $\frac{1}{3}$ pour % de ladicte remise, ——	à 8.	l.	30.	—	—
▽ 1140.10.7. qu'il nous a tiré par sa lettre payable à André, & Philippe Guetten, ——	à 8.	l.	3421.	11.	9
Pour nostre prouision de ladicte traicte à $\frac{1}{3}$ pour %, ——	à 8.	l.	11.	8.	6
23217.18.3.					
En Pasques 1625. ▽ 5686.15.10. d'or sol, que à 124. pour % luy auons remis pour le 15. Iuillet prochain, sur Paulo Deltorgio, par lettre de Picquet, & Strasse, —— ducats 7051.15. —	à 14.	l.	17060.	7.	6
Profits sur ladicte remise d'autant que lesdicts d. 7051.15. cy-contre ont esté calculez à ₰ 50. tournois l'vn, ——	à 8.	l.	397.	7.	7
	—	l.	40675.	13.	4
AVGVSTIN SEXTY de Lucques, doit ▽ 831.19.2. d'or de marc, que à 131. pour % il a tiré de nostre ordre à Plaisance, en Foire de la Purification, sur Hierosme Turcon, crediteur en ce, —— ▽ 1089.17.5. —	à 9.	l.	3091.	11.	6
LAVRENS FIORAVANTY de Bologne, doit ▽ 532. 5. — d'or de marc, que à 119. pour %, luy auons remis de son ordre à Plaisance, en Foire de S. Marc prochaine, sur Hierosme Turcon, crediteur en ce, ——	à 9.	l.	1900.	2.	8
VESPASIAN BOLOSON de Lyon, doit pour le $\frac{1}{3}$ de l'achapt, & despens des marchandises enuoyées à Constantinople, au liure A, f. 20. cy ——	à 1.	l.	1024.	2.	6
Par lettre de Paris de Nicolas Herue, & Sauarry, crediteurs en ce ——	à 7.	l.	5000.	—	—
En Pasques 1625. l. 25000. — qu'il a promis fournir pour son $\frac{1}{3}$ de l'achapt des Doppions en Compagnie de Seue, & nous en ce, ——	à 16.	l.	25000.	—	—
Pour $\frac{1}{3}$ de tous les frais faicts sur l'achapt, & vente des Doppions en participation, en ce ——	à 15.	l.	804.	1.	8
	—	l.	31828.	4.	2

AVOIR au liure A, f.27.& en ce,	à 1.	l.	40000.	—	—
AVOIR au liure A, f.20. pour marchandises en Compagnie de Bolofon,	à 1.	l.	1798.	15.	—
En Toussaincts 1625.pour l'escompte de l.8480.- cy-contre à 107.½ pour %,en ce, l. 591.12.6. } Pour l'escompte de l.10774.10.— cy-contre à 112.½ pour % l.1197. 3.4. }	à 8.	l.	1788.	15.	10
7.Decembre 1625.pour Picquet,& Strasse,pour Gabriel Alamel,debiteur en ce,	à 2.	l.	17465.	14.	2
		l.	21053.	5.	—
AVOIR au liure A, f.21.& en ce, d.4229.23.—	à 1.	l.	10574.	18.	—
▽ 800.— qu'il nous a remis par lettre d'Vlisse Gateschy,sur Galiley,& Barelly, debiteurs	à 11.	l.	2400.	—	—
▽ 286.4.9.nous a remis par lettre d'Odescalcho,& Cernesio, sur Franchotty,& Burlamaquy,	à 5.	l.	858.	14.	3
▽ 2000.— qu'il nous a remis par lettre de Retano,& Vanaxello,sur Picquet, & Strasse,	à 2.	l.	6000.	—	—
▽ 1128.2.que à d.125.⅔ pour % luy auons tiré par nostre lettre à payer à Cicery, & Dada de Venise, pour compte des nostres de Milan,en ce,	à 10.	l.	3384.	6.	—
23217.18.3.					
En Pasques 1625.Au liure A, f.21.& en ce, d. 7051.15.—	à 15.	l.	17457.	15.	1
		l.	40675.	13.	4
AVOIR au liure A,f.23.pour le prix,& frais d'vne Caisse satins de Lucques montant ▽ 1089.17.5.	à 1.	l.	3091.	11.	6
AVOIR au liure A, f.18.& en ce,	à 1.	l.	1900.	2.	8
AVOIR ▽ 1575.2.7. d'or sol par lettre des nostres de Milan, en ce,	à 10.	l.	4725.	7.	9
11.Mars 1625.pour Picquet,& Strasse,debiteurs en ce,	à 2.	l.	1298.	14.	9
En Pasques 1625.luy faisons bon pour ½ de 265.piastres que monte la remise faicte par Scaich en Alep à compte des marchandises en Compagnie auec luy,au liure A, f.20.	à 15.	l.	206.	2.	2
Pour ½ de la vente au comptant rabatu le ½ des frais des Camelots en Compagnie auec luy, audict liure A, f.21. & en ce,	à 15.	l.	222.	8.	3
Qu'il a fourny pour port,dace,doüanne, & courratage de 7.bales Doppion de Milan, en Compagnie auec luy,au liure A, f.23.& en ce,	à 15.	l.	595.	10.	1
8.Iuin pour Iacques Depures,debiteur en ce,	à 4.	l.	14952.	9.	—
Dudict pour Bonuisy,pour Picquet,& Strasse,debiteurs en ce,	à 14.	l.	7859.	19.	9
20.Dudict receu de luy comptant par Caisse,	à 3.	l.	1967.	12.	5
		l.	31828.	4.	2

VERDIER, PICQVET, ET DECOQVIEL de Lyon, doiuent du 7. Mars pour Salicoffre, pour Ioué, pour Marin Dollaris, crediteur en ce,	à 12.	l.	16000.		
13. Mars pour Bonuisy, pour Cesar Oiio, pour Bolofon, pour Gabriel Alamel, crediteur en ce,	à 2.	l.	7729.	19.	6
Pasques 1625. pour ▽ 4949.7.1. que à gros 118. pour ▽, valent l.2433.8.7. leur auons fait lettre pour Anuers, payable à Vsance à Iean Baptiste Decoquiel, par Oort d'Amsterdam, crediteur au liure A, f.14.& en ce,	à 15.	l.	14848.	1.	4
Pour marchandises au liure A, f.22. deuës en Pasques 1627.	à 15.	l.	18278.		
Aoust 1625. Au liure A, f. 22. deub en Roys 1628.	à 18.	l.	4735.	5.	
		l.	61591.	5.	10
CLAVDE CATILLON, compte de voyages doit du 28. Mars à luy comptant pour aller à l'achapt en Dauphiné, & Languedoc, par Caisse,	à 3.	l.	1000.		
Luy auons remis par nostre lettre sur Geraud Viguier de Limoux, pour valeur comptée icy à son homme par Caisse,	à 3.	l.	500.		
Et l.500.- payez suiuant sa lettre de change à Nicolas Bocquet, d'ordre de Gasca, & Deldon, par Caisse,	à 3.	l.	500.		
Nous assigne par cedulles, ou lettres de change qu'il a faictes en nostre nom à payer en diuers termes à diuerses personnes, au liure A, f.28. cy	à 1.	l.	2104.	7.	3
4104.7.3.					
12. Iuin 1625. l.500.- à luy comptant pour faire achapt de marchandises au voyage de France, & Poictou, que luy faisons faire,	à 3.	l.	500.		
Et l.1000. par lettre de Lumaga, & Mascranny à luy donnée pour receuoir à Paris des leurs, en ce,	à 3.	l.	1000.		
Et l.200.- qu'il a receu à Roüan de Iacques Boule, dont il a fait lettre sur nous payable à Philippe & Luc Seue, crediteurs en ce,	à 9.	l.	200.		
Nous assigne à payer par ces cedulles ou lettres de change en diuers termes à diuerses personnes creditrices, au liure A, f.28. & en ce,	à 15.	l.	6590.	6.	6
8290.6.6.					
20. Iuillet 1625. à luy comptant en 1000. doublons d'Espagne effectifs à l.7.7. piece, pour aller faire achapt de marchandises en Foire de la Magdelaine à Beaucaire,	à 3.	l.	7350.		
Qu'il nous assigne à payer en Aoust 1625. à Iean, & Pierre Dulac, crediteurs en ce,	à 19.	l.	2987.	16.	
10337.16.-					
		l.	22732.	9.	9
NICOLAS HERVE, ET GVILLAVME SAVARRY de Paris, doiuent qu'ils nous ont tiré en ses payemens,					
l. 6470. Nous ont tiré par leur lettre payable à Thomas Ricquety, & par transport à Franchotty, & Burlamaquy, crediteurs en ce,	à 5.	l.	6470.		
l.3000.- par autre lettre payable à Iean Ferret, & par procure à Verdier, Picquet, & Decoquiel,	à 7.	l.	3000.		
l.6000.- par autre lettre de Laurens Vanelly, payable à Lumaga, & Mascranny,	à 5.	l.	6000.		
l.4500.- par autre de Delubert, & Poquelin, payable à Guetton, crediteur en ce,	à 8.	l.	4500.		
l.8000.- par autre lettre de Camus, payable à Antoine Carcauy, crediteur en ce,	à 7.	l.	8000.		
27970.-					
Pour nostre prouision à $\frac{1}{2}$ pour $\frac{0}{0}$ desdictes l.27970.- cy-dessus, qu'ils nous ont tiré en ses payemens, & remis les parties cy-contre desquelles auons procuré acceptation, & payement,	à 8.	l.	139.	17.	
Leur auons remis en soude de compte au 12. Auril 1625. sur Tabouret, & Deculan,	à 9.	l.	350.	15.	
		l.	28460.	12.	
ANTOINE CARCAVY de Lyon, doit du 11. Mars pour Bonuisy, pour Iean Iuge, pour Doulcet, & Yon, crediteurs en ce,	à 12.	l.	14000.		
En Pasques 1625. par lettre de Paris de Iean des Lauiers, crediteur en ce,	à 17.	l.	4094.	19.	2
En Touss. 1625. par lettre de Paris dudict Iean des Lauiers, crediteur en ce,	à 17.	l.	9329.	7.	6
Autre lettre de Herue, & Sauarry, crediteur en ce,	à 17.	l.	5061.	8.	5
		l.	32485.	15.	1

AVOIR par lettre de Gerard Pillet d'Arles, au liure A, f.31.	à 1.	l.	6107.	10.	—
▽ 874.3.- d'or sol, par lettre des nostres de Milan, en ce,	à 10.	l.	2622.	9.	6
Par lettre de Herue, & Sauarry, payable à Iean Ferret, & à eux par procure,	à 7.	l.	3000.	—	—
Par lettre de Marseille de Benoist Robert, debiteur en ce,	à 12.	l.	12000.	—	—
Pasques 1625. pour l'escompte de l.18278.- cy-contre à 20. pour ÷, en ce	à 8.	l.	3046.	6.	8
7. Iuin pour Horace Cardon, debiteur en ce,	à 11.	l.	30079.	15.	1
Aoust 1625. pour l'escompte de l.4735.5. cy-contre à 125. pour ÷, en ce,	à 8.	l.	947.	1.	—
10. Septembre pour Philippe, & Luc Seue, debiteurs en ce,	à 17.	l.	3555.	17.	9
4. Octobre receu d'eux comptant par Caisse,	à 3.	l.	232.	5.	10
	—	l.	61591.	5.	10

AVOIR l.4088.13.- à quoy montent l'achapt, & despens de diuerses marchandises par luy fait en Dauphiné, & Languedoc dont l.1984.5. ont esté payez comptant, & l.2104.7.3. à payer en diuers termes, au liure A, f.29.	à 1.	l.	4088.	13.	—
30. Auril 1625. receu de luy comptant à son retour dudict voyage par Caisse,	à 3.	l.	15.	14.	3
4. Iuillet l.8258.19.3. à quoy montent autre achapt, & despens de diuerses marchandises par luy fait en France, & Poictou dont l.1668.12.9. ont esté payez comptant, & l.6590. 6. 6. à payer en diuers termes, au liure A, f.30. cy	à 15.	l.	8258.	19.	3
Reste reliquataire pour soude dudict achapt, porté debiteur à compte propre en ce,	à 17.	l.	31.	7.	3
Et l.10316.17.6. pour diuerses marchandises par luy acheptées en Foire de la Magdelaine à Beaucaire montant auec les frais au liure A, f.11. & en ce,	à 15.	l.	10316.	17.	6
6. Aoust 1625. receu de luy comptant, pour soude de sondict voyage,	à 3.	l.	20.	18.	6
	—	l.	22731.	9.	9

AVOIR qu'il nous ont remis en ses payemens,					
Par lettre de Iean Camus, sur Galiley, & Barelly, debiteurs en ce,	à 11.	l.	5600.	—	—
Autre lettre de François Sauarry, sur Eustache Rouiere, debiteur en ce,	à 4.	l.	7000.	—	—
Nous ont remis par leur lettre sur Picquet, & Strasse, debiteurs en ce,	à 2.	l.	4360.	12.	—
Par autre lettre sur Philippe, & Luc Seue, debiteurs en ce,	à 9.	l.	6500.	—	—
Autre lettre sur Vespasian Boloson, debiteur en ce,	à 6.	l.	5000.	—	—
	—	l.	28460.	12.	—

AVOIR par lettre de Paris de François Camus, à nous tirée par Herue, & Sauarry,	à 7.	l.	8000.	—	—
Par lettre de Tabouret, & Deculan, payable à André Pinchenoty, & par luy transportée à Antoine Rusca, qui en a passé procuration audict Carcauy, en ce,	à 9.	l.	6000.	—	—
11. Iuin 1625. pour Horace Cardon, debiteur en ce,	à 11.	l.	4094.	19.	2
9. Decembre 1625. pour Philippe, & Luc Seue, pour Ican Seue, debiteur en ce,	à 5.	l.	14390.	15.	11
	—	l.	32485.	15.	1

PROFITS, ET PERTES, doiuent pour Gabriel Alamel, crediteur en ce,	à 2.	l.	600.	—	—
Pour Octauio, & Marc-Antoine Lumaga de Noué, crediteur en ce,	à 4.	l.	33.	9.	—
Pour Iean Seue Sr de S. André, crediteur en ce,	à 5.	l.	875.	—	—
Pour Hierosme Turcon de Plaisance,	à 9.	l.	28.	5.	4
Pour Cesar, & Iulien Granon, crediteurs en ce,	à 11.	l.	4047.	14.	—
Pour Horace Cardon, crediteur en ce,	à 11.	l.	900.	—	—
Pour Marin Dossaris, crediteur en ce	à 12.	l.	875.	—	—
Pour Doulcet, & Yon,	à 12.	l.	666.	13.	4
Pour Gabriel Alamel,	à 2.	l.	1012.	—	—
Pour Iean Seue Sr de S. André,	à 5.	l.	763.	2.	6
Pour Doulcet, & Yon,	à 12.	l.	610.	—	—
Pour Gilles Hannecard,	à 5.	l.	53.	14.	6
Pour Verdier, Picquet, & Decoquiel,	à 7.	l.	3046.	6.	8
Pour Bernardin Cappony,	à 13.	l.	68.	10.	8
Pour Taranget, & Rousier,	à 16.	l.	934.	11.	11
Pour Estienne Glotton,	à 17.	l.	323.	8.	4
Pour Iean des Lauiers,	à 17.	l.	379.	13.	5
Pour Herue, & Sauarry,	à 17.	l.	321.	9.	6
Pour Fabio Daspichio,	à 14.	l.	46.	6.	9
Pour Verdier, Picquet, & Decoquiel,	à 7.	l.	947.	1.	—
Pour Philippe, & Luc Seue,	à 17.	l.	2803.	9.	4
Pour Vespasian Bolofon,	à 17.	l.	1538.	15.	7
Pour Hierosme Lantillon,	à 18.	l.	298.	5.	0
Pour Iean de la Forests,	à 19.	l.	1187.	10.	4
Pour Estienne Chally,	à 19.	l.	575.	8.	3
Pour Fleury Gros,	à 19.	l.	1272.	12.	—
Pour François Verthema,	à 19.	l.	323.	8.	9
Pour Gabriel Alamel,	à 2.	l.	832.	4.	9
Pour Iean Seue Sr de S. André,	à 5.	l.	862.	12.	8
Pour Doulcet, & Yon, crediteurs en ce,	à 12.	l.	687.	19.	10
Pour Iean Iacques Manis, crediteur en ce,	à 6.	l.	1788.	15.	10
Pour Cesar, & Iulien Granon,	à 11.	l.	3515.	14.	5
Pour Decoquiel d'Anuers,	à 12.	l.	445.	19.	6
Pour Lumaga, & Maserany, pour compte de Charles Hauard,	à 15.	l.	[illegible]	8.	2
Pour Estienne Glotton,	à 17.	l.	202.	—	10
Pour Iean des Lauiers,	à 17.	l.	699.	14.	—
Pour Picquet, & Strasse, pour compte de Robert Gehenaud,	à 18.	l.	537.	1.	4
Pour Gabriel Alamel,	à 2.	l.	248.	17.	8
Pour Iean Seue Sr de S. André,	à 5.	l.	300.	—	—
Pour Gabriel Alamel,	à 2.	l.	253.	17.	2
Pour Iean Seue Sr de S. André,	à 5.	l.	329.	17.	6
Pour soude des despences generales de l'année 1625.	à 10.	l.	17264.	16.	10
Pour Lumaga, & Maserany,	à 15.	l.	45.	7.	6
Pour Herue, & Sauarry,	à 17.	l.	379.	12.	[illegible]
	—	l.	53739.	15.	—

ANDRE', ET PHILIPPE GVETTON, doiuent du 18. Mars pour Theuenet, pour Masuyer, & Violette, pour Millotet, pour Caboud, pour Geoffroy Deschamps, crediteur en ce,	à 2.	l.	7282.	10.	—
11. Dudict pour Galiley, & Barelly, pour Tachereau, Boileau, & Seruonnet, pour Dossaris, 12308.4.11.	à 12.	l.	5025.	14.	11
En Pasques 1625. ▽ 6795.- d'or sol par lettre de Seuille de François Cattan, valeur de Pierre Sausset, au liure A, f.33. & en ce,	à 15.	l.	20385.	—	—
Par lettre de Delubert, & Poquelin, valeur de Taranget, & Rousier, en ce,	à 16.	l.	3000.	—	—
Leur auons remis par nostre lettre au 20. du prochain à $\frac{1}{2}$ pour $\frac{0}{0}$ de leur benefice sur Taranget, & Rousier, crediteurs en ce,	à 16.	l.	1000.	—	—
En Toussaincts 1625. du 7. Decembre pour Galiley, & Barelly, pour Franchotty, & Burlamaquy, pour du Soleil,	à 16.	l.	5476.	12.	6
20. Decembre à eux comptant par Caisse, creditrice en ce,	à 3.	l.	1723.	1.	6
	—	l.	43892.	18.	11

AVOIR pour Gilles Hannecard, debiteur en ce,	à 5.	l.	28.	1.	6
Pour Hierosme Turcon, debiteur en ce,	à 9.	l.	24.	—	9
Pour Iean Pontier,	à 2.	l.	652.	10.	—
Pour Alexandre Tasca,	à 6.	l.	535.	6.	6
Pour ledict Tasca,	à 6.	l.	30.	—	—
Pour Herue, & Sauarry,	à 7.	l.	139.	17.	—
Pour Iean Baptiste Decoquiel d'Anuers,	à 12.	l.	1274.	—	9
Pour Alexandre Tasca,	à 6.	l.	11.	8.	6
Pour Michel Sonneman de Francfort,	à 13.	l.	176.	8.	9
Pour Alexandre Tasca,	à 6.	l.	397.	7.	7
Pour Cicery, & Cernesio,	à 11.	l.	135.	5.	6
Pour Beregany, debiteur en ce,	à 12.	l.	262.	2.	5
Pour Hierosme Turcon, debiteur en ce,	à 13.	l.	399.	9.	9
Pour Cicery, & Cernesio, debiteur en ce,	à 11.	l.	174.	10.	10
Pour Bernardin Bensio de Venise, debiteur en ce,	à 13.	l.	17.	15.	—
Pour Beregany, debiteur en ce,	à 12.	l.	19.	15.	6
Pour Taranget, & Rousier, debiteurs en ce,	à 16.	l.	4.	19.	2
Pour Philippe, & Luc Seue, debiteurs en ce	à 17.	l.	2459.	1.	6
Pour Beregany, debiteur en ce,	à 12.	l.	10.	5.	11
Pour Vespasian Boloson, debiteur en ce,	à 17.	l.	2759.	3.	6
Pour Fabio d'Aspichio, debiteur en ce,	à 14.	l.	19.	2.	—
Pour Picquet, & Strasse, debiteurs en ce,	à 18.	l.	25.	—	—
Pour Beregany, debiteur en ce,	à 12.	l.	7.	8.	9
Pour Picquet, & Strasse, debiteurs en ce,	à 18.	l.	50.	—	—
Pour Beregany, debiteur en ce,	à 12.	l.	711.	12.	1
Pour Lumaga de Noué, debiteurs en ce,	à 19.	l.	708.	6.	—
Pour soude du present compte que portons en debit au liure A, f.39. & en ce	à 20.	l.	42709.	15.	9
	—	l.	53739.	15.	—

AVOIR par lettre de Paris de Delubert, & Poquelin, à nous tirée par Herue & Sauarry,	à 7.	l.	4500.	—	—
▽ 1140.10.7. d'or sol, par lettre de Venise d'Alexandre Tasca, debiteur en ce,	à 5.	l.	3421.	11.	9
Nous ont fait lettre pour Paris sur Robert Gehenaud, payable au 15. Auril 1625. à Tabouret, & Deculan, debiteurs en ce,	à 9.	l.	1350.	15.	—
▽ 1011.19.4. d'or sol, que à 94.$\frac{1}{5}$ pour $\frac{0}{0}$, valent ▽ 955.5.10. d'or que nous ont fait lettre pour Florence, pour le 12. Auril sur Iean François Diny, payable à Bernardin Cappony, debiteur en ce	à 13.	l.	3035.	18.	2
9. Iuin pour Picquet, & Strasse, pour Seue, pour Dossaris, debiteur en ce,	à 12.	l.	24385.	—	—
En Toussaincts 1625. ▽ 2399.18.- que à d.122.$\frac{3}{4}$ pour $\frac{0}{0}$ nous ont fait lettre pour Venise, sur les heritiers Bernardin Bensio, payable à Beregany ou à son ordre, en ce,	à 12.	l.	7199.	14.	—
	—	l.	43892.	18.	11

FRANÇOIS TABOVRET, ET FRANCOIS DECVLAN de Paris, doiuent qu'ils nous ont tiré par leur lettre sur André Pinchenotty, & par luy transportée à Antoine Rusca, qui en a passé procuration à Antoine Carcauy, pour la receuoir en ce,	à 7.	l.	6000.	—	—
30. Mars pour eux comptant à Pinedon en vertu de leur lettre de change,	à 3.	l.	3000.	—	—
Leur auons remis au 15. du prochain sur Robert Gehenaud, par lettre de Guetton, en ce	à 8.	l.	1350.	15.	—
	—	l.	10350.	15.	—
CLAVDE LAVRE, doit ▽ 303.16.2. par lettre de Cesar, & Fabritio Laure, valeur des nostres de Milan, en ce,	à 10.	l.	911.	8.	6
En Toussaincts 1625. ▽ 3000.- par lettre desdicts Cesar, & Fabritio Laure, valeur des nostres de Milan,	à 10.	l.	9000.	—	—
	—	l.	9911.	8.	6
CESAR OSIO de Lyon, doit ▽ 565.19.11. par lettre de Barthelemy, & François Arbona, valeur des nostres de Milan, en ce,	à 10.	l.	1697.	19.	9
En Touss. 1625. ▽ 1000.- par lettre desdicts Arbona, valeur des nostres de Milan, en ce,	à 10.	l.	3000.	—	—
En Roys 1626. ▽ 5000.- d'or sol, que à ₰ 120. pour ▽, luy auons fait lettre pour Milan, sur Pietro Paulo Bascape, payable au 15. Auril 1626. à François Arbona, crediteur au liure A, f. 38. & en ce,	à 20.	l.	15000.	—	—
	—	l.	19697.	19.	9
DOMINIQVE, HVGVES, ET OCTAVIO MAY, doiuent ▽ 2254.8.2. par lettre de Hierosme Turcon, crediteur en ce,	à 9.	l.	6763.	4.	6
HIEROSME TVRCON de Plaisance, doit ▽ 2254.8.2. pour vne lettre de change qu'il nous auoit remis sur Dominique, Octauio, & Hugues May, laquelle a esté protestée, & à luy renuoyée auec le protest en ce,	à 9.	l.	6763.	4.	6
Pour nostre prouision à ⅙ pour % l. 22.10.9. & pour l'expedition du protest ₰ 30. tout	à 8.	l.	24.	—	9
▽ 1030.10.6. d'or sol, que à 81. pour % nous a tiré à payer à Picquet, & Strasse, ▽ 834.14.7.	à 2.	l.	3091.	11.	6
▽ 1035.13.4. d'or de marc, que à 120. pour % luy auons remis en Foire de S. Marc prochaine sur Octauio Serquo, & Bernardin Cinqueuie, par lettre de Galiley, & Barelly, ▽ 1035.13.4.	à 11.	l.	3728.	8.	—
▽ 1870.7.11.	—	l.	13607.	4.	9
PHILIPPE, ET LVC SEVE de Lyon, doiuent par lettre de Nicolas Herue, & Guillaume Sauarry de Paris, crediteurs en ce	à 7.	l.	6500.	—	—
Par lettre de Cesar, & Iulien Granon de Tours, crediteurs en ce,	à 11.	l.	17989.	16.	—
En Pasques 1625. l. 25000.- qu'ils doiuent fournir pour leur part de l'achapt des Doppions en Compagnie auec eux en ce,	à 16.	l.	25000.	—	—
Pour ⅓ de tous les frais faicts sur l'achapt, & vente des Doppions en Compagnie auec eux, au liure A, f. 23. & en ce,	à 15.	l.	804.	1.	8
25. Iuin à eux comptant par Caisse, creditrice en ce,	à 3.	l.	200.	—	—
	—	l.	50493.	17.	8

AVOIR qu'ils ont payé à Iean Bertrand, par lettre de Robin, & Ferrary de Roüan, debiteurs—	à 5.	l.	10000.	—	—
Leur auons tiré par nostre lettre, pour le 12. d'Auril à payer à Herue, & Sauarry, pour valeur receuë desdicts en ce, —	à 7.	l.	350.	15.	—
	—	l.	10350.	15.	—
AVOIR du 28. Mars receu de luy comptant par Caisse, —	à 3.	l.	911.	8.	6
10. Decembre pour Ioué, pour Galiley, & Barelly, pour Bonuisy, pour Doulcet, & Yon, debiteurs en ce,	à 12.	l.	9000.	—	—
	—	l.	9911.	8.	6
AVOIR du 12. Mars pour Bonuisy, pour Iean-Iacques Manis, debiteur en ce —	à 6.	l.	1697.	19.	9
25. Decembre receu de luy comptant par Caisse, debitrice en ce, —	à 3.	l.	3000.	—	—
3. Feurier 1626. receu de luy comptant, par Caisse debitrice, en ce, —	à 3.	l.	15000.	—	—
	—	l.	19697.	19.	9
AVOIR ▽ 2254. 8.2. par la lettre de change cy-contre, qu'ils n'ont voulu payer, laquelle a esté renuoyée auec le protest audict Turcon, debiteur en ce, —	à 9.	l.	6763.	4.	6
AVOIR qu'il nous a remis par sa lettre sur Dominique, Hugues, & Octauio May, debiteurs, —	à 9.	l.	6763.	4.	6
▽ 6.13.7. d'or de marc, pour l. 24.0.9. cy-contre que à 120. pour % luy auons tiré par nostre lettre en Foire de S. Marc à payer aux nostres de Milan, ou a leur ordre en ce, —	à 10.	l.	24.	0.	9
▽ 831.19.2. d'or de marc, que à 131. pour %, leur ont esté tirez pour nostre compte de Lucques, par Augustin Sexty, debiteur en ce, — ▽ 831.19. 2. Pour sa prouision à $\frac{1}{3}$ pour % — ▽ 2.15. 5. 834.14.7.	à 6.	l.	3091.	11.	6
▽ 532.5.- d'or de marc, que à 119. pour %, luy auons tiré par nostre lettre en Foire de S. Marc prochaine, payable à Fiorauanty de Bologne, ou à qui par luy sera ordonné en ce, — ▽ 532. 5.— Pour sa prouision à $\frac{1}{3}$ pour % — ▽ 1.15.—	à 6.	l.	1900.	2.	8
▽ 500.- d'or de marc, que à 120. pour %, luy auons tiré pour ledict temps à payer aux nostres de Milan, ou a qui par eux sera ordonné — ▽ 500.—— Pour sa prouision à $\frac{1}{3}$ pour %, — ▽ 1.13. 4. 1035.13.4.	à 10.	l.	1800.	—	—
Perte de remise, — ▽ —	à 8.	l.	28.	5.	4
▽ 1870. 7.11.	—	l.	13607.	4.	9
AVOIR ▽ 346.10.6. par lettre de Venise d'Alexandre Tasca, debiteur en ce, —	à 6.	l.	1039.	11.	6
▽ 1366.13.4. que à d. 124. pour % valent d. 1694.3.6. qu'ils nous ont fait lettre pour Naples, pour le dernier Auril prochain, sur Octauio Lomiliny, payable à François, & Barthelemy Scarlatiny, debiteurs en ce, —	à 13.	l.	4100.	—	—
6. Mars pour Vidaud Laisné, pour Franchotty, & Burlamaquy, debiteurs en ce, —	à 5.	l.	12000.	—	—
12. Dudict pour Ioué, pour Salmatory, & Pradel, pour Becarie, pour Vidaud Laisné, pour Lumaga, & Mascranny, debiteurs en ce, —	à 5.	l.	4000.	—	—
15. Dudict pour René Bais, pour Hierosme payelle, pour Berthaud, debiteur en ce, —	à 4.	l.	1057.	6.	8
29. Dudict receu deux comptant, pour soude, — 24489.16.—	à 3.	l.	2292.	17.	10
Pasques 1625. qu'ils ont payé pour port, dace, doüanne, & courratage de 9. bales Doppion en Compagnie auec eux, au liure A, f. 23. & en ce, —	à 15.	l.	607.	15.	1
8. Iuin pour Guenisy, & Massey, pour Dossatis, debiteur en ce, —	à 12.	l.	25196.	6.	7
Par lettre de Claude Catillon, debiteur en ce, —	à 7.	l.	200.	—	—
	—	l.	50493.	17.	8

NEGOCE DE MILAN, doit qu'il nous a tiré dudict Milan en ces payement,					
▽ 874.3.— qu'il nous a tiré à ₵ 119.6. pour ▽, en Verdier, Picquet, & Decoquiel,— l.	5223. 1. 6.	à 7.	l. 2622.	9.	6
▽ 1283.5.9. à ₵ 119. pour ▽, nous a tiré à payer à Lumaga, & Mascranny,— l.	7635.11.—	à 5.	l. 3849.	17.	3
▽ 1575.2.7. à ₵ 119. pour ▽, nous a tiré en Boloson, crediteur en ce,— l.	9372.— —	à 6.	l. 4725.	7.	9
▽ 3552.8.3. à ₵ 119. $\frac{1}{2}$ pour ▽, nous a tiré en Picquet, & Strasse,— l.	21225.13.—	à 2.	l. 10657.	4.	9
▽ 2535.— d'or de marc à 114. pour % leur auons remis à Noué en Foire de Pasques prochaine sur Emilio Omodeo, par lettre de Galiley, & Barelly, changez pour Milan à ₵ 146. pour ▽, sont — l.	16974. 2. 9.	à 11.	l. 8031.	6.	9
▽ 1000.— que à ₵ 120. pour ▽, nous a tiré en Bonuisy, crediteur en ce,— l.	6000.— —	à 11.	l. 3000.	—	—
Pour 2000. doublons d'Espagne à l.7.7. l'vn, & à l.15.— imperiaux enuoyez en 4. groups n° 1. à 4. consignez à Pons S. Pierre le 29. Mars 1625. en ce — l.	30000.— —	à 3.	l. 14700.	—	—
▽ 2000.— que à ₵ 122. pour ▽, y auons remis sur Homodeo, payable au 3. Auril prochain, par lettre de Franchotty, & Burlamaquy, crediteurs en ce,— l.	12200.— —	à 5.	l. 6000.	—	—
▽ 2856.3.8. à ₵ 121. $\frac{3}{4}$ pour ▽ y auons remis au 28. Mars 1625. sur Rouger Stampe, par lettre de Lumaga, & Mascranny, crediteurs en ce,— l.	17399. 3. 9.	à 5.	l. 8568.	11.	—
▽ 500.— d'or de marc, que à 120. pour %, luy auons remis à Plaisance, en Foire de S. Marc prochaine sur Hierosme Turcon, retournez pour Milan à ₵ 150. pour ▽, sont l.	3750.— —	à 9.	l. 1800.	—	—
▽ 6.13.7. d'or de marc, que à 150. pour ▽ y ont esté remis de Plaisance en Foire dicte par ledict Turcon, crediteur en ce,— l.	50. 1.10.	à 9.	l. 24.	—	9
▽ 1128.2.— d'or sol, que à d.125. $\frac{3}{4}$ pour %, sont d.1417. $\frac{4}{5}$ luy auons remis par nostre lettre à Venise, pour le 15. Auril sur Alexandre Tasca, payable à Cicery, & Dada, pour les retourner à Milan à ₵ 148. pour ▽, sont — l.	6925. 2. 7.	à 6.	l. 3384.	6.	—
Pasques 1625. ▽ 2000.— d'or de marc, que à ₵ 149. pour ▽, luy ont esté remis de nostre ordre de Plaisance, pour le 15. Iuin par Hierosme Turcon, crediteur,— l.	14900.— —	à 15.	l. 7500.	—	—
▽ 5000. d'or sol, que à ₵ 120. pour ▽, nous ont tiré par leur lettre payable à Picquet, & Strasse, crediteurs en ce,— l.	30000.— —	à 14.	l. 15000.	—	—
▽ 4000.— d'or sol à ₵ 120. pour ▽, nous a tiré à payer à Lumaga, & Mascranny,— l.	24000.— —	à 15.	l. 12000.	—	—
Aoust 1625. ▽ 3552.8.3. que à 119. $\frac{1}{2}$ pour ▽, nous a tiré en Boloson,— l.	21225.13.—	à 17.	l. 10657.	4.	9
Pour nostre tiers de l.63889. 18. que luy sont demeurez de reste en l'achapt des Doppions en ce,— l.	21296.12. 8.	à 16.	l. 10648.	6.	4
	l. 248177. 2. 1.	—	l. 123168.	14.	10

DESPENCES GENERALES, doiuent du 2. Auril pour voiture de 5. bales filage de Raconis par Caisse,—	à 3.	l. 89.	10.	—
3. Auril pour voiture de 2. bales soye Messine par Caisse,—	à 3.	l. 31.	5.	—
— Dudict pour voiture d'vne bale filages,—	à 3.	l. 19.	12.	6
10. Dudict pour voiture de 10. bales soye Messine,—	à 3.	l. 98.	16.	—
— Dudict pour voiture de 3. bales filages,—	à 3.	l. 60.	—	—
13. Septembre pour diuers frais d'embalage payé à Iean Fournier embaleur,—	à 3.	l. 37.	10.	—
15. Dudict aux receueurs de la doüanne, pour diuerses marchandises retirées de ladicte doüanne despuis le 3. Mars 1625. fins à ce iourd'huy,—	à 3.	l. 4152.	3.	4
1626. 3. Ianuier 1626. payé à Pons S. Pierre, pour plusieurs voitures de marchandises par compte arresté, fins à ce iourd'huy, en ce,—	à 3.	l. 477.	2.	—
3. Dudict à Schem pour autres voitures, & ce par compte arresté auec luy ce iourd'huy,—	à 3.	l. 516.	9.	—
— Dudict pour le loüage de la Maison où nous faisons residence,—	à 3.	l. 1002.	—	—
— Dudict pour plusieurs frais, & despens faicts en vn an ainsi qu'appert par le menu au liure de menuë despence, en ce,—	à 3.	l. 5712.	10.	—
Pour gages d'vn an de Claude Boyer, pour auoir tenu l'escripture de ceste negociation,—	à 3.	l. 1000.	—	—
Pour plusieurs teintures, & apprests de marchandises,—	à 3.	l. 847.	9.	—
Faisons bon à Claude Catillon, demeurant à nostre seruice, pour ses gages d'vn an,—	à 17.	l. 300.	—	—
Payé aux receueurs de la doüanne, pour diuerses marchandises retirées de ladicte doüanne, fins à ce iourd'huy,—	à 3.	l. 1712.	—	—
Payé à diuers, pour courratage de diuerses marchandises, en ce,—	à 3.	l. 1210.	10.	—
	—	l. 17264.	16.	10

AVOIR qu'ils nous ont remis par lettre de Cesar, & Fabritio Lauro, en ▽ 303.16. 2.à ∮ 121.pour ▽, sur Claude Lauro, debiteur en ce,—— ——l.	1838.—9.	à 9.	l. 911.	8.	6
▽ 565.19.11.à ∮ 120.$\frac{1}{4}$ pour lettre de François Arbona, sur Osio, —— ——l.	3403.1.—	à 9.	l. 1697.	19.	9
▽ 25000.— que à ∮ 120.pour ▽, y auons donné ordre d'employer en Doppions en debit à autre compte particulier, en ce,— —— —— —— —— ——l.	150000.—	à 16.	l. 75000.	—	—
En Toussaincts 1625.					
892.Doublons d'Espagne à l.15.l'vn,& à l.7.7.tournois} qu'ils ont enuoyé à Genes 1000. Doublons d'Italie à l. 14. 10. & à l.7.2.tournois} à Lumaga,—— ——l.	27880.—	à 19.	l. 13656.	4.	—
▽ 2000.d'or sol, que à ∮ 120. pour ▽, nous ont remis par leur lettre sur Picquet, & Strasse, debiteurs en ce, —— —— —— —— —— —— ——l.	12000.—	à 18.	l. 6000.	—	—
▽ 3000.—à ∮ 121.par lettre de Cesar,& Fabritio Laure, sur Claude Laure, —— ——l.	18150.—	à 9.	l. 9000.	—	—
▽ 1000.—à ∮ 120.$\frac{1}{4}$ par lettre de François Arbona, sur Cesar Osio, —— ——l.	6025.—	à 9.	l. 3000.	—	—
▽ 500.—à ∮ 120.— leur auons tiré par nostre lettre à payer au 28. Decembre à Iacques Saba, valeur de Eustache Rouiere, en ce, —— —— —— —— ——l.	3000.—	à 4.	l. 1500.	—	—
Portons debiteur ledict Negoce à compte general, au liure A, f.40.cy—— ——l.	25881.—4.	à 20.	l. 12403.	2.	7
	l.248177.2.1.	—	l. 123168.	14.	10

AVOIR en debit à profits & pertes, en ce—— —— —— —— —— ——	à 8.	l. 17264.	16.	10

GALILEY, ET BARELLY de Lyon, doiuent l. 5600.— par lettre de Iean Camus de Paris, valeur de Nicolas Herue, & Sauarry, en ce, —	à 7.	l.	5600.	—	—
▽ 800.- par lettre de Venise d'Vlysse Gateschy, valeur d'Alexandre Tasca, —	à 6.	l.	2400.	—	—
10. Mars pour Blandin, pour Neyret, pour Goyet, Decoleur, & Debeausse, pour Horace Cardon, —	à 11.	l.	3759.	14.	9
3. Iuillet 1625. à eux comptant par Caisse, —	à 3.	l.	1195.	17.	—
En Roys 1626. ▽ 3305.14.9. d'or sol, par lettre des nostres de Milan, au liure A, f.38. cy —	à 20.	l.	9917.	4.	3
3. Auril 1626. à eux comptant par Caisse, —	à 20.	l.	3171.	17.	—
	—	l.	26044.	13.	—
CESAR, ET IVLIEN GRANON de Tours, doiuent en Pasques 1627. Au liure A, f.6. & en ce, —	à 1.	l.	22037.	10.	—
En Toussaincts 1625. l'escompte à 7.$\frac{1}{2}$ pour % de l. 1719.14.- / Et l.22800.— l'escompte à 17.$\frac{1}{2}$ pour % —— l.22800.— } Au liure A, f.6. cy —	à 20.	l.	24519.	14.	—
	—	l.	46557.	4.	—
HORACE CARDON de Lyon, doit du 7. Iuin 1625. pour Verdier Picquet, & Decoquiel,	à 7.	l.	30079.	15.	2
11. Dudict pour Neret, pour Bonuisy, pour Alamel, crediteur en ce, —	à 2.	l.	10031.	14.	—
— Dudict pour Carcauy, crediteur en ce, —	à 7.	l.	4094.	19.	2
12. Dudict pour Bonuisy, pour Garnier, pour Franchotty, & Burlamaquy, crediteurs en ce, —	à 5.	l.	3000.	—	—
25. Dudict pour Salmatory, & Pradel, pour Chabre, & Compagnie, pour Studer, & Salapery, pour Ioachim, Laurens, & Dauid Salicoffre, crediteurs en ce. —	à 15.	l.	4783.	—	8
— Dudict à luy comptant par Caisse, creditrice en ce, —	à 3.	l.	8910.	11.	1
	—	l.	60900.	—	—
IEAN ANTOINE, ET BENEDICTO BONVISY de Lyon, doiuent du 7. Mars 1625. pour Doulcet, & Yon, crediteurs en ce, —	à 12.	l.	9000.	—	—
En Pasques 1625. ▽ 742.17.9. d'or sol par lettre de Florence de Bernardin Cappony, crediteur —	à 13.	l.	2228.	13.	3
En Roys — 1626. ▽ 2627. 2.4. d'or sol par lettre de Milan, de Hierosme Rina, au liure A, f.38. —	à 20.	l.	7881.	7.	—
	—	l.	19110.	—	3
CLAVDE CICERY, ET FRANCOIS CERNESIO de Venise doiuent du 3. Mars pour voyture de Venise à Lyon, dace de Suse, & doüanne dudict Lyon, d'vne bale Camelots,	à 3.	l.	83.	6.	8
Port de Venise à Lyon, & dace de Suse, & doüanne de Lyon, d'vne Caisse tabis, —	à 3.	l.	331.	—	—
Pour nostre prouision de l. 5336. que monte la vente faicte de ses marchandises à 2. pour % l.106.14.4. Courratage à $\frac{1}{3}$ pour % l.17.15.8. tout —	à 8.	l.	124.	10.	—
Change desdictes parties à 2. pour % iusqu'en Pasques prochain, —	à 8.	l.	10.	15.	6
Pasques 1625. pour l'escompte de l.1920.- cy-contre à 10. pour % —	à 8.	l.	174.	10.	10
▽ 398.12.4. que à d.124. pour % valent d.498.6. Leur auons remis, pour le 3. Iuillet sur les heritiers Bernardin Bensio, par lettre de Galiley, & Barelly, crediteurs en ce, —	à 11.	l.	1195.	17.	—
	—	l.	1920.	—	—

AVOIR pour ▽ 2333.- d'or de marc, que à 114.¾ pour % nous ont fait lettre pour Noué sur Emilio Homodeo, payable en Foire de Pasques prochaine aux nostres de Milan,—— —— —	à 10.	l.	8031.	6.	9
▽ 1035.13.4. d'or de marc, que à 120. pour %, nous ont fait lettre pour Plaisance sur Octauio Secquo, & Bernardin Cinqueuie, payable en Foire de S. Marc à Hierosme Turcon,—— —— —	à 9.	l.	3728.	8.	—
En Pasques 1625. ▽ 398.12.4. que à d.124. pour % nous ont fait lettre pour Venise sur les heritiers Bernardin Bensio, payable au 3. Iuillet prochain à Cicery, & Cernesio, debiteurs en ce,—— ——	à 11.	l.	1195.	17.	—
4. Feurier 1626. receu d'eux comptant par Caisse, debitrice en ce,—— —— —— ——	à 3.	l.	9917.	4.	3
En Roys 1626. leur faisons bon en vertu des cedulles & lettres de change à eux transportées par les cy-apres, André Pirouard de Limoux, —— ——l. 281. 1.— Louys de Coudray de Dieppe,—— ——l. 337.18.— Pierre Arnoux de Roüan, —— ——l. 500.— — Pierre le Franc, —— —— ——l. 217.15.— Christophle Brodígue,—— —— ——l. 621.— — Richard Herbert,—— —— ——l.1214. 3.— } Au liure A, f.28. & en ce,—— ——	à 20.	l.	3171.	17.	—
	—	l.	26044.	13.	—

AVOIR pour l'escompte de l.22037.10.— cy-contre à 22.½ pour % en debit à profits & pertes en ce,—— —— —— ——	à 8.	l.	4047.	14.	—
Nous ont remis par leur lettre sur Philippe, & Luc Seue, debiteurs en ce,—— —— ——	à 9.	l.	17989.	16.	—
En Toussaincts 1625. pour l'escompte de l.1719.14. cy-contre à 107.½ pour %, —l. 119.19. 7. Pour l'escompte de l.22800.- cy-contre à 117.½ pour %—— —— ——l.3395.14.10. }	à 8.	l.	3515.	14.	5
7. Decembre pour Philippe, & Luc Seue, pour Lumaga, & Mascranny, pour Gabriel Alamel,——	à 2.	l.	12534.	5.	10
25. Dudict receu par eux comptant de Philippe, & Luc Seue, par Caisse,—— —— —— —	à 3.	l.	8469.	13.	9
	—	l.	46557.	4.	—

AVOIR du 7. Mars pour Ioué, pour Garner, pour Guenisy, & Massey, pour Lumaga, & Mascranny, debiteurs en ce,—— —— —— ——	à 5.	l.	30000.	—	—
10. Mars pour Goyet, Decoleur, & Debeausse, pour Neyret, pour Blandin, pour Galiley, & Barelly, —	à 11.	l.	3759.	14.	9
11. Dudict pour Ferrus, pour Iean Iuge, pour Antoine, & Hugues Blauf, pour Berthon, & Gaspard, debiteurs en ce,—— —— —— ——	à 6.	l.	11000.	—	—
14. Dudict pour Boloson, pour Verdier, Picquet, & Decoquiel, pour Lumaga, & Mascranny, —— —	à 5.	l.	3657.	3.	6
15. Dudict pour Bonuisy, pour Beraud, & Desargues, pour Enemond Duplomb, pour Iacques Depures, debiteur en ce,—— —— —— ——	à 4.	l.	1586.	—	—
30. Mars receu de luy comptant par Caisse, —— —— —— ——	à 3.	l.	9997.	1.	9
60000.— Change desdictes l.60000.- à 1.½ pour % iusqu'en Pasques prochain en ce,—— —— ——	à 8.	l.	900.	—	—
	—	l.	60900.	—	—

AVOIR ▽ 1000.-d'or sol, par lettre des nostres de Milan, debiteurs en ce,—— —— —	à 10.	l.	3000.	—	—
▽ 2000.- d'or sol par lettre de Venise d'Alexandre Tasca, debiteur en ce,—— —— ——	à 6.	l.	6000.	—	—
4. Iuillet receu d'eux comptant par Caisse, debitrice en ce,—— —— —— ——	à 3.	l.	2228.	13.	3
4. Feurier 1626. Comptant desdicts par Caisse, —— —— —— ——	à 3.	l.	7881.	7.	—
	—	l.	19110.	—	3

AVOIR en Pasques 1625. Au liure A, f.27. deu en Pasques 1626. —— —— — —	à 15.	l.	1920.	—	—

BENOIST ROBERT de Marseille doit du 9. Mars à luy enuoyé, & consigné à Iean Lanet, pour luy faire tenir par Caisse,	à 3.	l.	20000.	—	—
Qu'il nous a tiré par sa lettre payable à Verdier, Picquet, & Decoquiel,	à 7.	l.	12000.	—	—
Nous a tiré par autre lettre payable à Picquet, & Strasse, crediteurs en ce,	à 2.	l.	15000.	—	—
28. Mars payé suiuant sa lettre de change à Iean Mandine, par Caisse,	à 3.	l.	3200.	—	—
30. Dudict à luy enuoyé par Patron Pelot, voyturier par eau,	à 3.	l.	27886.	15.	2
	—	l.	78086.	15.	2
MARIN DOSSARIS de Lyon, doit du 8. Iuin, pour Guenisy, & Massey, pour Philippe, & Luc Seue, crediteurs en ce,	à 9.	l.	25196.	6.	7
9. Dudict pour Seue, pour Picquet, & Strasse, pour Guetton, crediteurs en ce,	à 8.	l.	24385.	—	—
20. Dudict à luy comptant par Caisse,	à 3.	l.	1293.	13.	5
	—	l.	50875.	—	—
IVLES DOVLCET, ET IEAN YON de Lyon, doiuent du 6. Decembre, pour Bonuisy, pour Picquet, & Strasse, crediteurs en ce,	à 18.	l.	31134.	18.	5
10. Dudict pour Bonuisy, pour Galiley, & Barelly, pour Ioué, pour Claude Laure, crediteur en ce,	à 9.	l.	9000.	—	—
25. Dudict à eux comptant par Caisse, creditrice en ce,	à 3.	l.	1829.	14.	9
	—	l.	41964.	13.	2
IEAN BAPTISTE DECOQVIEL d'Anuers, doit du 30. Mars compté à son fils, pour luy enuoyer, 1000.— doublons d'Espagne à ₰ 25.— monnoye de gros, & à l.7.7. tournois, l'vn — l. 1250.— — 1267.½ v, de sezeins à ₰ 11. l'escu monnoye de gros, & à l.3.4. tournois, — l. 697. 2.6.	à 3.	l.	11406.	—	—
Benefice de remise,	à 8.	l.	1274.	—	9
5. Auril 1625. pour 500.- doublons d'Espagne à luy enuoyez, & consignez à son fils à ₰ 25.- de gros l'vn, & à l.7.7. tournois, sont en ce, — l. 625.— —	à 3.	l.	3675.	—	—
v 1547.11. d'or de marc, que à 145. pour v, il a tiré de nostre ordre à Noué en Foire des Saincts, sur Octauio, & Marc-Antoine Lumaga, calculé pour Lyon à gros 120. pour v, sont en ce, — l. 934.19.7.	à 19.	l.	5609.	17.	6
v 4931.10.1. d'or de marc, que à 146. il a tiré audict Noué en Foire dicte par lettre de Nicolas Zelio, sur lesdicts Lumaga, calculé pour Lyon à 120. — l. 3000.— —	à 19.	l.	18000.	—	—
l. 6507. 2.1.	—	l.	39964.	18.	3
IEAN BAPTISTE BEREGANY de Vincense, doit du 3. Mars pour port de Vincense à Lyon de 6. bales trame, floret, & bourre n° 1. à 6. l. 331.19. doüanne dudict Lyon l. 118.- port au magasin ₰ 12.- tout par Caisse,	à 3.	l.	450.	11.	—
Port au poids, & droict du poids de la vente desdictes 6. bales l.1.10. prouision à 2. pour % de l. 10570.18.8. que monte la vente de ses marchandises l. 211.8.3. courratage à ½ pour % l. 35.4.9. tout	à 8.	l.	248.	3.	—
Change desdictes parties à 2. pour % iusqu'en Pasques prochain, en ce,	à 8.	l.	13.	19.	5
En Pasques 1625. pour l'escompte de l. 217.10.- cy-contre à 10. pour %	à 8.	l.	19.	15.	6
Change de l. 514.18.11. qu'il reste en ce compte à 2. pour % iusqu'en Aoust prochain, en ce	à 8.	l.	10.	5.	11
Change de l. 371.18.2. restans à 2. pour % iusqu'en Toussaincts prochain, en ce,	à 8.	l.	7.	8.	9
En Toussaincts 1625. pour l'escompte de l. 10199.14.- cy-contre à 107.½ pour %, en ce	à 8.	l.	711.	12.	1
v 2399.18.- d'or sol, que à d. 122.¼ pour % luy auons remis de son ordre à Venise, pour le 3. Ianuier 1626. sur les heritiers Bernadin Bensio, par lettre d'André, & Philippe Guetton, crediteurs	à 8.	l.	7199.	14.	—
v 636.7.- d'or sol, que Iacques, & Thomas Vancastre de Venise, nous ont tiré, pour son compte à payer à Picquet, & Strasse, crediteurs en ce,	à 18.	l.	1909.	1.	—
	—	l.	10570.	10.	8

AVOIR au liure A, f.3.& en ce, — — — — — — — —		à 1.	l.	78086.	15.	2
AVOIR du 7.Mars pour Ioué,pour Salicoffre,pour Verdier,Picquet,& Decoquiel, — —		à 7.	l.	16000.	—	—
10.Dudict pour Ferrus,pour Garnier,pour Picquet,& Strasse,debiteurs en ce, — — —		à 2.	l.	5000.	—	—
—Dudict pour Noël Costar, pour Antoine du Champ, pour Hierosme de Coton,pour Tissy, pour Berthon,& Gaspard, debiteurs en ce, — — — — — — —		à 6.	l.	21000.	—	—
11.Dudict pour Tachereau,Boileau,& Seruonnet,pour Galiley,& Barelly,pour Guetton,debiteurs,—		à 8.	l.	5025.	14.	11
13.Dudict pour Noël Costar,pour Garbusac,pour Franchotty,& Burlamaquy, debiteurs en ce —		à 5.	l.	2974.	5.	1
50000.—						
Change desdictes l.50000.- à 1.$\frac{3}{4}$ pour $\frac{o}{o}$,iusqu'en Pasques prochain par cedulle, — —		à 8.	l.	875.	—	—
		—	l.	50875.	—	—
AVOIR du 7. Mars pour Bonuisy,debiteur en ce, — — — — —		à 11.	l.	9000.	—	—
10.Dudict pour Goyet,Decoleur,& Debeausse,pour Guenisy,& Massey,pour Picquet,& Strasse, —		à 2.	l.	11512.	10.	—
11.Dudict pour Iean Iuge,pour Bonuisy,pour Antoine Careaus,debiteur en ce, — — —		à 7.	l.	14000.	—	—
14.Dudict pour Charles Baile,pour Perrin,pour Nicolas Bocquet, pour Franchotty, & Burlamaquy,		à 5.	l.	3073.	10.	8
3.Auril receu d'eux comptant par Caisse, — — — — — —		à 3.	l.	2413.	19.	4
40000.—						
Change desdictes l.40000.—à 1.$\frac{2}{3}$ pour $\frac{o}{o}$,iusqu'en Pasques prochain par cedulle, — —		à 8.	l.	666.	13.	4
Change desdictes l.40666.13.4.à 1.$\frac{1}{2}$ pour $\frac{o}{o}$,iusqu'en Aoust 1625.par cedulle, — — —		à 8.	l.	610.	—	—
Change desdictes l.41276.13.4.à 1.$\frac{2}{3}$ pour $\frac{o}{o}$,iusqu'en Toussaincts prochain, par cedulle, —		à 8.	l.	687.	19.	10
		—	l.	41964.	13.	2
AVOIR en payement de Pasques 1625.pour sa prouision à $\frac{1}{3}$ pour $\frac{o}{o}$ desdictes l. 1947.2.6. cy-contre, — — — — — — —	l. 6. 9.10.					
▽ 1000.- d'or sol,que à gros 109.$\frac{1}{2}$ pour ▽,nous a remis par lettre de Paul Bustance,sur Franchotty,& Burlamaquy,debiteurs en ce, — — — —	l. 456. 5.—	à 5.	l.	3000.	—	—
▽ 1000.- d'or de marc,que à gros 128.$\frac{1}{4}$ il a remis de nostre ordre à Plaisance, en Foire de S.Marc par lettre de Barthelemy Barbariny, sur Hierosme Turcon, calculé pour Lyon,à 80.pour $\frac{o}{o}$, en ce, — — — — — —	l. 536. 9. 2.	à 13.	l.	3750.	—	—
▽ 763.12.3.d'or de Florence que à gros 116. pour ▽, il a remis de nostre ordre à Florence pour le 10. May prochain sur Fabio Daspichio à payer à Bernardin Cappony, calculé pour Lyon à 96.pour $\frac{o}{o}$,en ce, — — — — —	l. 369. 1. 7.	à 13.	l.	2386.	5.	9
d.1417.11. que à gros 98.pour ducat il a remis de nostre ordre à Venise, pour le 10. May 1625.sur Iean Maria,& Thomas Ioncty,payable à Bernardin Bensio, calculé pour Lyon à d. 120. pour $\frac{o}{o}$ — — — — — —	l. 578.16.11.	à 13.	l.	3543.	15.	—
l.622.18.4.monnoye de gros, que à 82. pour florin, il a remis de nostre ordre à Francfort en Foire de la Micaresme sur Michel Sonneman,debiteur — —	l. 622.18. 4. }	à 13.	l.	3675.	—	—
Pour sa prouision à $\frac{1}{3}$ pour $\frac{o}{o}$, — — — — — — —	l. 2. 1. 8. }					
En Toussaincts 1625. qu'il a payé d'ordre de Montbel à diuers au liure A,f.57.—	l. 3934.19. 7.	à 20.	l.	23163.	18.	—
Perte sur les traictes, — — — — — — — —	l.— —	à 8.	l.	445.	19.	6
	l. 6507. 2. 1.	—	l.	39964.	18.	3
AVOIR en Pasques 1625.au liure A, f.27. deu en Pasques 1626. — — — —		à 15.	l.	217.	10.	—
En Aoust 1625.Au liure A, f.27.pour vente au comptant de ses marchandises, — — —		à 18.	l.	153.	6.	8
En Toussaincts 1625. Au liure A, f.27.deu en Aoust 1626. — — — — —		à 20.	l.	10199.	14.	—
		—	l.	10570.	10.	8

HIEROSME TVRCON de Plaisance, doit ∇ 813.- d'or de marc, que à 123. pour % luy auons remis en Foire de S. Marc prochain sur Iean Baptiste Paulin, par lettre d'Eustache Rouiere, crediteur en ce,	∇ 813.	à 4.	l.	3000.	—	—
∇ 1000.- d'or de marc, que à gros 118. 1/4 pour escu luy ont esté remis de nostre ordre d'Anuers par Iean Baptiste Decoquiel, crediteur en ce,	∇ 1000.	à 12.	l.	3750.	—	—
∇ 841.14.10. d'or de marc, que à 99. 1/2 pour % luy ont esté remis de nostre ordre de Thomas, & Fortuné Baucilly de Rome, crediteurs en ce,	∇ 841.14.10.	à 13.	l.	3000.	—	—
∇ 847.9.1. d'or de marc, que à 118. pour % luy ont esté remis de nostre ordre de Florence, pour Bernardin Cappony, crediteur en ce,	∇ 847. 9. 1.	à 13.	l.	3125.	—	—
∇ 1141.4.3. d'or de marc, que à 148. pour % luy ont esté remis de nostre ordre de Naples par François, & Barthelemy Scarlatiny, crediteurs en ce,	∇ 1141. 4. 3.	à 13.	l.	4100.	—	—
Benefice de remise, en ce,	∇ —	à 8.	l.	399.	9.	9
	∇ 4643. 8. 2.	—	l.	17374.	9.	9
THOMAS, ET FORTVNE' BAVCILLY de Rome, doiuent ∇ 1000.— pour ∇ 840.6.8. d'or d'Estampe, que à 84. 1/2 pour % leur auons remis pour le 15. Auril prochain sur Gasquetty, & Altonity, par lettre de Lumaga, & Mascranny,	∇ 840. 6. 8.	à 5.	l.	3000.	—	—
BERNARDIN CAPPONY de Florence, doit ∇ 955. 5. 10. d'or de Florence, que à 94. 1/2 pour % leur auons remis pour le 12. Iuillet prochain sur Iean François Diny, par lettre d'André, & Philippe Guerron, crediteurs en ce,	∇ 955. 5. 10.	à 8.	l.	3035.	18.	2
∇ 763.12.3. d'or que à gros 116. pour ∇, luy ont remis d'Anuers pour nostre compte au 10. May sur Fabio d'Aspichio, par lettre de Decoquiel,	∇ 763. 12. 3.	à 12.	l.	2386.	5.	9
	∇ 1718. 18. 1.	—	l.	5422.	3.	11
FRANCOIS, ET BARTHELEMY SCARLATINY de Naples, doiuent d. 1694.3.6. que à 124. pour % leur auons remis pour le 30. Iuillet sur Octauio Louuiliny, par lettre de Philippe, & Luc Seue, crediteurs en ce,	d. 1694. 3. 6.	à 9.	l.	4100.	—	—
BERNARDIN BENSIO de Venise, doit d. 1417. 11. que à gros 98. pour ducat luy ont esté remis pour nostre compte au 10. May prochain, sur Iean Maria, & Thomas Ioncty, par Iean Baptiste Decoquiel d'Anuers, crediteur en ce,	d. 1417. 11.	à 12.	l.	3543.	15.	—
Benefice de remise,	d. —	à 8.	l.	17.	15.	—
		—	l.	3561.	10.	—
MICHEL SONNEMAN de Francfort, doit fl. 1975.6. cruchers, que à gros 82. pour florin de 65. cruchers, luy ont esté remis de nostre ordre d'Anuers par Iean Baptiste Decoquiel, sont florins de 60. cruchers,	fl. 1975. 6.	à 12.	l.	3675.	—	—
Benefice de remise, en ce,	fl. —	à 8.	l.	176.	8.	9
	florins 1975. 6.	—	l.	3851.	8.	9

AVOIR ▽ 1023.18.11. d'or sol, que à $79.\frac{3}{4}$ pour %, nous a renuoyé sur Eustache Rouiere, pour la lettre de change cy-contre tirée sur Pauliny, laquelle il n'a voleu accepter, & a laissé faire le protest, montant auec la prouision & protest en ce, —	▽ 816.12.—	à 4.	l.	3071.	16.	9
▽ 2000.- d'or de marc, que à ₰ 149. pour ▽, il a remis de nostre ordre aux nostres de Milan, calculé pour Lyon à 80. pour %, sont en ce, —	▽ 2000.— —	à 10.	l.	7500.	—	—
▽ 2267.11.- d'or sol, que à 80. pour % il nous a remis par sa lettre en ces payemens de Pasques sur Picquet, & Strasse debiteurs, —	▽ 1814.— 10.	à 14.	l.	6802.	13.	—
Pour sa prouision à $\frac{1}{3}$ pour % desdicts ▽ 3830.8.2. cy-contre, —	▽ 12.15. 4.					
	▽ 4643. 8. 2.	—	l.	17374.	9.	9
AVOIR pour leur prouision à $\frac{1}{3}$ pour % desdicts ▽ 840.6.8. cy-contre, —	▽ 2.16.—					
▽ 841.14.10. d'or de marc, que à $99.\frac{1}{2}$ pour % ils ont remis de nostre ordre à Plaisance en Foire de S. Marc à Hierosme Turcon, debiteur en ce, —	▽ 837.10.8.	à 13.	l.	3000.	—	—
	▽ 840. 6.8.					
AVOIR ▽ 847.9.1. d'or de marc, que à 118. pour % il a remis de nostre ordre à Plaisance en Foire de S. Marc à Hierosme Turcon, calculé pour Lyon à 96. pour % en ce, —	▽ 1000.— —	à 13.	l.	3125.	—	—
▽ 742.17.9. d'or sol, que à 96. pour % nous a remis par sa lettre sur Bonuisy debiteurs en ce, —	▽ 713. 3.6.	à 11.	l.	2228.	13.	3
Pour sa prouision à $\frac{1}{3}$ pour % —	▽ 5.14.7.					
Perte de remise, —	▽ — —	à 8.	l.	68.	10.	8
	▽ 1718.18.1.	—	l.	5422.	3.	11
AVOIR pour ▽ 1141.4.3. d'or de marc, que à d. 148. pour % ils ont remis de nostre ordre à Plaisance en Foire de S. Marc à Hierosme Turcon, debiteur en ce, —	d. 1689. —	à 13.	l.	4100.	—	—
Pour leur prouision à $\frac{1}{3}$ pour % —	d. 5.3.6.					
	d. 1694.3.6.					
AVOIR ▽ 1187.3.8. d'or sol, que à d. 119. pour % nous a remis par sa lettre sur Picquet, & Strasse, debiteurs en ce, —	d. 1412.18.-	à 14.	l.	3561.	10.	—
Pour sa prouision à $\frac{1}{3}$ pour % —	d. 4.17.-					
	d. 1417.11.-					
AVOIR pour sa prouision à $\frac{1}{3}$ pour % —	fl. 6.35.—					
▽ 1283.16.3. d'or sol, que à 92. pour ▽, luy auons tiré par nostre lettre payable en Foire de la mi-Caresme à Barthelemy Ferrus, pour valeur receuë icy de luy, —	fl. 1968.51.—	—	l.	3851.	8.	9
	florins 1975. 6.—					

MARCHANDISES venduës comptant doiuent en credit à repartimens au liure A,f.28.
113. aun.11.——.Veloux fonds satin morelin cramoisy à l. 19. ——
233. aun.22. 6.8.
239. aun.17.11.8. } Veloux noir fonds satin à diuers prix, —— } —— l. 925. 1.8.
245. aun.17.17.6.
315. aun.48.17.6. } Gase noire damassée 4.fleurs, —— l. 214.11.6.
345. aun.49.15.—
10.Paires bas de soye ¾ —l.165.—
18.Paires dict ⅔ ——l.234.— } —— l. 509.——
10.Paires dict pour femme, l.110.—
aun.25.— —Tapisserie de Bergame rouge,hauteur aun.2.½ à l. 6. —— l. 150.——
lb 26.10.onces Doppion de Vincense à l.5.15.-En credit à Beregany, —— l. 153. 6.8.
lb 480.—Cochenille Mestecque à l.17.— —— l. 7680.——
onc. 108.—Musc en Vessie à l.15.-l'once, —— l. 1620.——
lb 8750.— Souchons à l.6. - le % —— l. 525.—— } à 18. l. 11776. 19. 10

FABIO D'ASPICHIO de Florence, doit en payemens de Pasques 1625. ▽ 1544.12.2. d'or sol que à 99.pour %, luy auons remis pour le 15. Iuillet prochain sur Iean Sostegny, par lettre de Picquet,& Strasse,crediteurs en ce, —— ▽ 1529. 3.3. | à 14. l. 4633. 16. 6
En payemens d'Aoust 1625. ▽ 318.3.8. d'or sol,que à 102.pour %,nous a tiré par sa lettre payable à Picquet,& Strasse,crediteurs en ce, —— ▽ 324.11.— | à 18. l. 954. 11. —
Benefice sur ladicte traicte, —— ▽—— | à 8. l. 19. 2. —

▽ 1853.14.3. | —— l. 5607. 9. 6

ANTOINE, ET GEOFFROY PICQVET, & freres Strasse, & Compagnie doiuent en Pasques 1625.
▽ 1187. 3.8.d'or sol par lettre de Venise de Bernardin Bensio,crediteur en ce, —— | à 13. l. 3561. 10. —
▽ 2267.11.— d'or sol,par lettre de Plaisance,de Hierosme Turcon, crediteur en ce, —— | à 13. l. 6802. 13. —
▽ 325.— 10.d'or sol par lettre d'Anuers de Gilles Hannecard,crediteur en ce, —— | à 5. l. 975. 2. 6
7.Iuin pour Lumaga,& Mascranny, crediteurs en ce, —— | à 15. l. 40931. 10. 9
8.Dudict pour Bonuisy,pour Bolofon,crediteur en ce, —— | à 6. l. 7859. 19. 9

—— l. 60130. 16. —

CLAVDE CATILLON, compte de voyage de Sourfach, doit en Pasques 1625. au liure A, f.31. pour reste de vente au comptant faicte audict Sourfach, —— fl. 619. 2.— | à 15. l. 1031. 17. 6
Et les parties cy-apres,qu'il a receuës audict Sourfach de nos debiteurs,
Abraham vert, —— fl. 158.10.—
Salomon Yerssel, —— fl. 330.——
Michel Frennel, —— fl. 230. 8.—
Sebastien Hogger, —— fl. 392. 6.— } Au liure A, f.31. —— fl. 4111. 8.— | à 18. l. 6855. 2. —
Salomon Yerssel,escompté à 5.pour % —fl. 417.13.—
Sebastien Hogger escompté à 5.pour % — fl. 473.11.2.
Pour vente au comptant, —— fl. 2108. 4.2.

florins 4730.10.— | —— l. 7886. 19. 6

AVOIR pour les cy-apres,					
N° 113. aun.11.——.Veloux fonds satin morelin cramoisy à l.19. vendu comptant le 20.Mars 1625.—	à 3.	l.	209.	—	—
233. aun.12. 6.8.Veloux noir fonds satin à l.12.- vendu comptant le 25.dudict, — — —	à 3.	l.	148.	—	—
315. aun.48.17.6.Gase noire Damassée 4.fleurs à ₰ 42. comptant le 27. dudict, — — —	à 3.	l.	102.	12.	9
10.Paires bas de soye $\frac{1}{4}$ à l. 16.10. — —l.165.— } 8.Paires dict $\frac{2}{3}$ à — l. 13.— — —l.104.— } 253. aun.10.——Veloux noir fonds satin à l. 12.10. — l.125.— } comptant le 3.Auril 1625.—	à 3.	l.	394.	—	—
aun.25.—.—Tapisserie de Bergaine rouge,hauteur aun.2.$\frac{1}{2}$ à l.6.- comptant le 6.dudict, —	à 3.	l.	150.	—	—
239. aun.17.11.8. Veloux noir fonds satin à l. 13. — l.228.11.8. } 10.Paires bas de soye $\frac{2}{3}$ à l.13.— — —l.130.—— } 345. aun.49.15.—Gase noire damassée 4.fleurs à ₰ 45. —l.111.18.9. } 10.Paires bas de soye pour femme à l.11. — l.110.—— } comptant le 18.dudict,—	à 3.	l.	580.	10.	5
245. aun. 17.17.6.Veloux noir fonds satin à l.12.-comptant le 10.May 1625.— — —	à 3.	l.	214.	10.	—
℔ 26.10.onces Doppion de Vincense à l.5.15.cõptant le 27.Iuillet du compte de Beregany,	à 3.	l.	153.	6.	8
℔ 480.—Cochenille Mestecque à l.17.-comptant à Doulcet,& Yon,le 3.Septembre 1625.—	à 3.	l.	7680.	—	—
onc. 108.—Musc en Vessie à l.15.-l'once comptant à Jean Iuge,le 6.dudict,— — —	à 3.	l.	1620.	—	—
℔ 8750.—Souchons à l.6.-le $\frac{o}{o}$ comptant à diuers le 8.dudict,— — —	à 3.	l.	525.	—	—
	—	l.	11776.	19.	10
AVOIR en payement de Pasques 1625.au liure A,f.25.cy— — —∇ 1529. 3.3.	à 15.	l.	4587.	9.	9
Perte de remise, — — — — — — — —∇— —	à 8.	l.	46.	6.	9
En payemens d'Aoust 1625. Au liure A, f.25.& en ce,— — — —∇ 324.11.—	à 18.	l.	973.	13.	—
∇ 1853.14.3.	— —	l.	5607.	9.	6
AVOIR par lettre d'André Montbel,au liure A, f.37.— — — — —	à 15.	l.	3500.	—	—
Au liure A, f.40. & en ce, — — — — — — — —	à 15.	l.	19936.	12.	—
∇ 5686.15.10.d'or sol, que à d.124. pour $\frac{o}{o}$ nous ont fait lettre pour Venise sur Paulo Deltorgio, payable au 15.Iuillet prochain à Alexandre Tasca,debiteur en ce, — — — —	à 6.	l.	17060.	7.	6
∇ 5000.—d'or sol,par lettre des nostres de Milan,debiteurs en ce,— — — —	à 10.	l.	15000.	—	—
∇ 1544.12.2.d'or sol,que à 99.pour $\frac{o}{o}$, nous ont fait lettre pour Florence,sur Iean Sostegny, payable au 15.Iuillet prochain à Fabio Daspichio, debiteur en ce, — — — — — —	à 14.	l.	4633.	16.	6
	—	l.	60130.	16.	—
AVOIR en Pasques 1625.∇ 333.6.8.d'or sol,que à 110.cruchers pour ∇,nous a remis par lettre de Christophle Cromps , sur Ioachim Salicoffre, — — — —fl. 611. 1.2.	à 15.	l.	1000.	—	—
15. Iuin receu de luy comptant à son retour de la Foire de Pentecoste de Soursach, en ce,— — — — — — — — —fl. 8.—2.	à 3.	l.	13.	7.	6
En Foire de Saincte Frenne,pour escompte de florins 891.9.2.cy-contre à 5.pour $\frac{o}{o}$ deus par Hierssel,& Hogger,en ce,— — — — — —fl. 42. 7.—					
∇ 535.14.3.que à 112. cruchers pour ∇, luy auons tiré par nostre lettre à payer à 2. iours de veüe à Rodolphe Leon,valeur de Ioachin Laurens,& Dauid Salicoffre,en ce,—fl. 1000.——	à 15.	l.	1607.	2.	9
500.Doublons d'Espagne à Bach 65.l'vn,& à l.7.6.tournois } receu de luy comptant 376.Sequins à bach 36. & à l.4.- tournois l'vn— — } à son retour,—fl. 3069. 1.—	à 3.	l.	5154.	—	—
Perte de remise,ou change de diuerses especes en Pistoles,& Sequins,— —fl.— —	à 18.	l.	112.	9.	3
florins 4730.10.—	— —	l.	7886.	19.	6

LE GRAND LIVRE Cotté A, doit pour soude des payemens des Roys en ce,	à 1.	l. 128119.	3.	7
Lumaga, & Mascranny, — f.36.	à 15.	l. 9260.	—	—
André Montbel, compte de voyages, — f.37. par Caisse,	à 3.	l. 7300.	—	—
Vespasian Bolosion, — f.20.	à 6.	l. 206.	2.	2
Alexandre Tasca de Venise, — f.21.	à 6.	l. 17457.	15.	1
Fabio Daspichio de Florence, — f.25.	à 14.	l. 4587.	9.	9
Picquet, & Strasse, — f.37.	à 14.	l. 3500.	—	—
Vespasian Bolosion, — f.21.	à 6.	l. 222.	8.	3
Philippe, & Luc Seue, — f.23.	à 9.	l. 607.	15.	1
Gilles Hannecard, — f.26.	à 5.	l. 244.	4.	—
André Montbel, compte de voyages, — f.37.	à 3.	l. 5868.	8.	—
Vespasian Bolosion, — f.23.	à 6.	l. 595.	10.	1
Taranger, & Rousier, — f.26.	à 16.	l. 325.	10.	—
Claude Catillon, compte de voyages, — f.30.	à 7.	l. 8258.	19.	3
Picquet, & Strasse, — f.40.	à 14.	l. 19936.	12.	—
Iacques Depures, — f.40.	à 4.	l. 14952.	9.	—
Leonard Berthaud, — f.40.	à 4.	l. 9968.	6.	—
Claude Catillon, compte de voyages, — f.11.	à 7.	l. 10316.	17.	6
Cicery, & Cernesio, — f.27.	à 11.	l. 1920.	—	—
Beregany, — f.27.	à 12.	l. 217.	10.	—
	—	l. 243864.	19.	9

LVMAGA, ET MASCRANNY de Lyon, doiuent ▽ 6255.11.7. d'or sol, par lettre d'Amsterdam de Iean Oort, sur les leurs de Paris, au liure A, f.14. cy —	à 15.	l. 18766.	14.	9
▽ 5141.12.- d'or sol, par lettre de Noué d'Octauio, & Marc-Antoine Lumaga, en ce, —	à 4.	l. 15424.	16.	—
▽ 8000.— d'or sol par lettre de Seuille d'Antoine Spinola, valeur de Pierre Sauset, au liure A, f.33. & en ce, —	à 15.	l. 24000.	—	—
Leur auons remis par nostre lettre au 10. du prochain au pair sur Taranget, & Rousier, —	à 16.	l. 4000.	—	—
En Aoust 1625. par lettre des leurs de Paris, valeur de Pierre Sausset, au liure A, f.33. —	à 18.	l. 50000.	—	—
En Toussaincts 1625. Nous font bon pour Charles Hauard de Paris escompté à 7. $\frac{1}{3}$ pour $\frac{o}{o}$ au liure A, f.31. & en ce, —	à 20.	l. 14540.	—	—
▽ 1079.6.2. d'or sol par lettre de Noué d'Octauio, & Marc-Antoine Lumaga, —	à 19.	l. 3237.	18.	6
Portez crediteurs au liure A, f.43. pour soude, —	à 20.	l. 3070.	11.	6
28. Iuin 1626. à eux comptant par Caisse, —	à 20.	l. 3699.	10.	6
	—	l. 136739.	11.	5

IOACHIN LAVRENS, ET DAVID SALICOFFRE de Lyon, doiuent ▽ 333.6.8. par lettre de Christophle Cromps valeur de Claude Catillon, —	à 14.	l. 1000.	—	—
Par lettre de Delubert, & Poquelin, valeur de Nicolas Herue, & Sauarry, crediteurs en ce, —	à 17.	l. 3783.	—	8
En Aoust 1625. pour ▽ 535.14.3, que à 112. cruchers pour ▽, leur auons fait lettre, pour Sourfach payable à 2. iours de veüe à Rodolphe Leon, par Catillon, en ce, —	à 14.	l. 1607.	2.	9
6. Feurier 1626. A eux comptant par Caisse, creditrice en ce, —	à 20.	l. 868.	15.	—
	—	l. 7258.	18.	5

AVOIR pour les cy-apres,				
Verdier, Picquet, & Decoquiel,—— f.14.——	à 7.	l. 14848.	1.	4
Lumaga, & Mascranny,—— f.14.——	à 15.	l. 18766.	14.	9
Claude Catillon, compte de voyages,—— f.31.——	à 14.	l. 1031.	17.	6
Philippe, & Luc Seue,—— f.23.——	à 16.	l. 14351.	13.	8
Vespasian Boloson,—— f.23.——	à 16.	l. 14351.	13.	8
Taranger, & Rousier,—— f.27.——	à 16.	l. 9476.	17.	11
Claude Catillon, compte de voyages,—— f.28.——	à 7.	l. 6590.	6.	6
Octauio, & Marc-Antoine Lumaga de Genes,—— f.32.——	à 4.	l. 15424.	16.	—
Lumaga, & Mascranny,—— f.33.——	à 15.	l. 24000.	——	—
André, & Philippe Guetton,—— f.33.——	à 8.	l. 20385.	——	—
André Montbel, compte de voyages,—— f.36.——	à 3.	l. 12.	13.	—
Iean, & François du Soleil,—— f.37.——	à 16.	l. 3247.	7.	6
Gilles Hannecard,—— f.26.——	à 5.	l. 1273.	1.	—
Philippe, & Luc Seue,—— f.23.——	à 9.	l. 804.	1.	8
Vespasian Boloson,—— f.23.——	à 6.	l. 804.	1.	8
Estienne Glotton,—— f.16.——	à 17.	l. 3557.	11.	8
Iean des Lauiers,—— f.17.——	à 17.	l. 4474.	12.	7
Herue, & Sauarry,—— f.18.——	à 17.	l. 4104.	10.	2
Verdier, Picquet, & Decoquiel,—— f.22.——	à 7.	l. 18278.	——	—
Porté debiteur en payement d'Aoust pour soude,—— f.42.——	à 18.	l. 68081.	19.	2
	——	l. 243864.	19.	9

AVOIR par lettre de Michel Pie, de Midelbourg, à eux transportée par les leurs de Paris, pour compte d'André Montbel, au liure A, f.36. & en ce,——	à 15.	l. 9260.	——	—
▽ 4000.- d'or sol, par lettre des nostres de Milan, en ce,——	à 10.	l. 12000.	——	—
7. Iuin pour Picquet, & Strasse, debiteurs en ce,——	à 14.	l. 40931.	10.	9
7. Septembre pour Picquet, & Strasse, debiteurs en ce,——	à 18.	l. 36595.	1.	11
—Dudict pour Picquet, & Strasse, pour Boloson, debiteur en ce,——	à 17.	l. 13404.	18.	1
—En Toussaincts 1625. pour l'escompte de l.14540.- cy-contre à 107.$\frac{1}{2}$ pour $\frac{0}{0}$, en ce,——	à 8.	l. 1014.	8.	2
6. Decembre, pour Philippe, & Luc Seue, pour Iean Seue, debiteur en ce,——	à 5.	l. 16763.	10.	4
En Pasques 1626. ▽ 1008.8. d'or sol par lettre de Milan de Emilio Homodeo, au liure A, f. 38.——	à 20.	l. 3025.	4.	—
Change desdictes l.3025.4. à 1.$\frac{1}{2}$ pour $\frac{0}{0}$, iusqu'en Aoust prochain par cedulle,——	à 8.	l. 45.	7.	6
Leur faisons bon pour les cy-apres en vertu de nos cedulles ou lettres à eux transportées, Charles Seuelin—— l. 630.—— Iean de Compans,—— l. 417. 8.— Ionas Nolet,—— l. 939.18.— René Pepin,—— l. 685. 3.6. François Ferret,—— l. 1027. 1.— } Au liure A, f.28.——	à 20.	l. 3699.	10.	6
	——	l. 136739.	11.	3

AVOIR du 25. Iuin pour Studer, & Salapery, pour Chabre, & Compagnie, pour Salmatory, & Pradel, pour Cardon, debiteur en ce,——	à 11.	l. 4783.	——	8
4. Octobre 1625. receu d'eux comptant par Caisse,——	à 3.	l. 1607.	2.	9
En Toussaincts 1625. leur faisons bon pour les cy-apres, Pour Barthelemy Mas de Seissac,—— l.264.18.— Pour Pierre Antoine Guy de Limoux,—— l.308. 9.— Pour Iean Barrau de Castres,—— l.295. 8.— } Au liure A, f.28. & en ce,——	à 20.	l. 868.	15.	—
	——	l. 7258.	18.	5

TARANGET, ET ROVSIER, doiuent qu'ils ont receu pour nostre compte des debiteurs cy-apres,					
Aymé le Roy, — l. 567.12. 6. } Roys 1626.					
Robert Gehenaud, — l. 675.15.— } Roys 1626.					
Herue, & Sauarry, — l. 801.11. 3. } Roys 1626.					
2044.18.9.					
Comptant dés le 10. Auril 1625. — l. 98.— — Comptant,					
Guillaume Freson, — l. 208.— — } Pasques 1626.					
Iean Vllard, — l. 320.— — } Pasques 1626.					
Pamphile de la Cour, — l. 193. 3. 9. } Pasques 1626.					
Samson, & Deuilars, — l. 414.12.11. } Pasques 1626.					
1135.16.8.					
Malepard, & Gaudrion, — l. 678. 2. 6. } Aoust 1626.					
Louys Dubois, — l. 2380.— — } Aoust 1626.					
Claude Bossey, — l. 1860.— — } Aoust 1626.					
Nicolas Libert, — l. 1280.— — } Aoust 1626.					
6198.2.6. — } Au liure A, f.27.& en ce, —	à 15.	l.	9476.	17.	11
Change desdictes l.98.- cy-dessus, qu'ils ont receu dés le 10. Auril 1625. à 2. pour %, —	à 8.	l.	1.	19.	2
	—	l.	9478.	17.	1
PHILIPPE, ET LVC SEVE, compte des Doppions en Compagnie auec eux doiuent pour $\frac{1}{3}$ à eux appartenant de l.43055.1.- que monte l'achapt de 34. bales Doppion, au liure A, f. 23. — l.28703. 7.4.	à 15.	l.	14351.	13.	8
▽ 2927.13.5. d'or de marc, que à ∯ 145. pour ▽, ont esté remis de leur ordre à Plaisance à Saminiaty, en Foire de S.Charles, par les nostres de Milan, — l.21225.13.— }					
Prouision de ladicte remise à $\frac{1}{3}$ pour %, — l. 70.19.8. }	à 16.	l.	10648.	6.	4
l.50000.— —	—	l.	25000.	—	—
VESPASIAN BOLOSON, compte des Doppions en Compagnie de Seue, & nous, où il participe pour $\frac{1}{3}$ doit pour $\frac{1}{3}$ à luy appartenant de l'achapt de 34. bales Doppion, au liure A, f. 23. & en ce, — l.28703. 7.4.	à 15.	l.	14351.	13.	8
▽ 3552.8.3. d'or sol, que à ∯ 119.6. pour ▽, luy ont esté remis sur nous en payements d'Aoust 1625. par lettres des nostres de Milan, — l.21225.13.—					
Prouision de ladicte remise à $\frac{1}{3}$ pour %, — l. 70.19.8.	à 16.	l.	10648.	6.	4
l.50000.— —	—	l.	25000.	—	—
IEAN, ET FRANCOIS DV SOLEIL de Lyon, doiuent au liure A, f.37. pour fer doux & rompant à eux vendu pour comptant, —	à 15.	l.	3247.	7.	6
En Aoust 1625. pour leur $\frac{1}{2}$ de l'achapt du fer doux & rompant en participation auec eux, au liure A, f.37.& en ce, —	à 18.	l.	7997.	—	—
Au liure A, f.38. qu'ils ont receu de nos debiteurs, —	à 18.	l.	3300.	—	—
En Toussaincts 1625. qu'ils ont receu de nos debiteurs au liure A, f.38. & en ce, —	à 20.	l.	5476.	12.	6
	—	l.	20021.	—	—
NEGOCE DE MILAN, compte à part doit ▽ 25000.— d'or sol, que à 120. valent l.150000.— monnoye imperiale, que leur auons donné ordre d'employer en Doppions, en Compagnie de Seue pour $\frac{1}{3}$, Bolofon pour $\frac{1}{3}$, & nous pour l'autre $\frac{1}{3}$, en ce, — l.150000. —	à 10.	l.	75000.	—	—

AVOIR pour l'escompte de l. 2044. 18. 9. cy - contre deus en Roys 1626. à 107.½ pour % — l.142.13.3. Pour l'escompte de l.1135. 16. 8. deus en Pasques 1626. à 110. pour % — l.103. 5.1. Pour l'escompte de l.6198.2.6. deus en Aoust 1626. à 111.½ pour % — l.688.13.7.	à 8.	l.	934.	11.	11
Nous ont remis par lettre de Delubert,& Poquelin, sur André,& Philippe Guetton, —	à 8.	l.	3000.	—	—
Leur auons tiré par nostre lettre pour le 10.Iuillet au pair sur Lumaga,& Mascranny, valeur desdicts en ce, —	à 15.	l.	4000.	—	—
Leur auons tiré par autre lettre au 20. du prochain à ½ pour % de leur perte sur Guetton, valeur desdicts en ce, —	à 8.	l.	1000.	—	—
Pour leur prouision de l.11402. 6. 8. que monte la vente par eux faicte de nos marchandises à 2. pour %, sont l.228.- voitures, & autres menus frais par eux faicts l.97.10. - tout au liure A, f.26. & en ce, —	à 15.	l.	325.	10.	—
3.Iuillet receu pour eux comptant de Lorrin, en vertu de leur lettre de change, —	à 3.	l.	218.	15.	2
	—	l.	9478.	17.	1

AVOIR v 8333. 6. 8. d'or sol, que à ₰ 110. pour v, sont l.50000.- qu'est pour leur tiers de l.150000.imperiaux qu'ils ont fourny, pour faire tenir à Milan, pour employer en Doppions en compagnie de Boloson,& nous, où ils entrent pour ⅓ en ce, — l.50000.—	à 9.	l.	25000.	—	—

AVOIR v 8333.6.8.d'or sol, que à ₰ 120.pour v, sont l.50000.- imperiaux, qu'est pour son ⅓ de l.150000.-qu'il a fourny pour faire tenir à Milan, pour employer en Doppions, en ce, — l.50000.—	à 6.	l.	25000.	—	—

AVOIR du 27.Iuin receu d'eux comptant pour soude, —	à 3.	l.	3247.	7.	6
En Aoust 1625. pour leur prouision de la vente du fer, de cōpte à ½ auec eux, au liure A, f.37.& en ce	à 18.	l.	175.	10.	—
8.Septembre pour Louys Boillet, pour Berthaud, debiteur en ce, —	à 4.	l.	7821.	10.	—
20.Dudict receu d'eux comptant par Caisse, —	à 3.	l.	3300.	—	—
7.Decembre pour Franchotty,& Burlamaquy, pour Galiley,& Barelly, pour Guetton, debiteur en ce,	à 8.	l.	5476.	12.	6
	—	l.	20021.	—	—

AVOIR pour le prix,& frais de 34.bales Doppion acheptó audict Milan, & enuoyé en diuerses fois, au liure A, f. 24. & en ce, —	l. 86110. 2.—	à 18.	l.	43055.	1.	—
v 2927.13.5.d'or de marc, que à ₰ 145.pour v, ils ont remis à Plaisance, en Foire de S.Charles à Saminiary, d'ordre de Philippe, & Luc Seue, debiteurs en ce, —	l. 21296.12.8.	à 16.	l.	10648.	6.	4
v 3552. 8. 3. d'or sol, que à ₰ 119.½ ils ont remis sur nous à Lyon, en payement d'Aoust, payable à Boloson, en ce, —	l. 21296.12.8.	à 16.	l.	10648.	6.	4
Pour nostre tiers de l.63889.18.- demeurez de reste audict achapt, porté debiteur negoce de Milan, compte du comptant pour soude du present, —	l. 21296.12.8.	à 10.	l.	10648.	6.	4
	l. 150000.—	—	l.	75000.	—	—

	à	l.	livres	s.	d.
ESTIENNE GLOTTON de Tholouse, doit au liure A, f.16. deub en Pasques 1626. —	à 15.	l.	3557.	11.	8
Et en Toussaincts 1625. les parties cy-apres qu'il a payé par escompte,					
Aoust 1626. escompté à 107.$\frac{1}{2}$ pour % —— l. 559.12.1. } Au liure A, f.16.& en ce, ——	à 20.	l.	2035.	12.	1
Roys 1627. escompté à 12.$\frac{1}{2}$ —— l.1476.—— }					
	——	l.	5593.	3.	9
IEAN DES LAVIERS de Paris doit en Pasques 1625. les parties cy-apres escomptées,					
En Roys 1626. —— l.1282.6.3. } Au liure A, f.17. & en ce, ——	à 15.	l.	4474.	12.	7
Pasques 1626. —— l.3192.6.4. }					
En Toussaincts 1625. l'escompte à 107.$\frac{1}{2}$, au liure A, f.17.& en ce, ——	à 20.	l.	10029.	1.	6
	——	l.	14503.	14.	1
HERVE, ET SAVARRY de Paris, doiuent					
En Roys 1626. —— l.2443.5.2. } Au liure A, f.18.& en ce, ——	à 15.	l.	4104.	10.	2
Pasques 1626. —— l.1661.5.— }					
En Toussaincts 1625. l'escompte à [illegible] pour %, au liure A, f.18.& en ce, ——	à 20.	l.	5441.	——	6
	——	l.	9545.	10.	8
CLAVDE CATILLON, demeurant à nostre seruice doit du 4. Iuillet 1625. l.31.7.3. que de tant il est demeuré redeuable pour soude du voyage par luy fait en France, & Poictou, en ce,	à 7.	l.	31.	7.	3
Porté crediteur au liure A, f.43. pour soude, ——	à 20.	l.	268.	12.	9
	——	l.	300.	——	——
PHILIPPE, ET LVC SEVE, doiuent en payemens d'Aoust 1625.					
Pour l'escompte de l.7997.17.11. cy-contre à 122.$\frac{1}{2}$ pour % —— l.1469. 0. 4. }	à 8.	l.	2459.	1.	6
Pour l'escompte de l.4775.11. 8. cy-contre à 125. pour % —— l. 955. 2. 4. }					
Pour l'escompte de l. 134.15. 4. cy-cõtre deus par Rouier à 35. pour % par sõ accord, l. 34.18.10. }					
Touss. 1627. l.6465. 7.6. } qu'est pour les $\frac{2}{3}$ qu'ils nous font bon, au liure A, f.24.& en ce, ——	à 18.	l.	9696.	15.	——
Roys 1628. l.8079.15.— }					
Du 10. Septembre 1625. pour Verdier, Picquet, & Decoquiel, crediteurs en ce, ——	à 7.	l.	3555.	17.	9
	——	l.	15711.	14.	[illegible]
VESPASIAN BOLOSON, doit en payemens d'Aoust 1625.					
Pour escompte de l.7474. 5.5. cy-contre à 22.$\frac{1}{2}$ pour % —— l.1372.16. 7. }	à 8.	l.	2759.	3.	6
Pour escompte de l.6931.14.7. cy-contre à 25. pour % —— l.1386. 6.11. }					
Pour les $\frac{2}{3}$ de l.1611.6.3. deus en Touss. 1627. l.1074. 4.2. } au liure A, f.24.& en ce, ——	à 18.	l.	6431.	14.	2
Pour les $\frac{2}{3}$ de l.8036.5.— deus en Roys 1628. l.5357.10.— }					
Pour les $\frac{2}{3}$ de l. 404.6.— deus en Roys 1628. par Rouier, accordé pour Roys 1629. suiuant son contract d'accord, l'escompte en Aoust 1625. à 35. pour %, au liure A, f.24.& en ce, ——	à 18.	l.	269.	10.	8
7. Septembre 1624. pour Picquet, & Strasse, pour Lumaga, & Mascranny, crediteurs en ce, ——	à 15.	l.	13404.	18.	1
4. Octobre à luy comptant par Caisse, ——	à 3.	l.	3536.	11.	11
	——	l.	26401.	18.	4

AVOIR pour l'escompte de l.3557.11.8.-cy-contre à 10. pour $\frac{o}{o}$ ——	à 8.	l.	323.	8.	4
3.Iuillet receu pour luy comptant de Iean Glotton, par Caisse, ——	à 3.	l.	3234.	3.	4
En Toussaincts 1625. pour l'escompte de l.559.12.1. cy-contre à 7.$\frac{1}{2}$ —— l. 39.0.10. Pour l'escompte de l.1476.-cy-contre à 12.$\frac{1}{2}$ pour $\frac{o}{o}$ —— l.164.- —	à 8.	l.	203.	—	10
10.Decembre pour Iean Glotton, pour Picquet, & Strasse, pour Manis, pour Philippe, & Luc Seue, pour Iean Seue, debiteur en ce, ——	à 5.	l.	1343.	18.	11
10.Dudict receu pour luy comptant de Iean Glotton, par Caisse, ——	à 3.	l.	488.	12.	4
	—	l.	5593.	3.	9
AVOIR pour l'escompte de l.1282. 6. 3. à 107.$\frac{1}{2}$ pour $\frac{o}{o}$ —— l. 89.9.3. Pour l'escompte de l.3192. 6.4. à 10. pour $\frac{o}{o}$ —— l.290.4.2.	à 8.	l.	379.	13.	5
Nous a remis par sa lettre sur Antoine Carcauy, debiteur en ce, ——	à 7.	l.	4094.	19.	2
En Toussaincts 1625. pour l'escompte de l.10029.1.6.cy-contre à 107.$\frac{1}{2}$ pour $\frac{o}{o}$ ——	à 8.	l.	699.	14.	—
Nous a remis par sa lettre sur Antoine Carcauy, debiteur en ce ——	à 7.	l.	9329.	7.	6
	—	l.	14503.	14.	1
AVOIR pour l'escompte de l.2443.5.2. à 107.$\frac{1}{2}$ pour $\frac{o}{o}$ —— l.170.9.1. Pour l'escompte de l.1661.5.-cy-contre à 110. pour $\frac{o}{o}$ —— l.151.-5.	à 8.	l.	321.	9.	6
Nous ont remis par lettre de Delubert, & Poquelin sur Ioachin Salicoffre, debiteurs ——	à 15.	l.	3783.	—	8
En Toussaincts 1625. pour l'escompte de l.5441.-6.cy contre en 107.$\frac{1}{2}$ pour $\frac{o}{o}$ en ce, ——	à 8.	l.	379.	12.	1
Nous a remis par sa lettre sur Antoine Carcauy, debiteur en ce, ——	à 7.	l.	5061.	8.	5
	—	l.	9545.	10.	8
AVOIR que luy faisons bon pour ses gages d'vn an fins à ce iourd'huy 3. Ianuier 1626. en ce, —	à 10.	l.	300.	—	—
AVOIR en Toussaincts 1627. l.7997.17.11. En Roys —— 1628. l.4775.11. 8. } Au liure A, f.24. & en ce, ——	à 18.	l.	12773.	9.	7
Pour le $\frac{1}{4}$ de ce qui s'est retiré de la faillite de Rouier, audict liure A, f.24.cy ——	à 18.	l.	134.	15.	4
Pour l'escompte de l.6465. 7.6.cy-contre à 22.$\frac{1}{2}$ l.1187.10.4. Pour l'escompte de l.8079.15.-cy-contre à 25.- l.1615.19.- } Sont pour les $\frac{2}{3}$ en ce, ——	à 8.	l.	2803.	9.	4
	—	l.	15711.	14.	3
AVOIR en Toussaincts 1627. l.7474. 5.5. En Roys —— 1628. l.6931.14.7. } Au liure A, f.25. & en ce, ——	à 18.	l.	14406.	—	—
Pour l'escompte de l.1074. 4.2.cy-contre à 22.$\frac{1}{2}$ pour $\frac{o}{o}$ — l. 197. 6.- Pour l'escompte de l.5357.10.-cy-contre à 25.- pour $\frac{o}{o}$ — l.1071.10.- Pour l'escompte de l. 269.10.8.cy-contre à 35.-pour $\frac{o}{o}$ — l. 69.17.7. ——	à 8.	l.	1338.	13.	7
▽ 3552.8.3. d'or sol par lettre des nostres de Milan, en ce, ——	à 10.	l.	10657.	4.	9
	—	l.	26401.	18.	4

LE GRAND LIVRE cotté A, doit pour soude des payemens de Pasques,	à 15.	l.	68081.	19.	2
Negoce de Milan, f.24.	à 16.	l.	43055.	1.	—
Philippe, & Luc Seue, f.24.	à 17.	l.	12773.	9.	7
Vespasian Bolo son, f.25.	à 17.	l.	14406.	—	—
Guillaume Vianey, f.25. par Caisse,	à 3.	l.	900.	—	—
Philippe, & Luc Seue, f.24.	à 17.	l.	134.	15.	4
Louys Burlet, f.25. par Caisse,	à 3.	l.	322.	16.	—
Guillaume Vianey, f.25. par Caisse,	à 3.	l.	625.	—	—
Antoine Gayot, f.25. par Caisse,	à 3.	l.	802.	10.	—
Molandier, f.25. par Caisse,	à 3.	l.	262.	10.	—
Antoine Gayot, f.25. par Caisse,	à 3.	l.	714.	—	—
Fabio d'Aspichio, f.25.	à 14.	l.	973.	13.	—
Iean Feuly, f.25. par Caisse,	à 3.	l.	507.	—	—
Antoine Gayot, f.25. par Caisse,	à 3.	l.	540.	—	—
Iean Baptiste Beregany, f.27.	à 12.	l.	153.	6.	8
Claude Catillon, compte de voyages, f.31.	à 14.	l.	112.	9.	3
Picquet, & Strasse, f.40.	à 18.	l.	45665.	10.	11
Iacques Depures, f.40.	à 4.	l.	34249.	5.	2
Leonard Berthaud, f.40.	à 4.	l.	22832.	15.	6
Iean, & François du Soleil, f.37.	à 16.	l.	175.	10.	—
Pierre Richard de Nismes, f.28. par Iean Bertrand, par Caisse,	à 3.	l.	431.	8.	9
Iean, & Pierre Dulac d'Vsez, f.28.	à 3.	l.	237.	—	—
Antoine Roux de Saumieres, f.28.	à 3.	l.	286.	2.	6
Les deputes des creanciers de Laurens Iaquin, f. 9. par René Bais, par Caisse,	à 3.	l.	7500.	—	—
	—	l.	255802.	—	10

PICQVET, ET STRASSE de Lyon, doiuent du 3. Septembre l.10000.— à eux comptant pour virer en ces payemens à $\frac{1}{4}$ pour $\frac{0}{0}$ de leur perte par Caisse,	à 3.	l.	10000.	—	—
Age de ladicte partie à $\frac{1}{4}$ pour $\frac{0}{0}$	à 8.	l.	25.	—	—
7. Septembre pour Lumaga, & Mascranny, crediteurs en ce	à 15.	l.	36595.	1.	11
En Toussaincts 1625. Nous font bon, pour Robert Gehenaud, au liure A, f.16. l.1418. 9.9. l'escompte à 102. $\frac{1}{2}$ pour $\frac{0}{0}$ l.7203.10.— l'escompte à 107. $\frac{1}{2}$ pour $\frac{0}{0}$	à 20.	l.	8621.	19.	9
▽ 2000.— par lettre des nostres de Milan, en ce,	à 10.	l.	6000.	—	—
Du 3. Decembre 1625. à eux comptant pour virer à $\frac{1}{4}$ pour $\frac{0}{0}$ de leur perte,	à 3.	l.	20000.	—	—
Age desdictes l.20000. à $\frac{1}{4}$ pour $\frac{0}{0}$	à 8.	l.	50.	—	—
En Roys 1626. ▽ 5100.- que à 120. pour ▽, valent l.30600.- Nous font bon pour les leurs de Milan, pour diuerses marchandises à eux venduës, & liurées audict Milan, au liure A, f.38. & en ce,	à 20.	l.	15300.	—	—
▽ 5793.6.4. d'or sol, que à ₰ 119. pour ▽ leur auons fait lettre pour Milan sur Iacques Saba, payable aux leurs au 3. Auril 1626. au liure A, f.38. cy	à 20.	l.	17394.	19.	—
	—	l.	113987.	—	8

HIEROSME LANTILLON de Lyon, doit en payemens d'Aoust 1625. au liure A, f.28. deub en Toussaincts 1627. en ce,	à 18.	l.	1624.	—	—

Description	Folio	Day		Livres	Sols	Deniers
AVOIR pour Philippe,& Luc Seue,	f.24.	à 17.	l.	9696.	15.	—
Veſpaſian Boloſon,	f.24.	à 17.	l.	6431.	14.	2
Claude Catillon,compte de voyages ,	f.31.	à 14.	l.	6855.	2.	—
Pierre Sauſet,compte de voyages ,	f.33.	à 3.	l.	53187.	18.	—
Lumaga,& Maſcranny,	f.33.	à 15.	l.	50000.	—	—
Veſpaſian Boloſon,	f.24.	à 17.	l.	269.	10.	8
Marchandiſes venduës comptant ,	f.28.	à 14.	l.	11776.	19.	10
Iean,& François du Soleil,	f.37.	à 16.	l.	7997.	—	—
Hieroſme Lantillon,	f.28.	à 18.	l.	1624.	—	—
Iean Delaforeſts ,	f.28.	à 19.	l.	6465.	7.	6
Eſtienne Chally,	f.29.	à 19.	l.	3132.	16.	3
Fleury Gros,	f.30.	à 19.	l.	6363.	—	—
François Verthema,	f.36.	à 19.	l.	1617.	3.	9
Verdier , Picquet , & Decoquiel,	f.22.	à 7.	l.	4735.	5.	—
Iean,& François Duſoleil,	f.38.	à 16.	l.	3300.	—	—
Porté debiteur en payemens de Touſſaincts ,	f.42.	à 20.	l.	82349.	8.	8
		—	l.	255802.	—	10

Description	Day		Livres	Sols	Deniers
AVOIR en Aouſt 1625. Au liure A, f.40. & en ce,	à 18.	l.	45665.	10.	11
▽ 318.3.8.par lettre de Florence de Fabio d'Aſpichio,debiteur en ce,	à 14.	l.	954.	11.	—
En Touſſaincts 1625.pour l'eſcompte de l.1418.9.9.à $102.\frac{1}{2}$ pour $\frac{0}{0}$ — l. 34.10.— } Pour l'eſcompte de l.7203.10.- cy-contre à $107.\frac{1}{2}$ — l.502.11.4. }	à 8.	l.	537.	1.	4
▽ 636.7.d'or ſol,par lettre de Veniſe de Vancaſtre,valeur de Beregany,en ce,	à 12.	l.	1909.	1.	—
26.Decembre pour Bonuiſy,pour Doulcet,& Yon,debiteurs en ce,	à 12.	l.	31134.	18.	5
28.Dudict receu deux comptant pour ſoude ,	à 3.	l.	1090.	19.	—
En Roys 1626. ▽ 677.19.3.d'or ſol,par lettre de Milan de Sebaſtien Carcano , au liure A , f.38.& en ce,	à 20.	l.	2033.	17.	9
▽ 2500.d'or ſol par lettre de Plaiſance de Hieroſme Turcon,debiteur au liure A,f.38.cy	à 20.	l.	7500.	—	—
4.Auril 1626. comptant deſdicts pour ſoude,	à 3.	l.	23161.	1.	3
	—	l.	113987.	—	8

Description	Day		Livres	Sols	Deniers
AVOIR pour l'eſcompte de l.1624. cy-contre à $122.\frac{1}{2}$ pour $\frac{0}{0}$	à 8.	l.	298.	5.	9
4.Octobre 1625.receu de luy comptant par Caiſſe,	à 3.	l.	1325.	14.	3
	—	l.	1624.	—	—

IEAN DE LAFOREST de Lyon, doit en payemens d'Aoust 1625. au liure A, f.28. deu en Toussaincts 1627. escompté à 22.½ pour % ——	à 18.	l.	6465.	7.	6
ESTIENNE CHALLY de Lyon, doit au liure A, f.29. deu en Toussaincts 1627. ——	à 18.	l.	3132.	16.	3
FLEVRY GROS de Lyon, doit au liure A, f.30. deu en Roys 1628. ——	à 18.	l.	6363.	—	—
FRANCOIS VERTHEMA de Lyon, doit au liure A, f.36. deu en Roys 1628. ——	à 18.	l.	1617.	3.	9
IEAN, ET PIERRE DVLAC d'Vsez, doiuent du 4. Octobre comptant audict Iean Dulac, par Caisse, ——	à 3.	l.	2987.	16.	—
OCTAVIO, ET MARC-ANTOINE LVMAGA de Genes, doiuent que leur à esté enuoyé de Thurin en diuerses fois par nostre Pierre Alamel, au liure A, f.9.					
1000. Doublons d'Espagne à l.11.12. —— l.11600. —					
140.½ Doublons de Genes à l.11.11. —— l. 1622.15.6.	à 20.	l.	12483.	6.	—
482.½ Doubl. de Florence a l.11.10. —— l. 5548.15. —					
100. — Doublons d'Italie à l.11. 6. 6. —— l. 1132.10. —					
Et les cy-apres a eux remis de Milan, par les nostres					
892. — Doublons d'Espagne à l.11.12. —— l.10347. 4. —	à 10	l.	13656.	4.	—
1000. — Doublons d'Italie à l.11.6.6. —— l.11325. —					
l.41576. 4.6.	—	l.	26139.	10.	—
OCTAVIO, ET MARC-ANTOINE LVMAGA de Noué, doiuent en Foire des Saincts 1625.					
▽ 2089.12.6. d'or de marc, que à $ 65.1. pour ▽, leur ont esté remis par les leurs de Genes, en ce, —— ▽ 2089.12.6.	à 19.	l.	7292.	—	—
▽ 5266.12. d'or de marc, que à $ 67. leur ont esté remis par les leurs dudict Genes, en ce, —— ▽ 5266.12. —	à 19.	l.	18847.	10.	—
Benefice de remise, —— ▽ —	à 8.	l.	708.	6.	—
▽ 7356. 4.6.	—	l.	26847.	16.	—

AVOIR pour l'escompte de l.6465.7.6.cy-contre à 122.$\frac{1}{2}$ pour $\frac{o}{o}$ en pertes,——	à 8.	l.	1187.	10.	4
8.Septembre pour Franchotty,& Burlamaquy,pour Bonuisy,pour Iacques Depures,——	à 4.	l.	5277.	17.	2
	——	l.	6465.	7.	6
AVOIR pour l'escompte de l.3132.16.3.cy-contre à 122.$\frac{1}{2}$ pour $\frac{o}{o}$ en ce,——	à 8.	l.	575.	8.	3
4.Octobre receu de luy comptant par Caisse,——	à 3.	l.	2557.	8.	—
	——	l.	3132.	16.	3
AVOIR pour l'escompte de l.6363.- cy-contre à 125.pour $\frac{o}{o}$ en pertes,——	à 8.	l.	1272.	12.	—
8.Septembre pour Chabre,pour Picquet,& Strasse, pour Gabriel Alamel,debiteur en ce ,——	à 2.	l.	5090.	8.	—
	——	l.	6363.	—	—
AVOIR pour l'escompte de l.1617.3.9. cy-contre à 125.pour $\frac{o}{o}$ en pertes,——	à 8.	l.	323.	8.	9
10.Octobre receu de luy comptant par Caisse , debitrice en ce ,——	à 3.	l.	1293.	15.	—
	——	l.	1617.	3.	9
AVOIR par lettre de Claude Catillon,debiteur en ce,——	à 7.	l.	2987.	16.	—
AVOIR ▽ 2089.12.6.d'or de marc , qu'ils ont remis de nostre ordre en Toussaincts 1625. Aux leurs de Noué à ₰ 65. 1. pour ▽ , sont l. 6800. -- valant ▽ 2000. -- simples d'Espagne à l. 5. 16. -- piece sont,—— l.11600.——	à 19.	l.	7292.	—	—
▽ 5266.12.-d'or de marc qu'ils ont remis aux leurs de Noué en Foires des Saincts 1625.à ₰ 67.pour ▽,sont l.17643.2.5. monnoye d'or valant ▽ 5189.3.1. de ₰ 68. & à ₰ 115.prix de l'escu d'or en monnoye courante,—— l.29837.12.10. } Pour leur prouision à $\frac{1}{3}$ pour $\frac{o}{o}$ —— l. 138.11. 8. }	à 19.	l.	18847.	10.	—
Calculé pour Lyon à raison,que l.41576.4.6.cy-contre rendent l.26139. 10. —— l.41576. 4. 6.	——	l.	26139.	10.	—
AVOIR ▽ 1547.11.d'or de marc,que à gros 145.pour ▽,leur ont esté tirez pour nostre compte d'Anuers par Iean Baptiste Decoquiel,debiteur en ce,—— ▽ 1547.11.-	à 12.	l.	5609.	17.	6
▽ 4931.10.1.d'or de marc,que à gros 146. pour ▽ leur ont esté tirez dudict Anuers par lettre de Nicolas Zelio,pour compte dudict Decoquiel,en ce,—— ▽ 4931.10.1.	à 12.	l.	18000.	—	—
▽ 1079.6.2.d'or sol,que à 79. pour $\frac{o}{o}$ nous ont remis en Toussaincts 1625. sur Lumaga , & Mascranny,—— ▽ 852.13.1.	à 15.	l.	3237.	18.	6
Pour leur prouision à $\frac{1}{3}$ pour $\frac{o}{o}$ —— ▽ 24.10.4.					
▽ 7356. 4.6.	——	l.	26847.	16.	—

LE GRAND LIVRE Cotté A, doit pour ſoude des payemens d'Aouſt, en ce,		à 18.	l.	82349.	8.	8
Iean Baptiſte Beregany, crediteur en ce,	f.27.	à 12.	l.	10199.	14.	—
Iean Baptiſte Decoquiel d'Anuers,	f.37.	à 12.	l.	23163.	18.	—
Negoce de Milan, compte du comptant,	f.40.	à 10.	l.	12403.	2.	7
Picquet, & Straſſe, pour compte des effects de Milan,	f.38.	à 18.	l.	2033.	17.	9
Leſdicts compte dict,	f.38.	à 18.	l.	7500.	—	—
Lumaga, & Maſcranny, pour compte des effects de Milan,	f.38.	à 15.	l.	3025.	4.	—
Caiſſe,	f.43.	à 20.	l.	19500.	11.	8
Profits & pertes,	f.39.	à 8.	l.	42709.	15.	9
Ioachim, L. & D. Salicoffre, pour compte de partimens,	f.28.	à 15.	l.	868.	15.	—
Galiley, & Barelly, par compte de partimens,	f.28.	à 11.	l.	3171.	17.	—
Lumaga, & Maſcranny, par compte de partimens,	f.28.	à 15.	l.	3699.	10.	6
		—	l.	210625.	14.	11

CAISSE D'ARGENT comptant és mains de Iean Pontier, doit en credit à pareil compte pour ſoude d'iceluy,	à 3.	l.	27240.	14.	2

AVOIR pour Oɛtauio, & Marc-Autoine Lumaga de Genes,	f. 9.	à 19.	l. 12483.	6.	—
Cesar, & Iulien Granon, debiteurs en ce,	f. 6.	à 11.	l. 24519.	14.	—
Estienne Glotton, debiteur en ce,	f. 16.	à 17.	l. 2035.	12.	1
Robert Gehenaud,	f. 16.	à 18.	l. 8621.	19.	9
Iean Deslauiers,	f. 17.	à 17.	l. 10029.	1.	6
Herue, & Sauarry,	f. 18.	à 17.	l. 5441.	—	6
Iean Iacques Manis,	f. 31.	à 6.	l. 19254.	10.	—
Charles Hauard,	f. 31.	à 15.	l. 14540.	—	—
Iean, & François Dusoleil,	f. 38.	à 16.	l. 5476.	12.	6
Picquet, & Strasse, pour compte des effects de Milan,	f. 38.	à 18.	l. 15300.	—	—
Galiley, & Barelly, pour compte des effects de Milan,	f. 38.	à 11.	l. 9917.	4.	3
Bonuisy, pour compte desdicts effects,	f. 38.	à 11.	l. 7881.	7.	—
Cesar Osio à compte desdicts effects,	f. 38.	à 9.	l. 15000.	—	—
Picquet, & Strasse, à compte dict,	f. 38.	à 18.	l. 17394.	19.	—
Pierre Alamel, compte de Piedmont,	f. 9.	à 3.	l. 5813.	17.	—
Gabriel Alamel,	f. 43.	à 2.	l. 12946.	19.	7
Iean Seue Sr de S. André,	f. 43.	à 5.	l. 20630.	7.	6
Lumaga, & Mascranny, debiteur en ce,	f. 43.	à 15.	l. 3070.	11.	6
Claude Catillon, debiteur en ce,	f. 43.	à 17.	l. 268.	12.	9
			l. 210625.	14.	11

AVOIR du 6. Feurier 1626. Comptant à Ioachim, Laurens, & Dauid Salicoffre, debiteurs,	à 15.	l. 868.	15.	—
3. Auril 1626. A Galiley, & Barelly, debiteurs en ce,	à 11.	l. 3171.	17.	—
28. Iuin 1626. A Lumaga, & Mascranny,	à 15.	l. 3699.	10.	6
En debit au liure A, f. 43. pour soude du present compte,	à 20.	l. 19500.	11.	8
		l. 27240.	14.	2

REPERTOIRE
DV GRAND LIVRE
de Raiſon, cotté A.

A

B

C

A

D

E

F

G

Nicolas

H

I

L

M

N

O

P

Q

R

Soyes

S

T

V

X

Y

N O P Q R S T V X Y

BILAN
DES ACCEPTATIONS
DES PAYEMENS DES
Roys 1625.

PICQVET ET STRASSE,

† V.	l. 4360.	12.	—	Par lettre de Paris de Nicolas Herue,& Sauarry,
†	l. 6000.	—	—	Pour ▽ 2000. — lettre de Venise de Retano, & Vanaxello, valeur d'Alexandre Tasca.

†	l. 14075.	7.	6	Pour ▽ 4691. 15. 10. par lettre d'Anuers de Gilles Hannecard.
†	l. 3493.	1.	9	Par lettre de Roüan, de Robin, & Ferrary.
†	l. 10657.	4.	9	Pour ▽ 3552. 8. 3. par lettre des nostres de Milan.
†	l. 3030.	—	9	Pour ▽ 1010.— 3. lettre de Noué de Lumaga.
†	l. 3091.	11.	6	Pour ▽ 1030. 10. 6. Lettre de Plaisance de Hierosme Turcon.
†	l. 15000.	—	—	Par lettre de Marseille de Benoist Robert.

EVSTACHE ROVIERE,

† V.	l. 7000.	—	—	Par lettre de Paris de François Sauarry, valeur de Nicolas Herue,& Sauarry.

†	l. 3087.	19.	3	Par lettre de Thurin de Pierre Alamel, valeur de Gentil.

ANTOINE, ET YSAAC PONCET,

†	▽ 493.	8.	4	Par lettre des leurs de Valance en Espagne,

FRANCHOTTY, ET BVRLAMAQVY,

†	▽ 286.	4.	9	Par lettre de Venise d'Odescaco,& Cernesio, valeur d'Alexandre Tasca.

†	l. 6436.	10.	—	Pour ▽ 2145. 10. - par lettres de Londres d'Abraham Bech.
†	l. 6470.	—	—	Par lettre de Paris de Herue, & Sauarry, payable à Thomas Riquety,& à eux par transport.

LVMAGA, ET MASCRANNY,

†	l. 1814.	19.	—	Pour ▽ 604. 19. 8. lettre de Plaisance de Hierosme Turcon, pour Compte de Fiorauanty de Bologne.
†	l. 8918.	10.	3	Pour ▽ 2972. 16. 9. lettre de Noué, de Lumaga.
†	l. 3849.	17.	3	Pour ▽ 1283. 5. 9. lettre des nostres de Milan.
†	l. 21325.	6.	—	Pour ▽ 7108. 8. 10. lettre de Noué de Lumaga.
†	l. 6000.	—	—	Par lettre de Paris de Vanelly à nous tirée de Herue, & Sauarry.

VESPASIAN BOLOSON,

†	l. 5000.	—	—	Par lettre de Paris de Herue, & Sauarry.
†	l. 4725.	7.	9	Pour ▽ 1575.2.7. par lettre des noſtres de Milan.

VERDIER, PICQVET ET DECOQVIEL,

†	l. 6107.	10.	—	Par lettre de Girard Pilier d'Arles.
†	l. 2622.	9.	6	Pour ▽ 874.3. lettre des noſtres de Milan.
†	l. 3[illegible]o.	—	—	Par lettre de Paris de Herue, & Sauarry, payable à Iean Ferret,& à eux par procure.
†	l. 12000.	—	—	Par lettre de Marſeille de Benoiſt Robert.

ANTOINE CARCAVY,

†	l. 8000.	—	—	Par lettre de Paris de François Camus à nous tirée par Herue, & Sauarry.
†	l. 6000.	—	—	Par lettre de Tabourer,& Deculan, payable à André Pinchenotry,& par luy tranſportée à Antoine Ruſca, qui en a paſſé procuration audiẛt Carcauy.

ANDRE', ET PHILIPPE GVETTON,

†	l. 4500.	—	—	Par lettre de Paris de Delubert, & Poquelin à nous tirée par Herue,& Sauarry.
†	l. 3421.	11.	9	Pour ▽ 1140. 10. 7. lettre de Veniſe d'Alexandre Taſca.

CESAR OSIO

†	l. 1697.	19.	9	Pour ▽ 565. 19. 11. par lettre de Barthelemy, & François Arbona, valeur des noſtres de Milan.

CLAVDE LAVRE,

†	l. 911.	8.	6	Pour ▽ 303.16.2. par lettre de Ceſar, & Fabricio Lauro, valeur des noſtres de Milan.

DOMINIQVE HVGVES ET OCTAVIO MAY,

S. P.	l. 6763.	4.	6	Pour ▽ 2254. 8. 2. par lettre de Plaisance de Hierosme Turcon.

PHILIPPE, ET LVC SEVE,

|	l. 6500.	—	—	Par lettre de Paris de Herue, & Sauarry.
†	l. 17989.	16.	—	Par lettre de Tours de Cesar, & Iulien Granon.

†	▽ 346.	10.	6	Par lettre de Venise d'Alexandre Tasca.

GALILEY, ET BARELLY,

|	l. 5600.	—	—	Par lettre de Paris de Iean Camus, valeur de Herue Sauarry.
† V.	l. 2400.	—	—	Pour ▽ 800. lettre de Venise d'Vlisse Gateschy, valeur d'Alexandre Tasca.

IEAN ANTOINE, ET BENEDICTO BONVISY,

†	▽ 1000.	—	—	Par lettre des nostres de Milan.
†	▽ 2000.	—	—	Par lettre de Venise d'Alexandre Tasca.

BILAN
DES PAYEMENTS
des Roys 1625.

DEBITEVRS.			
1370.0.6. ~~9100.~~ ~~34100.~~— Gabriel Alamel,	l.45100.	—	—
~~4800.~~— Iean Fontaine,	l.~~10000.~~	—	—
2610.— Iean Pontier,	l.10610.	—	—
Geoffroy des Champs,	l. ~~7282.~~	~~10.~~	—
Eustache Rouiere,	l. 912.	—	9
Vespasian Boloson,	l. ~~1198.~~	~~14.~~	~~9~~
Claude Lauro,	l. 911.	8.	6
Cesar Osio,	l. ~~1697.~~	~~19.~~	~~9~~
2292.17.10. ~~3310.4.6.~~ ~~7310.4.6.~~ Philippe, & Luc Seue,	l.~~19350.~~	~~4.~~	~~6~~
9997.1.9. ~~1183.1.9.~~ ~~11190.5.3.~~ ~~26140.5.3.~~ ~~30000.~~— Horace Cardon,	l.~~60000.~~	—	—
~~2974.5.1.~~ ~~8000.~~— ~~34000.~~— Marin Dossaris,	l.~~50000.~~	—	—
2413.19.4. ~~5487.10.~~— ~~19487.10.~~— ~~31000.~~— Doulcet, & Yon,	l.~~40000.~~	—	—

CREDITEVRS.			
1303.15.10. ~~1662.10.7.~~ ~~7402.10.7.~~ ~~2395.5.5.7.~~ Picquet, & Strasse,	l.49115.	—	7
~~3073.10.8.~~ ~~6047.15.9.~~ Franchotty, & Burlamaquy,	l.~~18047.~~	~~15.~~	~~9~~
~~3657.3.6.~~ ~~7657.3.6.~~ ~~32657.3.6.~~ Lumaga, & Mascranny,	l.~~62657.~~	~~3.~~	~~6~~
~~11000.~~— ~~32000.~~— Berthon, & Gaspard,	l.~~40000.~~	—	—
100.15.3. Iean Iacques Manis,	l. 1798.	15.	—
~~7719.19.6.~~ Verdier, Picquet, & Decoquiel,	l.~~23719.~~	~~19.~~	~~6~~
Antoine Carcauy,	l.~~14000.~~	—	—
~~5025.14.11.~~ André, & Philippe Guerton,	l.~~12398.~~	~~4.~~	~~11~~
Galiley, & Barelly,	l. ~~3759.~~	~~14.~~	~~9~~
Bonuisy,	l. ~~9000.~~	—	—
Iacques Depures,	l. ~~1586.~~	—	—
Leonard Berthaud,	l. ~~1057.~~	~~6.~~	~~8~~

Du 6. Mars 1625.

1/3	Debiteurs Picquet, & Straſſe, pour Gabriel Alamel, — — — — — — —	l. 10000.	—	—
5/9	Debiteurs Franchotty, & Burlamaquy, pour Vidaud Laiſné, pour Philippe,& Luc Seue, —	l. 12000.	—	—
2/2	Debiteurs Picquet, & Straſſe, pour Laſare Coſte, pour Gueniſy,& Maſſey,pour Iean Fontaine,—	l. 15200.	—	—

Du 7. dudict.

5/11	Debiteurs Lumaga, & Maſcranny, pour Gueniſy, & Maſſey, pour Garnier, pour Ioué, pour Horace Cardon, — — — —	l. 30000.	—	—
6/2	Debiteurs Berthon, & Gaſpard, pour {Vanelle, pour Nauergnon,pour Blauf, pour Iean Pontier,	l. 8000.	—	—
7/12	Debiteurs Verdier,Picquet,& D.pour I.Salicoffre, pour Ioué,pour Marin Doſſaris, — —	l. 16000.	—	—
11/13	Debiteur Bonuiſy, pour Doulcet,& Yon, —	l. 9000.	—	—

Du 10. dudict.

2/12	Debiteurs Picquet, & Straſſe, pour Gueniſy,& Maſſey,pour Goyet, & Compagnie, pour Doulcet, & Yon, — — — — —	l. 11512.	10.	—
2/12	Debiteurs leſdicts,pour Garnier,pour Ferrus,pour Doſſaris, — — — — —	l. 5000.	—	—
6/12	Debiteurs Berthon, & Gaſpard, pour Tiffy, pour Hieroſme de Cotton, pour Antoine du Champ, pour Noël Coſtar,pour Marin Doſſaris, —	l. 21000.	—	—
8/1	Debteur Guetton, pour Theuenet, pour Maſuyer, Violette, pour Millotet, pour Caboud, pour Geoffroy des Champs, — — —	l. 7282.	10.	—
11/11	Debiteurs Galiley,& Barelly, pour Blandin, pour Neyret, pour Goyet, & Compagnie, pour Horace Cardon, — — — — —	l. 3759.	14.	9

Du 11. dudict.

7/12	Debiteur Anroine Carcauy, pour Bonuiſy, pour Iean Iuge, pour Doulcet,& Yon, — —	l. 1400.	—	—

Du

Du 11. *Mars* 1625.

Folio	Article	Livres	Sols	Deniers
$\frac{5}{2}$	Debiteurs Lumaga, & Mafcranny, pour Galiley, & Barelly, pour Ioué, pour Gabriel Alamel, —	l. 25000.	—	—
$\frac{8}{12}$	Debiteur Guetton, pour Galiley, & Barelly, pour Tachereau, Boileau, & Seruonnet, pour Doffaris,	l. 5025.	14.	11
$\frac{2}{2}$	Debiteurs Picquet, & Straffe, pour Salicoffre, pour Heruard, pour Laurens Payer, pour Iean Fontaine, — — — — — —	l. 4800.	—	—
$\frac{6}{11}$	Debiteur Berthon, & Gafpard, pour Antoine, & Hugues Blauf, pour Iean Iuge, pour Ferrus, pour Horace Cardon, — — — —	l. 11000.	—	—

Du 12. *dudict.*

Folio	Article	Livres	Sols	Deniers
$\frac{1}{9}$	Debiteurs Lumaga, & Mafcranny, pour Vidaud Laifné, pour Becarie, pour Salmatory, & Pradel, pour Ioué, pour Philippe, & Luc Seue, —	l. 4000.	—	—
$\frac{2}{6}$	Debiteurs Picquet, & Straffe, pour Bolofon, —	l. 1298.	14.	9
$\frac{6}{9}$	Debiteur Iean Iacques Manis, pour Bonuify, pour Cefar Ofio, — — — — —	l. 1697.	19.	9

Du 13. *dudict.*

Folio	Article	Livres	Sols	Deniers
$\frac{5}{12}$	Debiteurs Franchotty, & Burlamaquy, pour Garbufat, pour Noël Coftar, pour Marin Doffaris,	l. 2974.	5.	1
$\frac{7}{2}$	Debiteur Verdier, Picquet, & Decoquiel, pour Bonuify, pour Cefar Ofio, pour Bolofon, pour Gabriel Alamel, — — — —	l. 7729.	19.	6

Du 14. *dudict.*

Folio	Article	Livres	Sols	Deniers
$\frac{5}{11}$	Debiteurs Lumaga, & Mafcranny, pour Verdier, Picquet, & Decoquiel, pour Bolofon, pour Horace Cardon, — — — —	l. 3657.	3.	6
$\frac{5}{12}$	Debiteurs Franchotty, & Burlamaquy, pour Nicolas Boêquet, pour Perrin, pour Charles Baile, pour Doulcet, & Yon, — — — —	l. 3073.	10.	8

	Du 15. Mars 1625.			
$\frac{4}{11}$	Debiteur Iacques Depures, pour Enemond Duplomb, pour Beraud, & Desargues, pour Bonuisy, pour Horace Cardon, —— —— ——	l. 1586.	—	—
$\frac{4}{9}$	Dr Berthaud, pour Hierosme payelle, pour René Bais, pour Philippe, & Luc Seue, —— ——	l. 1057.	6.	8

www.ingramcontent.com/pod-product-compliance
Lightning Source LLC
LaVergne TN
LVHW011954220826
846092LV00001B/180

* 9 7 8 2 0 1 9 6 8 4 8 4 6 *